国家示范性高等职业院校建设规划教材

建筑工程技术专业理实一体化特色教材

建筑基础工程施工

（修订版）

主　编　宋文学　　祝冰青

副主编　侯恩贵

主　审　满广生　　曲恒绪

黄河水利出版社

·郑州·

内 容 提 要

本书是国家示范性高等职业院校建设规划教材、建筑工程技术专业理实一体化特色教材,是安徽省地方高水平大学理实一体化项目建设系列教材之一,根据高职高专教育建筑基础工程施工课程标准及理实一体化教学要求编写完成。本书主要内容包括:地基与基础认知、基础施工图识读、土的工程性能、土方开挖施工、基坑工程施工、地基处理与垫层施工、基础结构施工和回填土施工等。

本书可供高职高专院校建筑工程技术、建筑工程管理、建筑钢结构工程技术等专业教学使用,也可供土建类相关专业及从事建筑工程专业技术人员学习参考。

图书在版编目(CIP)数据

建筑基础工程施工/宋文学,祝冰青主编.—郑州:黄河水利出版社,2017.8 (2021.1 修订版重印)
国家示范性高等职业院校建设规划教材
ISBN 978-7-5509-1834-4

Ⅰ.①建… Ⅱ.①宋…②祝… Ⅲ.①基础施工-高等职业教育-教材 Ⅳ.①TU753

中国版本图书馆 CIP 数据核字(2017)第 217012 号

组稿编辑:王路平 电话:0371-66022212 E-mail:hhslwlp@ 163.com

出 版 社:黄河水利出版社
　　　　　地址:河南省郑州市顺河路黄委会综合楼 14 层
发行单位:黄河水利出版社
　　　　　发行部电话:0371-66026940、66020550、66028024、66022620(传真)
　　　　　E-mail:hhslcbs@ 126.com
承印单位:河南承创印务有限公司
开本:787 mm×1 092 mm 1/16
印张:17.5
字数:400 千字
版次:2017 年 8 月第 1 版
　　　2021 年 1 月修订版

网址:www.yrcp.com
邮政编码:450003

印数:2 101—3 000
印次:2021 年 1 月第 2 次印刷

定价:40.00 元

前 言

本书是根据高职高专教育建筑工程技术专业人才培养方案和课程建设目标,并结合安徽省地方高水平大学立项建设项目的建设要求进行编写的。

本套教材在编写过程中,充分汲取了高等职业教育探索培养技术应用型专门人才方面取得的成功经验和研究成果,使教材编写更符合高职学生培养的特点;教材内容体系上坚持"以够用为度,以实用为主,注重实践,强化训练,利于发展"的理念,淡化理论,突出技能培养这一主线;教材内容组织上兼顾"理实一体化"的教学要求,将理论教学和实践教学进行有机结合,便于教学组织实施;注重课程内容与现行规范和职业标准的对接,及时引入行业新技术、新材料、新设备、新工艺,注重教材内容设置的新颖性、实用性、可操作性。

为不断提高教材质量,编者于2021年1月根据教学实践中发现的问题和错误,对全书进行了全面修订完善。

本书打破了传统的以学科体系编写教材的模式,按照建筑产品的生产工序和工作过程构建课程体系,按照建筑基础工程施工工序和过程进行编写,可满足工学结合的人才培养模式和项目导向、理实一体化等教学模式的需要。

本书编写人员及编写分工如下:安徽水利水电职业技术学院祝冰青编写学习项目0、1、2、7,合肥皖星建筑安装工程有限责任公司侯恩贵编写学习项目3、6,安徽水利水电职业技术学院宋文学编写学习项目4、5。本书由宋文学、祝冰青担任主编并负责全书统稿;由侯恩贵担任副主编;由安徽水利水电职业技术学院满广生、曲恒绪担任主审。

本书的编写出版,得到了有关专家、工程技术人员的指导和许多同志的热情帮助,书中参考并引用了国内同行的文献成果及有关资料,在此谨对有关专家、工程技术人员及所有文献的作者表示衷心的感谢!

由于编者水平有限,书中难免存在疏漏和不足之处,恳请广大读者批评指正。

编 者

2021 年 1 月

目　录

学习项目0 地基与基础认知

【学习目标】

(1)了解地基、基础的概念。

(2)熟悉地基与基础的分类。

(3)认识地基与基础的重要性。

0.1 地基与基础概念认知

土木工程中的工业与民用建筑、市政道路与桥梁、水利工程中的坝体等建筑物、构筑物都坐落在地基上,都通过基础把荷载传递给地基。对于建筑物而言,根据它的受力和传力途径分为上部结构、基础、地基三部分,地基的土体按照《建筑地基基础设计规范》(GB 50007—2011)划分为岩石、碎石土、砂土、粉土、黏性土、人工填土共六种类型。

地基土是地壳岩石经过物理、化学、生物等风化作用的产物,是各种矿物颗粒组成的松散集合体,是由固体颗粒、水和气体组成的三相分散体系。土从大类上可以分成颗粒间互不连接、完全松散的无黏性土和颗粒间虽有连接、但连接强度远小于颗粒本身强度的黏性土。土的最主要特点是它的松散性和三相组成。

土力学是运用力学的基本原理和土工测试技术来研究土的应力、变形、强度、渗透和稳定性等力学问题的学科,是地基基础研究的理论依据。由于土和其他材料的区别,所以土力学是借助于试验、经验并辅以理论的科学。在本领域的学习中,土力学的内容包括工程土的识别和土的力学性能基本知识。

土层受到荷载的作用后,其原来的应力状态就会发生变化,使土层产生附加应力和变形,并随着深度增加向四周土中扩散并逐渐减弱。因承受建筑物荷载而发生应力变化的土层称为地基,埋入土层一定深度的建筑物向地基传递荷载的下部承重结构称为基础。地基属于地层,是支承建筑物荷载的那一部分土层;而基础是建筑物的一部分,是把建筑物荷载传给地基的建筑物的下部结构。由于土的压缩性比其他建筑材料大得多,所以通常把建筑物与土层接触部分的断面尺寸适当扩大,以减小接触部分的压强。

地基具有一定的埋深与范围,将直接与基础接触的那部分土层称为持力层,持力层以下的土层或岩层叫作下卧层,如图0-1所示,承载力低于持力层的下卧层称为软弱下卧层。

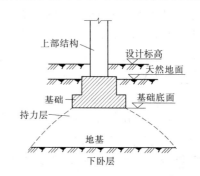

图0-1 地基、基础示意图

良好的地基应具有较高的承载力与较低的压缩性,以满足地基基础设计的两个基本条件(强度与变形)。软弱地基的工程性质差,需经过人工地基处理才能达到设计要求。不需处理而直接利用的天然土层的地基称为天然地基,经过人工处理才能作为地基的称为人工地基。人工地基的造价高、施工难度大,因此建筑物一般宜建造在良好的天然地基上。

作为地基的地层无论是土或岩石,均是自然界的产物。自然环境和条件的复杂性,决定了天然地层在成分、性质、分布和构造上的多样性。除一般的土类和构造形态外,还有许多特殊的土类和不良地质现象。在建筑物设计之前,必须进行工程地质勘察和评价,充分了解地层的成因和构造,分析岩土的工程特性,提供设计计算参数,这是做好地基基础工程设计与施工的前提。

基础是建筑结构的重要受力构件,上部结构所承受的荷载都要通过基础传至地基。地基与基础对建筑结构的重要性是显而易见的,它们埋在地下,一旦发生质量事故,不仅难以察觉,而且其修补工作也要比上部结构困难得多,事故后果又往往是灾难性的。实际上建筑结构的事故绝大多数是由地基和基础引起的。基础是建筑结构的一部分,与上部结构相同,基础应有足够的强度、刚度和耐久性。基础虽然有很多种形式,但可概括为两大类,即浅基础和深基础。深基础和浅基础没有一个明确的分界线,一般将埋置深度不大于 5 m,只需开挖基坑及排水等普通施工工艺建造的基础称为浅基础,如墙下条形基础、独立基础、条形基础、筏板基础、箱形基础;反之,埋置深度较大(大于 5 m),需借助特殊的施工方法建造的基础称为深基础,如桩基础、沉井基础、地下连续墙等。

■ 0.2 地基与基础重要性认知

地基与基础是结构物的根本,由于位于地面以下,属于地下隐蔽工程。它的勘察、设计以及施工质量的好坏,直接影响到结构物的安全。国内外的各种建筑物都有不少关于地基基础破坏的例子,有的是因为不均匀沉降,有的是因为地基强度不够而引起上部结构发生严重裂缝或整个建筑物严重倾斜甚至倒塌。由于地基基础一旦出现问题,往往补救相当困难,因此要做好工程建设,必须要掌握本课程的知识。

基础工程是建筑物的重点问题,直接关系到上部结构的安全、稳定与工程成本,由于建筑物的复杂性、多样性,地基土的软弱性、多变性,基础工程的成本越来越高,有的甚至超过总成本的 30%;在施工过程中,基础工程的难度系数随着建筑物荷载的增大越来越高,从基坑开挖的稳定性到基础施工的难度都在变大,施工过程中基础施工质量的控制关系着整个工程的质量,所以对于施工人员来说要做到精心设计、精心施工,事前积极预防、事中认真分析、事后总结经验,才能把基础工程做好。

建筑史上最有名的基础工程事故是意大利的比萨斜塔,如图 0-2 所示。该塔建于公元 1173 年,中间经历过建至 24 m 时,因为塔出现倾斜而停工近百年的情况,后于公元 1372 年竣工。因地基土层强度差,压缩土层分布不均匀,南边压缩变形大于北边。塔基的基础深度不够,再加上用大理石砌筑,塔身非常重,达 1.44 万 t,从而导致比萨斜塔向南倾斜,塔顶离开垂直线的水平距离曾达 5.27 m。倾斜的原因有多种因素,主要由地基不均匀沉降引起。从 1902 年起,世界上曾多次发起拯救比萨斜塔的工程讨论,1990 年封闭,经过 10 年的维修,2001 年再次开放。

图 0-2 比萨斜塔

加拿大的特朗斯康谷仓,如图 0-3 所示,由于地基强度破坏发生整体滑动使谷仓倾倒,谷仓呈矩形,长 59.4 m、宽 23.5 m、高 31.0 m,共 65 个圆筒仓。钢筋混凝土筏板基础,厚 61 cm,埋深 3.66 m。1911 年动工,1913 年完工,谷仓自重 20 000 t。1913 年 9 月往谷仓装谷物,10 月 17 日装了 31 822 t 谷物时,发现 1 h 竖向沉降达 30.5 cm,并在 24 h 倾斜 26°53′,西端下沉 7.32 m,东端上抬 1.52 m,上部钢筋混凝土筒仓完好无损。事故原因为谷仓的地基土事先未进行调查,据邻近建筑物基槽开挖取土试验结果,计算地基承载力应用到此谷仓。1952 年经勘察试验与计算,地基实际承载力小于破坏时的基底压力。因此,谷仓地基因超载发生强度破坏而滑动。

图 0-3 特朗斯康谷仓

基础工程施工过程中常见的工程事故有以下类型：

（1）地基承载力不足引起的工程事故。

建筑物作用于地基表面的基底压力大于地基土的承载力时，地基将产生剪切破坏，使建筑物产生沉降变形。

（2）地基变形引起的工程事故。

在建筑物荷载作用下，地基土产生的沉降量、沉降差、倾斜、局部倾斜超过结构允许的变形控制值，从而引起工程事故。

（3）地基土渗透破坏引起的工程事故。

地下水的渗流引起的渗透破坏、地下水位的改变引起的土自重应力的改变，都会导致地基应力和变形，引发工程事故。

（4）土坡滑动引起的工程事故。

建在土坡或土坡坡顶的建筑物会因为土压力的改变发生土坡滑动，土坡滑动影响建筑物的稳定性从而引起工程事故。

（5）特殊地基土引起的工程事故。

特殊地基土包括湿陷性黄土地基、膨胀土地基、冻土地基及盐渍土，这些土含水量高、抗剪强度低、压缩性高、透水性差、结构性强，具有明显的流变性，处理不当易引起工程事故。

（6）其他地基工程施工引起的工程事故。

由于建筑物的高度增加、地下工程的兴起、深基坑的开挖，造成土中应力的变化，若施工顺序、方法不当，易引起工程事故。

由此可见，基础工程是土木工程中非常重要的一部分，并且属于隐蔽工程，因此在勘察、设计、施工上都直接影响上部结构的安全。

0.3　学科介绍

早在几千年以前，人类就懂得利用土进行建设。我国西安市半坡村新石器时代遗址，发现土台和石础，就是古代的地基基础。公元前 2 世纪修建的万里长城，后来修建的南北大运河、黄河大堤以及宏伟的宫殿、寺院、宝塔等都有坚固的地基基础，经历地震强风考验，留存至今。隋代修建的赵州安济石拱桥，由一孔石拱独跨佼河，净跨 37.02 m。主拱肩部设置四个小拱，节省材料，减轻桥身自重，造型美观。拱桥采用纵向并列砌筑法，28 道拱圈自成一体，桥宽达 8.4 m，桥上可以行车。桥台落在粉土天然地基上，基底压力为 500~600 kPa，1 300 多年来，其沉降与位移甚微，至今安然无恙。公元 989 年建造开封开宝寺木塔时，预见塔基土质不均会引起不均匀沉降，施工时特意做成倾斜，待沉降稳定后，塔身正好垂直。四川采用泥浆护壁钻探法打盐井，西北地区在黄土中建窑洞，以及在建筑中采用料石基垫、灰土地基等，证明我国人民在长期实践中，积累了有关土力学地基基础的极其宝贵的知识与经验。

18 世纪产业革命后，城市建设、水利、道路的兴建推动了土力学的发展。1773 年法国库仑根据试验，创立了著名的土的抗剪强度公式和土压力理论。1857 年英国朗肯通过不同假定,提出另一种土压力理论。1885 年法国布辛内斯克求得半无限弹性体在垂直集中力作用下,应力和变形的理论解答。1922 年瑞典费伦纽斯为解决铁路塌方问题,研究出土坡稳定分析法。这些理论与方法,至今仍在广泛应用。1925 年美国土力学家太沙基发表土力学专著,使土力学成为一门独立的学科。1936 年以来,已召开了 11 届国际土力学和基础工程会议,提出了大量论文、研究报告和技术资料。很多国家定期出版土工杂志。世界各地区也都召开了类似的专业会,总结和交流本学科的研究成果。

新中国成立 60 多年来,为适应我国社会主义建设的需要,土力学地基基础学科有了迅速的发展。全国各地有关生产、科研单位和高等院校总结实践经验,开展现场测试、室内试验和理论研究。自 1962 年全国第一届土力学及基础工程学术会议后,于 1987 年召开第五届会议,全国各地代表 200 多人出席,交流论文 300 多篇。不少专家学者对土力学理论研究做出了宝贵的贡献。例如,全国土力学及基础工程学会前理事长、清华大学黄文熙教授,早在 1957 年就研究提出了非均质地基考虑土侧向变形影响的沉降计算方法,并于 20 世纪 60 年代初研制成功第一台振动三轴仪,提出了砂土液化理论。

近年来,世界各国高土坝(坝高大于 200 m)、高层建筑与核电站等巨型工程的兴建和多次强烈地震的发生,促使土力学地基基础学科的进一步发展。有关单位积极研究土的本构关系、土的弹塑性与黏弹性理论和土的动力特性。土力学地基基础学科的发展带动了基础工程学科的发展。

本书主要介绍基础工程施工的基本知识、工艺方法,为解决实际工程中的施工问题提供一定的理论基础和专业技能。

基础工程施工与其他项目的施工不同,其具有以下特点:

(1)复杂性。

我国幅员辽阔,工程地质复杂,不良地基土种类多,软弱土覆盖广,同时我国又是地震多发、高发地带,因此复杂的地质条件对基础工程的勘察设计施工增加了难度。

(2)多发性。

由于地基基础设计或施工方法不当导致了建筑物的变形甚至倒塌,造成人力、物力、财力的浪费。

(3)潜在性。

基础工程的隐蔽性决定了在施工过程中必须要严格控制其施工质量,加强隐蔽工程的检查验收,否则下一道工序施工时会掩盖其工程质量,一旦发生问题,补救就比较麻烦,而且造价高。

(4)严重性。

基础工程从场地选择、勘察设计到施工的每一步都要严把质量关,否则一旦出现问题会造成结构的整体破坏,经济损失巨大,危及人民生命财产安全。

(5)困难性。

基础工程事故与其他部位事故相比,处理麻烦、成本高,需要的技术含量高。

学习项目 1　基础施工图识读

【学习目标】

(1)了解建筑工程制图的基本规定,掌握基础施工图的内容与表达方法。

(2)掌握基础施工图的识读方法。

(3)了解图纸会审制度,掌握图纸会审内容、步骤方法及图纸会审记录的填写方法。

1.1　概　述

基础是结构的底部,它将建筑物的荷载传给地基。基础施工图是建筑施工图中的重要组成部分,是基坑基槽开挖放线、标高确定、基础施工的基础工程计量计价的依据。

1.1.1　建筑施工图的基本知识

1.1.1.1　混凝土

混凝土是由水泥、砂、石和水按一定比例配合而成,需要时可另加掺和料或外加剂,经浇筑、振捣、养护硬化后形成的一种人造材料。混凝土构件的特点是抗压强度高,而抗拉、抗弯和抗剪强度低。混凝土按其立方体的抗压强度标准值的高低分为14个等级,等级越高其抗压强度也越高。混凝土的等级及强度设计值如表1-1所示。

表 1-1　混凝土强度设计值　　　　　　　　　　(单位:N/mm²)

强度种类	混凝土强度等级													
	C15	C20	C25	C30	C35	C40	C45	C50	C55	C60	C65	C70	C75	C80
f_c	7.2	9.6	11.9	14.3	16.7	19.1	21.1	23.1	25.3	27.5	29.7	31.8	33.8	35.9
f_t	0.91	1.10	1.27	1.43	1.57	1.71	1.80	1.89	1.96	2.04	2.09	2.14	2.18	2.22

1.1.1.2　钢筋

1. 钢筋的分类与作用

配置在钢筋混凝土构件中的钢筋,按其在构件中所起作用不同,分为以下几类(见图1-1)。

(1)受力筋:承受构件内产生的拉力或压力,主要配置在梁、板、柱等混凝土构件中。

(2)箍筋:承受构件内产生的部分剪力和扭矩,并固定构件内受力筋的位置,将构件承受的荷载均匀地传给受力筋,主要配置在梁、柱内。

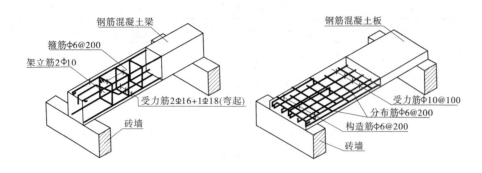

图1-1　钢筋混凝土构件中的钢筋类型

（3）架立筋：固定箍筋的位置，与受力筋和箍筋一起构成钢筋骨架，一般配置在梁的受压区外缘两侧。

（4）分布筋：固定受力筋的位置，并与受力筋一起构成钢筋网。有效地将荷载传递到受力筋上，同时可防止由于温度或混凝土收缩等引起的混凝土开裂，一般用于板内。

（5）构造筋：满足构件构造上的要求或安装需要。

2. 钢筋的种类与符号

在《混凝土结构设计规范》（GB 50010—2010）中，对钢筋的标注按其产品种类不同分别给予不同的符号，普通钢筋宜采用 HRB400 级和 HRB335 级钢筋，也可采用 HPB300 级和 RRB400 级钢筋（见表1-2）。

表1-2　普通钢筋的种类、符号和强度设计值 （单位：N/mm²）

种类		符号	f_y	f'_y
热轧钢筋	HPB300	Φ	270	270
	HRB335	Φ	300	300
	HRB400	Φ	360	360
	RRB400	Φ^R	360	360

3. 钢筋的图示方法

在结构施工图中，由于钢筋的种类和作用不同，往往形状也不同。钢筋的图例应符合表1-3 的规定。

《建筑结构制图标准》（GB/T 50105—2010）要求钢筋的画法应符合表1-4 的规定。

4. 保护层与弯钩

为了防止钢筋的锈蚀，保证钢筋与混凝土之间有足够的黏结强度，钢筋的外边缘与构件边缘的距离应留有一定厚度的保护层。结构施工图上一般不标保护层的厚度，但规范中规定纵向受力钢筋的混凝土保护层最小厚度见表1-5。

表 1-3　钢筋图例

序号	名称	图例	说明
1	钢筋横断面	●	
2	无弯钩的钢筋端部		下图表示长短钢筋投影重叠时，短筋的端部用 45°斜画线表示
3	带半圆形弯钩的钢筋端部		
4	带直钩的钢筋端部		
5	带丝扣的钢筋端部		
6	无弯钩的钢筋搭接		
7	带半圆弯钩的钢筋搭接		
8	带直钩的钢筋搭接		
9	花篮螺丝的钢筋搭接		
10	机械连接的钢筋搭接		用文字说明机械连接方式（冷挤压或锥螺纹等）
11	单根预应力钢筋端面	＋	

表1-4 钢筋的画法

序号	说明	图例
1	在结构平面图中配置双层钢筋时,底层钢筋的弯钩应向上或向左,顶层钢筋的弯钩应向下或向右	
2	钢筋混凝土墙体配置钢筋时,在配筋立面图中,远面钢筋的弯钩应向上或向左,而近面钢筋的弯钩向下或向右	
3	在断面图中不能表达清楚的钢筋布置,应在断面图外增加钢筋大样图(如钢筋混凝土墙、楼梯等)	
4	图中所表示的箍筋、环筋等当布置复杂时,可加画钢筋大样图及说明	
5	每组相同的钢筋、箍筋或环筋,可用一根粗实线表示,同时用一两端带斜短画线的细线横穿,表示其余钢筋及起止范围	

表1-5 纵向受力钢筋的混凝土保护层最小厚度 （单位:mm）

环境类别		板、墙、壳			梁			柱		
		≤C20	C25～C45	≥C50	≤C20	C25～C45	≥C50	≤C20	C25～C45	≥C50
一		20	15	15	30	25	25	30	30	30
二	a	—	20	20	—	30	30	—	30	30
	b	—	25	20	—	35	30	—	35	30
三		—	30	25	—	40	35	—	40	35

　　光面钢筋的黏结性能较差,故除直径12 mm以下的受压钢筋及焊接网或焊接骨架中的光面钢筋外,其余光面钢筋的末端均应设置弯钩;带肋钢筋与混凝土的黏结力强,两端可不做弯钩。钢箍两端在交接处也要做成弯钩。弯钩的常见形式和画法如图1-2所示,其中图1-2(a)所示光面钢筋的弯钩,分别标注了弯钩的尺寸;图1-2(b)所示箍筋的弯钩长度一般分别在两端各伸长50 mm左右,绘图时只表示箍筋的简化画法;图1-2(c)所示用弯钩的方向表示出钢筋在构件中的位置。

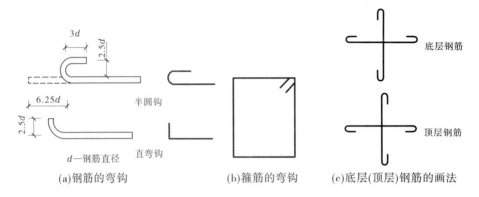

(a)钢筋的弯钩　　　　(b)箍筋的弯钩　　　(c)底层(顶层)钢筋的画法

图 1-2　钢筋和箍筋的弯钩

5. 钢筋的标注

钢筋具体数值的标注是构件表达的重要组成。结构施工图中钢筋、钢丝束及钢筋网片的标注应按下列规定：

(1)钢筋、钢丝束的说明应给出钢筋的代号、直径、数量、间距、编号及所在位置，其说明应沿钢筋的长度标注或标注在相关钢筋的引出线上，如图 1-3(a)所示。

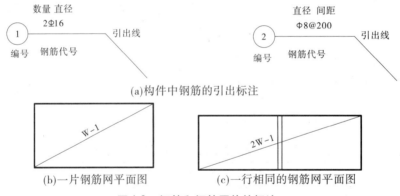

(a)构件中钢筋的引出标注

(b)一片钢筋网平面图　　　(c)一行相同的钢筋网平面图

图 1-3　钢筋和钢筋网片的标注

(2)钢筋网片的编号应标注在对角线上。网片的数量应与网片的编号标注在一起，如图 1-3(b)、(c)所示。实际工作中简单的构件、钢筋种类较少可不编号。钢筋的标注通常有两种形式：

①用于表示梁、柱内的受力筋和架立筋及梁、柱、板内的构造筋，标注钢筋的根数、级别、直径，如 2 Φ 16 表示 2 根直径为 16 mm 的 HRB335 级钢筋。

②用于表示箍筋和板的配筋，标注钢筋的级别、直径、相邻钢筋的中心距，如 Φ 8@200 表示直径为 8 mm 的 HPB300 级钢筋以间距为 200 mm 分布布置。

构件中钢筋的引出线标注见图 1-3，其中钢筋编号的圆圈直径用 6 mm。引出线应以细实线绘制，宜采用水平方向的直线和与水平方向成 30°、45°、60°、90°的直线，或经上述角度再折为水平线。文字说明宜注写在水平线的端部。

1.1.2　基础施工图的内容

1.1.2.1　基础的分类

《建筑地基基础设计规范》(GB 50007—2011)将浅基础按刚度分为无筋扩展基础(刚性基础)、扩展基础(柔性基础);按基础的结构形式分为独立基础、条形基础、筏形基础、箱形基础等类型。

1. 无筋扩展基础

无筋扩展基础是指砖、灰土、三合土、毛石、混凝土或毛石混凝土等材料组成的墙下条形基础或柱下独立基础,如图1-4所示。这类基础是由抗压性能较好、抗拉性和抗剪性能较差的材料建造而成,因此基础设计时必须规定基础材料强度及质量、限制台阶宽高比、控制建筑物层高和一定的地基承载力,一般不需要进行内力分析和截面强度计算。

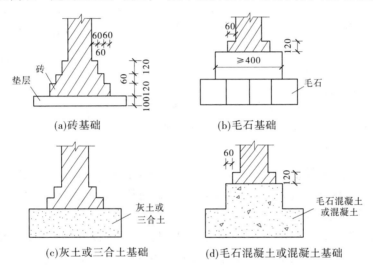

图1-4　无筋扩展基础类型

无筋扩展基础可用于六层和六层以下(三合土基础不宜超过四层)的民用建筑及砌体承重厂房。这类基础的台阶宽高比($b_2 : H_0$,见图1-5)要求满足表1-6的规定。

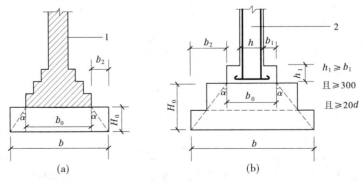

d—柱中纵向钢筋直径;1—承重墙;2—钢筋混凝土柱

图1-5　无筋扩展基础构造示意

表 1-6　　无筋扩展基础台阶宽高比的允许值

基础材料	质量要求	台阶宽高比允许值		
		$p_k \leqslant 100$	$100 < p_k \leqslant 200$	$200 < p_k \leqslant 300$
混凝土基础	C15 混凝土	1:1.00	1:1.00	1:1.25
毛石混凝土基础	C15 混凝土	1:1.00	1:1.25	1:1.50
砖基础	砖不低于 MU10、砂浆不低于 M5	1:1.50	1:1.50	1:1.50
毛石基础	砂浆不低于 M5	1:1.25	1:1.50	—
灰土基础	体积比3:7或2:8的灰土,其最小干密度为: 粉土 1.55 t/m³;粉质黏土 1.50 t/m³; 黏土 1.45 t/m³	1:1.25	1:1.50	—
三合土基础	体积比 1:2:4 ~ 1:3:6(石灰:砂:骨料), 每层约虚铺 220 mm,夯至 150 mm	1:1.50	1:2.00	—

注:1. p_k 为荷载效应标准组合时基础底面处的平均压力值(kPa)。

　　2. 阶梯形毛石基础的每阶伸出宽度,不宜大于 200 mm。

　　3. 当基础由不同材料叠合组成时,应对接触部分做抗压验算。

　　4. 基础底面处的平均压力值超过 300 kPa 的混凝土基础,尚应进行抗剪验算。

2. 扩展基础

扩展基础指柱下钢筋混凝土独立基础和墙下混凝土条形基础。钢筋混凝土扩展基础的抗弯和抗剪性能良好,适用于上部结构荷载较大、土质软弱的情况。

1) 柱下钢筋混凝土独立基础

柱下钢筋混凝土独立基础主要用于柱下,也用于一般的高耸构筑物,如水塔、烟筒等,有现浇和预制两种。其构造形式通常有现浇阶梯形基础、现浇锥形基础和预制柱杯形基础,见图 1-6。

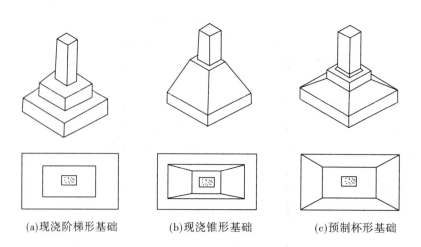

(a)现浇阶梯形基础　　　(b)现浇锥形基础　　　(c)预制杯形基础

图 1-6　柱下钢筋混凝土独立基础

2）墙下钢筋混凝土独立基础

当墙下基础上层土质松软、下层不深处土层较好时,可采用墙下独立基础减少材料用量,如图1-7所示,基础上设置钢筋混凝土过梁或砖拱圈承受荷载,下部为钢筋混凝土独立基础。

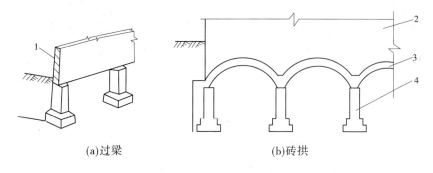

(a)过梁　　　　　　　　　　　(b)砖拱

1—过梁;2—砖墙;3—砖拱;4—独立基础

图1-7　墙下独立基础

3）墙下钢筋混凝土条形基础

当建筑物上部采用墙承重时,基础沿墙身设置呈长条形,这种基础称为墙下钢筋混凝土条形基础,墙下钢筋混凝土条形基础的横截面根据受力条件分为不带肋和带肋两种,构造见图1-8。

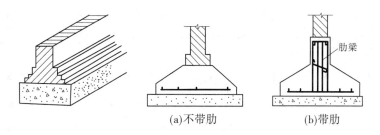

(a)不带肋　　　　　　　　(b)带肋

图1-8　墙下混凝土条形基础

3.柱下条形基础

柱下钢筋混凝土条形基础是指单向(一般沿纵向)或双向(十字交叉基础)布置的钢筋混凝土条状基础。

在框架结构中,当地基软弱而柱荷载较大且柱距又较小时,如采用柱下独立基础,底面面积将会很大,从而使基础间的净距减小甚至重叠,通常将同一排的柱基础连在一起成为钢筋混凝土条形基础(见图1-9(a)),达到增强基础整体刚度、减小不均匀沉降、方便施工的目的。如果上部荷载较大、土质较弱,采用条形基础不能满足地基承载力要求,或需要增强基础的整体刚度、减少不均匀沉降,可在柱下纵横两方向设置钢筋混凝土条形基础,形成如图1-9(b)所示的十字交叉基础。

4.筏形基础

当上部荷载较大、地基软弱,采用一般基础不能满足要求时,可用钢筋混凝土做成连续整片基础,在结构上同倒置的楼盖一样,即成为筏形基础。筏形基础不仅能减小地基上

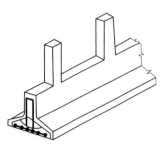
(a)柱下钢筋混凝土条形基础

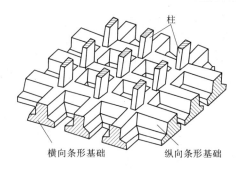
(b)十字交叉基础

图 1-9　柱下条形基础

的单位面积压力,提高地基承载力,还能增强基础的整体刚性,调整不均匀沉降,因此在多层和高层建筑中应用广泛。

　　筏形基础按构造不同分为平板式和梁板式两类。平板式筏形基础是柱子直接支承在钢筋混凝土底板上,形成倒置的无梁楼盖。它适用于柱荷载不大、柱距较小且等间距的情况。梁板式筏形基础一般用于柱荷载很大且不均匀、柱距又较大的情况。梁板式筏形基础按梁板的位置不同可分为上梁式和下梁式,其中下梁式底板表面平整,可作为建筑物底层地面,梁板式基础板的厚度比平板式小得多,但刚度较大,故能承受更大的弯矩(见图 1-10)。

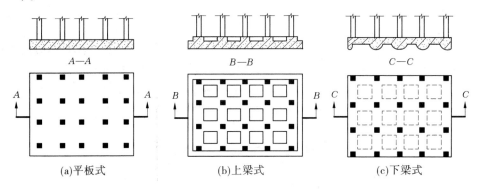

(a)平板式　　　　　　　　　(b)上梁式　　　　　　　　　(c)下梁式

图 1-10　筏形基础

　　筏形基础的混凝土强度等级不低于 C30,筏形基础的地下室钢筋混凝土外墙厚度不应小于 250 mm,内墙厚度不应小于 200 mm,墙体内设置双面钢筋,钢筋不宜采用光面钢筋,水平钢筋的直径不应小于 12 mm,竖向钢筋的直径不应小于 10 mm,间距不应大于 200 mm。

　　5. 箱形基础

　　箱形基础是由钢筋混凝土底板、顶板和若干钢筋混凝土纵横墙构成的封闭箱体(见图 1-11)。箱形基础有很大的刚度和整体性,因而能有效地调整基础的不均匀沉降,常用于上部荷载大、地基软弱且分布不均匀的情况。箱形基础有很好的抗震效果,有利于抗震。箱形基础的空心部分可做地下室,而且由于埋深较大和基础空腹,可卸除基底处原有的自重应力,因而大大减小了基础底面的附加应力,具有很好的补偿性,提高了地基承载力,减少了建筑物的沉降。

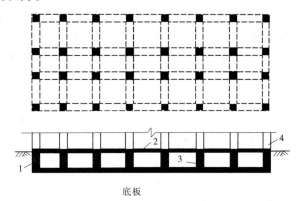

底板

1—外墙;2—顶板;3—内墙;4—柱

图 1-11 箱形基础

箱形基础适用于软弱地基、高层和重型建筑物及某些对不均匀沉降有严格要求的设备和构筑物基础。

箱形基础的埋深除满足地基承载力要求外,还要考虑满足稳定性要求,以防建筑物整体倾斜和滑移。箱基顶板、底板和墙体的厚度应按结构计算或建筑功能要求确定,一般要求底板厚度不小于 300 mm,顶板厚度不小于 150 mm,外墙厚度不小于 250 mm,内墙厚度不小 200 mm。

6.桩基

桩基由埋置于土中的桩和承接上部结构的承台组成,桩顶埋入承台中,一般用于高层建筑或软弱地基,如图 1-12 所示。

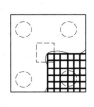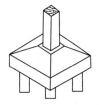

图 1-12 桩基

1.1.2.2 基础施工图的组成

1.基础平面布置图

基础平面布置图是假想用一个水平面将建筑物的上部结构和基础剖开后,向下俯视所看到的水平剖面图。基础平面布置图的主要内容有:

(1)图名、比例。

(2)定位轴线及编号,轴线间尺寸及总尺寸。

(3)基础构件(包括基础板、基础梁、桩基)的位置、尺寸、底标高与定位尺寸。

(4)基础构件的代号名称。

(5)基础详图在平面上的编号。

（6）基础与上部结构的关系。

（7）桩基应绘出桩位平面位置及桩承台的平面尺寸，桩的入土深度、沉桩的施工要求、试桩要求和基桩的检测要求，注明单桩的允许极限承载力值。

（8）基础施工说明，有时需另外说明地基处理方法。当在结构设计总说明中已表示清楚时，此处可不再重复。

2. 基础详图

因为基础的类型不同，基础详图的图示和表示方法也不同。基础详图的内容主要有：

（1）图名（或详图的代号、独立基础的编号）和比例。

（2）涉及的轴线及编号（若为通用详图，圈内可不标注编号）。

（3）基础断面形状、尺寸、材料及配筋等。

（4）基础底面标高及与室内外地面的标高位置关系。

（5）防潮层或基础圈梁的位置和做法。

（6）详图施工说明。

1.2　基础施工图的表示方法

基础施工图按照《混凝土结构施工图平面整体表示方法制图规则和构造详图（独立基础、条形基础、筏形基础、桩基础）》（16G101—3）表示。

1.2.1　独立基础施工图的表示方法

1.2.1.1　独立基础平法施工图的表示方法

独立基础平法施工图有平面注写与截面注写两种表示方法，当绘制独立基础平面布置图时，应将独立基础平面与基础所支承的柱一起绘制；当设置基础联系梁时，可根据图面的疏密情况，将基础联系梁与基础平面布置图一起绘制，或将基础联系梁布置图单独绘制。在独立基础平面布置图上应标注基础定位尺寸，当独立基础的柱中心线或杯口中心线与建筑轴线不重合时，应标注其定位尺寸。编号相同且定位尺寸相同的基础，可仅选择一个进行标注。

1.2.1.2　独立基础编号

各种独立基础的编号按表1-7的规定。

表1-7　独立基础编号

类型	基础底板截面形状	代号	序号
普通独立基础	阶形	DJ_J	××
	坡形	DJ_P	××
杯口独立基础	阶形	BJ_J	××
	坡形	BJ_P	××

1.2.1.3　独立基础的平面注写方式

独立基础的平面注写方式分为集中标注和原位标注。

1. 集中标注

集中标注的具体内容规定如下：

（1）注写独立基础的编号（必注内容），见表1-7。独立基础底板截面形状通常有阶形和坡形两种。

（2）注写独立基础截面竖向尺寸（必注内容）。普通独立基础注写$h_1/h_2/\cdots$，具体标注为：

①当基础为阶形截面时，如图1-13所示。

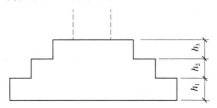

图1-13 阶形截面普通独立基础竖向尺寸

②当基础为坡形截面时，注写为h_1/h_2，如图1-14所示。

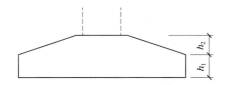

图1-14 坡形截面普通独立基础竖向尺寸

（3）注写独立基础配筋（必注内容）。独立基础底板配筋注写规定如下：

①以B代表各种独立基础底板的底部配筋。

②X向配筋以X打头、Y向配筋以Y打头注写；当两向配筋相同时，以$X\&Y$打头注写，如图1-15所示。

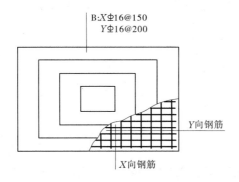

B:$X\underline{\Phi}16@150$
$Y\underline{\Phi}16@200$

Y向钢筋

X向钢筋

图1-15 独立基础底板底部双向配筋示意

（4）注写基础底面标高（选注内容）。当独立基础的底面标高与基础底面基准标高不同时，应将独立基础底面标高直接注写在"（ ）"内。

（5）必要的文字注解（选注内容）。当独立基础的设计有特殊要求时，宜增加必要的文字注解。例如,基础底板配筋长度是否采用减短方式等,可在该项内注明。

2. 原位标注

钢筋混凝土独立基础的原位标注,是在基础平面布置图上标注独立基础的平面尺寸。对相同编号的基础,可选择一个进行原位标注;当平面图形较小时,可将所选定进行原位标注的基础按比例适当放大;其他相同编号者仅注编号。

原位标注的具体内容规定如下:

(1)普通独立基础。原位标注 x、y、x_c、y_c(或圆柱直径 d_c),x_i、y_i,$i=1,2,3\cdots$。其中,x、y 为普通独立基础两边长,x_c、y_c 为柱截面尺寸,x_i、y_i 为阶宽或坡形平面尺寸(当设置短柱时,尚应标注短柱的截面尺寸)。

(2)对称阶形截面普通独立基础的原位标注如图 1-16 所示。非对称阶形截面普通独立基础的原位标注如图 1-17 所示。

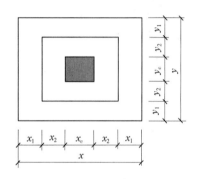
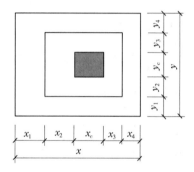

图 1-16　对称阶形截面普通独立基础原位标注　　图 1-17　非对称阶形截面普通独立基础原位标注

(3)对称坡形截面普通独立基础的原位标注如图 1-18 所示。非对称坡形截面普通独立基础的原位标注如图 1-19 所示。

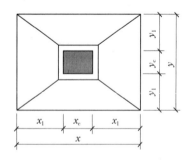
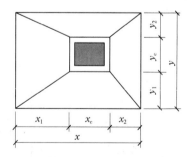

图 1-18　对称坡形截面普通独立基础原位标注　　图 1-19　非对称坡形截面普通独立基础原位标注

3. 表达示意

普通独立基础采用平面注写方式的集中标注和原位标注综合设计表达示意如图 1-20 所示。

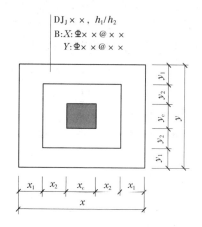

图 1-20　普通独立基础采用平面注写方式设计表达示意

1.2.1.4　独立基础的截面注写方式

独立基础的截面注写方式分为截面标注和列表注写（结合截面示意图）两种表达方式。采用截面注写方式，应在基础平面布置图上对所有基础进行编号，见表 1-7。

1. 截面标注

对单个基础进行截面标注的内容和形式，与传统"单构件正投影表示方法"基本相同。对于已在基础平面布置图上原位标注清楚的该基础的平面几何尺寸，在截面图上可不再重复表达，具体表达内容可参照图集的相应标注构造。

2. 列表注写

对于多个同类基础，可采用列表注写（结合截面示意图）的方式进行集中表达。表中内容为基础截面的几何数据和配筋等，在截面示意图上应标注与表中栏目相对应的代号，列表的具体内容如表 1-8 所示。

表 1-8　普通独立基础几何尺寸和配筋表

基础编号/	截面几何尺寸				底部配筋（B）	
截面号	x、y	x_c、y_c	x_i、y_i	$h_1/h_2/\cdots$	X 向	Y 向

注： 表中可根据实际情况增加栏目。例如，当基础底面标高与基础底面基准标高不同时，加注基础底面标高；当为双柱独立基础时，加注基础顶部配筋或基础梁几何尺寸和配筋；当设置短柱时，增加短柱尺寸及配筋等。

1.2.1.5　独立基础施工图示例

1. 基础平面布置图

如图 1-21 所示为基础平面布置图，该工程共有八种独立基础从 J－1 至 J－8，各基础底面尺寸及底标高如图 1-21 所示。

2. 基础详图

图 1-22 为独立基础的大样图，该图八种独立基础的配筋见钢筋表。

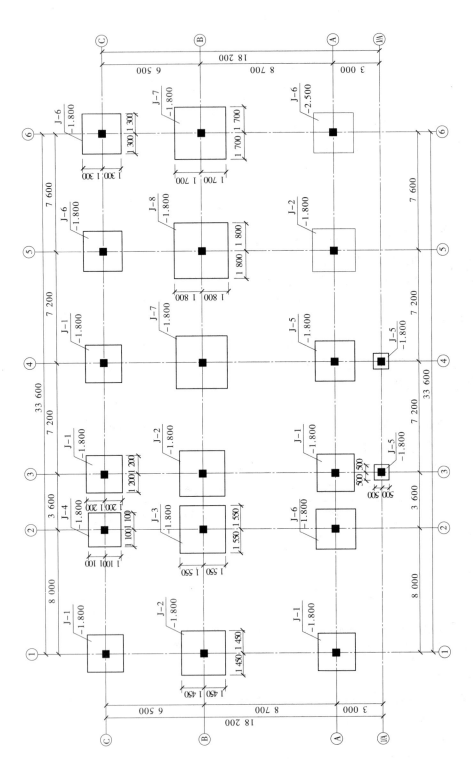

基础平面布置图　1:100

图 1-21 · 基础平面布置图

基础明细表

编号	A	B	h_1	h_2	h_3	A_{s1}	A_{s2}
J-1	2 400	2 400	300	400		Φ12@180	Φ12@180
J-2	2 900	2 900	300	400		Φ14@130	Φ14@130
J-3	3 100	3 100	300	400		Φ14@130	Φ14@130
J-4	2 200	2 200	300	400		Φ12@180	Φ12@180
J-5	1 000	1 000	300	100	200	Φ12@200	Φ12@200
J-6	2 600	2 600	300	400		Φ14@150	Φ14@150
J-7	3 400	3 400	300	500		Φ16@150	Φ16@150
J-8	3 600	3 600	300	500		Φ14@100	Φ14@100

基础施工说明

1. 本工程采用独立基础,基础持力层为第③地质单元黏土,地基承载力特征值 $f_{ak}=260$ kPa。基坑开挖后,若发现实际情况与此不符,请及时通知勘察、设计部门共同研究处理。

2. 根据地质勘察报告,基础持力层层面起伏状况不大。开挖基坑时,发生挖到设计标高时标高尚未达到持力层等情况,必须继续挖至设计持力层。

3. 基槽开挖施工应做好场地排水工作,基坑开挖至设计标高,不得长期暴露,更不得积水。

4. 基坑开挖到设计标高后,应及时通知地质勘察单位、设计单位、甲方共同验槽,合格后方可进行基础施工。

5. 本工程独立基础、基础梁的混凝土强度等级均为C25,垫层采用C10素混凝土。

6. 钢筋等级:Φ 为HPB235,Φ 为HRB335。

7. 其余详见结构施工总说明。

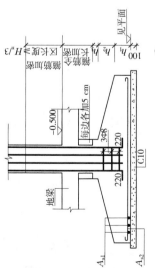

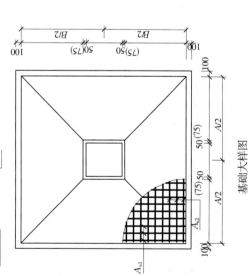

基础大样图

注:H_n 为底层柱净高

图 1-22　基础详图

1.2.2 条形基础施工图的表示方法

1.2.2.1 条形基础平法施工图的表示方法

条形基础平法施工图有平面注写和截面注写两种表达方式。当绘制条形基础平面布置图时,应将条形基础平面与基础所支承的上部结构的柱、墙一起绘制。当基础底面标高不同时,需注明与基础底面基准标高不同之处的范围和标高。

当梁板式基础梁中心或板式条形基础板中心与建筑定位轴线不重合时,应标注其定位尺寸;对于编号相同的条形基础,可仅选择一个进行标注。

条形基础整体上可分为梁板式条形基础和板式条形基础两类。

1.2.2.2 条形基础的编号

条形基础编号分为基础梁和条形基础底板编号,按表1-9规定。

表1-9　条形基础梁及底板编号

类型		代号	序号	跨数及有无外伸
基础梁		JL	××	(××)端部无外伸
条形基础底板	坡形	TJB_P	××	(××A)一端有外伸
	阶形	TJB_J	××	(××B)两端有外伸

注:条形基础通常采用坡形截面或单阶形截面。

1.2.2.3 基础梁的平面注写方式

基础梁JL的平面注写方式分为集中标注和原位标注两部分,当集中标注的某项数值不适用于基础梁的某部位时,将该项数值采用原位标注,施工时,原位标注优先。

1. 集中标注

基础梁集中标注的具体规定如下:

(1)注写基础梁编号(必注内容),见表1-9。

(2)注写基础梁截面尺寸(必注内容)。注写 $b \times h$,表示梁截面宽度与高度。当为竖向加腋梁时,用 $b \times h Y c_1 \times c_2$ 表示,其中 c_1 为腋长,c_2 为腋高。

(3)注写基础梁配筋(必注内容)。

①注写基础梁箍筋。

当具体设计仅采用一种箍筋间距时,注写钢筋级别、直径、间距与肢数(箍筋肢数写在括号内)。

当具体设计采用两种箍筋时,用"/"分隔不同箍筋,按照从基础梁两端向跨中的顺序注写。先注写第1段箍筋(在前面加注箍筋道数),在斜线后再注写第2段箍筋(不再加注箍筋道数)。

②注写基础梁底部、顶部及侧面纵向钢筋。

以B打头,注写梁底部贯通纵筋(不应少于梁底部受力钢筋总截面面积的1/3)。当跨中所注根数少于箍筋肢数时,需要在跨中增设梁底部架立筋以固定箍筋,采用"+"将贯通纵筋与架立筋相联,架立筋注写在加号后面的括号内。

以T打头,注写梁顶部贯通纵筋。注写时用分号";"将底部与顶部贯通纵筋分隔开。

当梁底部或顶部贯通纵筋多于一排时,用"/"将各排纵筋自上而下分开。

以大写字母 G 打头注写梁两侧面对称设置的纵向构造钢筋的总配筋值(当梁腹板高度 h_w 不小于 450 mm 时,根据需要配置)。

(4)注写基础梁底面标高(选注内容)。当条形基础的底面标高与基础底面基准标高不同时,将条形基础底面标高注写在"( )"内。

(5)必要的文字注解(选注内容)。当基础梁的设计有特殊要求时,宜增加必要的文字注解。

2. 原位标注

基础梁原位标注的规定如下:

(1)基础梁支座的底部纵筋,是指包含贯通纵筋与非贯通纵筋在内的所有纵筋。

①当底部纵筋多于一排时,用"/"将各排纵筋自上而下分开。

②当同排纵筋有两种直径时,用" + "将两种直径的纵筋相联。

③当梁支座两边的底部纵筋配置不同时,需在支座两边分别标注;当梁支座两边的底部纵筋相同时,可仅在支座的一边标注。

④当梁支座底部全部纵筋与集中注写过的底部贯通纵筋相同时,可不再重复做原位标注。

⑤竖向加腋梁加腋部位钢筋,需在设置加腋的支座处以 Y 打头注写在括号内。

(2)附加箍筋或吊筋:将附加箍筋或吊筋直接画在平面图中条形基础主梁上,原位直接引注总配筋值(附加箍筋的肢数注在括号内)。当多数附加箍筋或吊筋相同时,可在条形基础平法施工图上统一注明。当少数与统一注明值不同时,再原位直接引注。

(3)原位标注基础梁外伸部位的变截面高度尺寸。当基础梁外伸部位采用变截面高度时,在该部位原位标注 $b \times h_1 / h_2$(h_1 为根部截面高度,h_2 为尽端截面高度)。

(4)原位标注修正内容。在基础梁上集中标注的某项内容(如截面尺寸、箍筋、底部与顶部贯通纵筋或架立筋、梁侧面纵向构造钢筋、梁底面标高等)不适用于某跨或某外伸部位时,将其修正内容原位标注在该跨或该外伸部位,施工时原位标注取值优先。

1.2.2.4　条形基础底板的平面注写方式

条形基础底板 TJB_P、TJB_J 的平面注写方式分为集中标注和原位标注两部分。

1. 集中标注

(1)注写条形基础底板编号(必注内容)。条形基础底板向两侧的截面形状通常有阶形截面,编号加小标"J",坡形截面,编号加下标"P"。

(2)注写条形基础底板截面竖向尺寸(必注内容)。注写 $h_1 / h_2 / \cdots$,具体标注为:

①当条形基础底板为坡形截面时,注写为 h_1 / h_2,如图 1-23 所示。

②当条形基础底板为阶形截面时,注写如图 1-24 所示。

(3)注写条形基础底板底部及顶部配筋(必注内容)。

以 B 打头,注写条形基础底板底部的横向受力钢筋;以 T 打头,注写条形基础底板顶部的横向受力钢筋;注写时,用"/"分隔条形基础底板的横向受力钢筋与纵向分布钢筋,如图 1-25 和图 1-26 所示。

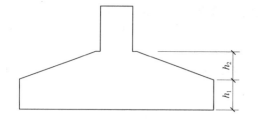

图 1-23　条形基础底板坡形截面竖向尺寸

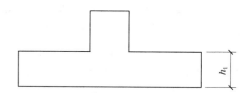

图 1-24　条形基础底板阶形截面竖向尺寸

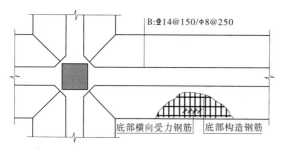

图 1-25　条形基础底板底板配筋示意

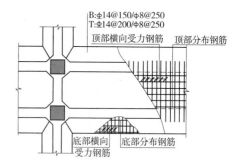

图 1-26　双梁条形基础底板配筋示意

（4）注写条形基础底板底面标高（选注内容）。当条形基础底板的底面标高与条形基础底面基准标高不同时,应将条形基础底板底面标高注写在"（ ）"内。

（5）必要的文字注解（选注内容）。当条形基础底板有特殊要求时,应增加必要的文字注解。

2. 原位标注

（1）原位标注条形基础底板的平面尺寸。原位标注 b、$b_i(i=1,2\cdots)$。其中,b 为基础底板总宽度,b_i 为基础底板台阶的宽度。当基础底板采用对称于基础梁的坡形截面或单阶形截面时,b_i 可不标注,如图 1-27 所示。

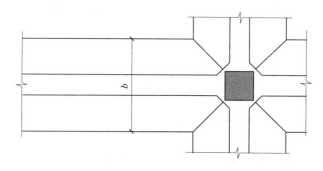

图 1-27　条形基础底板平面尺寸原位标注

（2）原位注写修正内容。当在条形基础底板上集中标注的某项内容（如底板截面竖向尺寸、底板配筋、底板底面标高等)不适用于条形基础底板的某跨或某外伸部分时,可将其修正内容原位标注在该跨或该外伸部位,施工时原位标注取值优先。

1.2.2.5 条形基础的截面注写方式

条形基础的截面标注方式分为截面标注和列表注写(结合截面示意图)两种表达方式。采用截面注写方式,应在基础平面布置图上对所有条形基础进行编号。

1. 截面标注

对条形基础进行截面标注的内容和形式,与传统"单构件正投影表示方法"基本相同。对于已在基础平面布置图上原位标注清楚的该条形基础梁和条形基础底板的水平尺寸,可不在截面图上重复表达,具体表达内容可参照图集的相应标注构造。

2. 列表注写

对于多个条形基础,可采用列表注写(结合截面示意图)的方式进行集中表达。表中内容为条形基础截面的几何数据和配筋等,在截面示意图上应标注与表中栏目相对应的代号,列表的具体内容如表1-10和表1-11所示。

表1-10 基础梁几何尺寸和配筋表

基础梁编号/ 截面号	截面几何尺寸		配筋	
	$b \times h$	竖向加腋梁 $c_1 \times c_2$	底部贯通纵筋 + 非贯通纵筋,顶部贯通纵筋	第一种箍筋/ 第二种箍筋

注:表中可根据实际情况增加栏目,如增加基础梁底面标高等。

表1-11 条形基础底板几何尺寸和配筋表

基础底板编号/ 截面号	截面几何尺寸			底部配筋(B)	
	b	b_i	h_1/h_2	横向受力钢筋	纵向构造钢筋

注:表中可根据实际情况增加栏目,如增加上部配筋、基础底板底面标高(与基础底板底面基准标高不一致时)等。

1.2.2.6 条形基础施工图示例

1. 基础平面布置图

图1-28是某学校的条形基础平面布置图。图中除定位轴线外,细实线表示了基础梁和基础底面的外轮廓线,不包含基础下垫层的宽度,这也给出了条形基础的定位尺寸。图中标出了基础梁的编号、配筋、截面尺寸,柱的位置,以及基础的施工说明。基础的编号跟基础梁的编号一致。条形基础翼板的配筋见基础详图(见图1-29)。

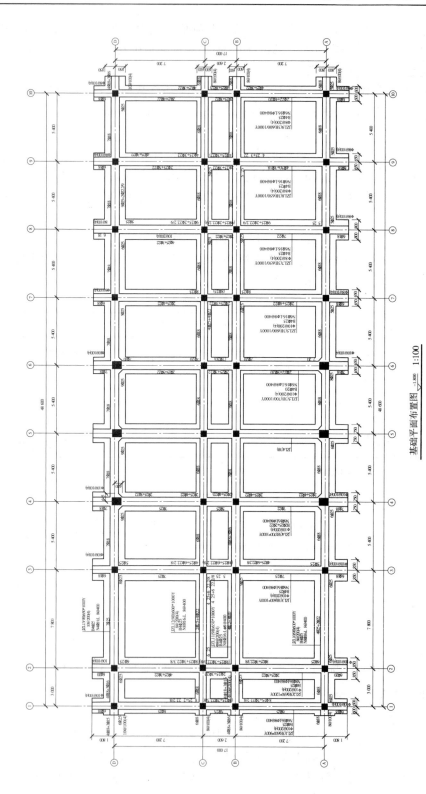

基础平面布置图 1:100

图1-28　基础平面布置图

2. 基础详图

图 1-29 是基础详图,该条形基础共有 13 种类型,统一用基础大样图表示,具体板内受力钢筋见基础翼板表,该表内按照基础梁的编号对基础进行分类。

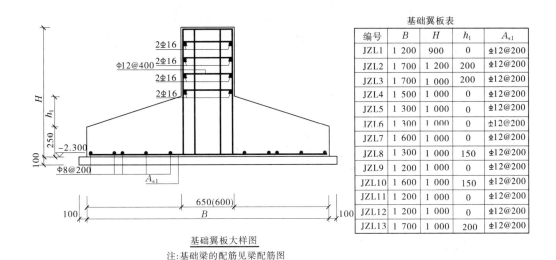

基础翼板表				
编号	B	H	h_1	A_{s1}
JZL1	1 200	900	0	Φ12@200
JZL2	1 700	1 200	200	Φ12@200
JZL3	1 700	1 000	200	Φ12@200
JZL4	1 500	1 000	0	Φ12@200
JZL5	1 300	1 000	0	Φ12@200
JZL6	1 300	1 000	0	Φ12@200
JZL7	1 600	1 000	0	Φ12@200
JZL8	1 300	1 000	150	Φ12@200
JZL9	1 200	1 000	0	Φ12@200
JZL10	1 600	1 000	150	Φ12@200
JZL11	1 200	1 000	0	Φ12@200
JZL12	1 200	1 000	0	Φ12@200
JZL13	1 700	1 000	200	Φ12@200

基础翼板大样图

注:基础梁的配筋见梁配筋图

图 1-29　基础详图

1.2.3　桩基施工图的示例

1.2.3.1　桩基平面布置图

桩基平面布置图包括桩基定位图和桩基承台平面布置图,图 1-30 是桩基定位图,该图剖切到的桩和承台及柱用实线绘制。该图包括定位轴线编号,桩的定位尺寸、布置、数量,承台的形状。图 1-31 是桩基承台平面布置图,该图包括定位轴线编号,承台的形状、定位尺寸及编号,桩基的编号,柱的位置。

1.2.3.2　桩基详图

图 1-32 是桩基详图,包括承台详图及桩身构造详图。该图中包括桩与承台的连接关系,承台的配筋,承台与柱的连接,承台垫层上的标高。

1.2.4　筏形基础施工图

1.2.4.1　筏形基础有关构造

(1)筏形基础的混凝土强度等级不应低于 C30。当有地下室时应采用防水混凝土,其抗渗等级应根据地下水的最大水头与防渗混凝土厚度的比值,按《地下工程防水技术规范》(GB 50108—2008)选用,但不应小于 0.6 MPa。必要时宜设架空排水层。

(2)平板式筏形基础的板厚应满足受冲切承载力的要求。对于高层建筑,板的最小厚度不宜小于 400 mm;对于多层建筑,可按层数 ×50 mm 初定,但不得小于 200 mm。

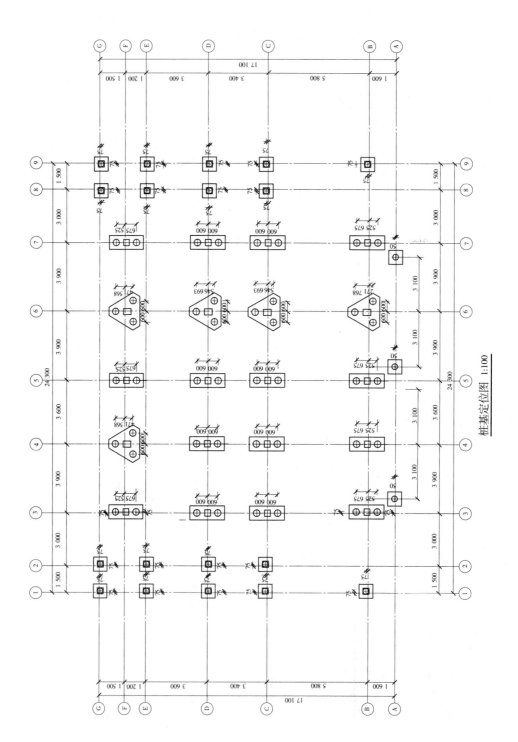

桩基定位图 1:100

图 1-30 桩基定位图

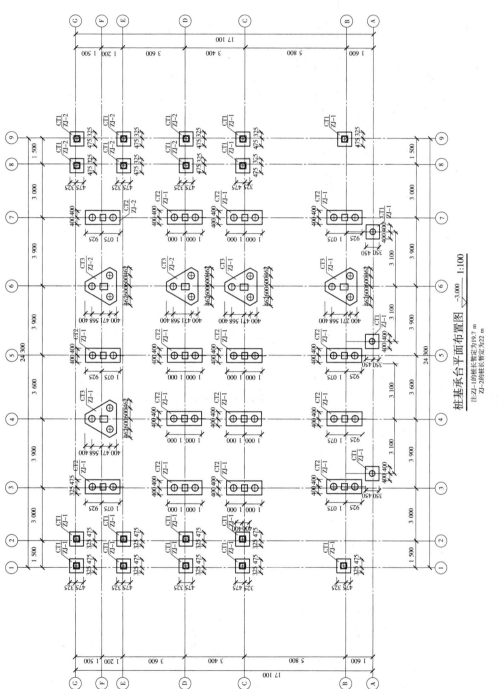

桩基承台平面布置图　$\dfrac{-3.000}{1:100}$

注:Z1-1的桩长暂定为19.7 m
　　Z1-2的桩长暂定为22 m

图 1-31　桩基承台平面布置图

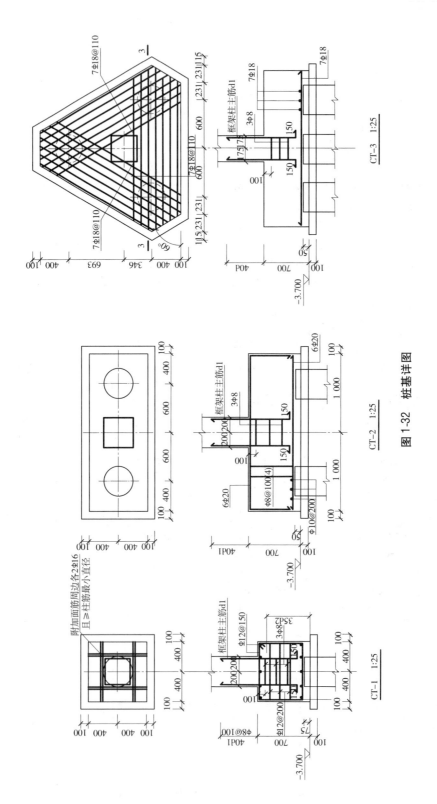

图1-32　桩基详图

（3）平板式筏形基础柱下板带和跨中板带的底部钢筋应有 1/2 ~ 1/3 贯通全跨，且配筋率不应小于 0.15（指贯通筋），顶部钢筋按计算配筋全部贯通。受力钢筋最小直径不宜小于 12 mm，间距不宜太大，一般可取 150 ~ 200 m，采用双向钢筋网片配置在板的顶面和底面。当板的厚度大于 2 m 时，尚宜沿板厚方向间距不超过 1 m 设置与板面平行的构造钢筋网片，其直径不宜小于 12 mm，纵横方向的间距不宜大于 200 mm。

（4）当满足承载力要求时，筏形基础的周边不宜向外有较大的挑出扩大。梁板式筏形基础外挑时，其基础梁宜一同挑出；当基础梁外挑时，其外伸悬臂板的挑出长度不宜大于 1.0 m，悬臂板应上下配置钢筋，双向挑出的悬臂板，应在角部加配放射状附加钢筋，直径同边跨受力钢筋，间距不宜大于 200 mm。

（5）梁板式筏形基础底板的板格应满足受冲切承载力要求。

①梁板式筏形基础的板厚不应小于 300 mm，且板厚与板格最小跨度之比不宜小于 1/20。

②对 12 层以上建筑梁板式筏形基础，其底板厚度与最大双向板格的短边净跨之比不应小于 1/14，且厚度不应小于 400 mm。

（6）梁板式筏形基础的底板和基础梁的配筋除满足计算要求外，纵横方向底部钢筋尚应有 1/2 ~ 1/3 贯通全跨，且其配筋率不应小于 15%，顶部钢筋按计算全部贯通。

1.2.4.2　梁板式筏形基础平法表达

梁板式筏形基础由基础主梁（JL）、基础次梁（JCL）、基础平板（LPB）三种构件组成。

梁板式筏形基础根据梁底和基础板底的位置关系分为高板位（梁顶与板顶平齐）、低板位（梁底与板底平齐）以及中板位（板在梁的中部）三种类型。

1. 基础主梁、基础次梁平法标注和施工构造

1）基础主梁、基础次梁平法标注

基础主梁、基础次梁的平面注写方式分为集中标注和原位标注。它们的标注除编号不同外其他基本相同，具体标注详见表 1-12。

2）基础主梁施工构造

（1）基础主梁上部贯通钢筋能通则通，不能满足钢筋长度尺寸要求时，可在距柱边 1/4 净跨（$l_n/4$）范围内采用搭接连接、机械连接或对焊连接。同一连接区段接头面积不应大于 50%。当钢筋长度可以穿过一连接区到下一连接区并满足连接要求时，宜穿越通过。

（2）基础主梁下部贯通钢筋能通则通，不能满足钢筋长度尺寸要求时，可在跨中 1/3 净跨（$l_n/3$）范围内采用搭接连接、机械连接或对焊连接。同一连接区段内接头面积不应大于 50%。当钢筋长度可以穿过一连接区到下一连接区并满足连接要求时，宜穿越通过。

净跨是指两相邻柱之间的净距。计算时，取左跨 l_{ni} 和右跨 l_{ni+1} 的较大值。当底部贯通纵筋经原位标注修正出现两种不同配置的底部贯通纵筋时，配置较大一跨的底部贯通纵筋须延伸至毗邻跨的跨中连接区域。

（3）当基础主梁支座下部非贯通钢筋不多于两排时，其向跨内的延伸长度自支座边算起取 $l_n/3$，第三排非贯通钢筋向跨内的延伸长度由设计者注明。

（4）基础主梁箍筋自柱边 50 mm 处开始布置，在梁柱节点区中的箍筋按照梁端第一种箍筋增加设置（不计入总道数）。在两向基础梁相交位置，箍筋按截面较高的基础梁箍筋贯通设置。

表 1-12　基础主梁、基础次梁平面注写方式

类别	数据项	注写形式	表达内容	示例及备注
集中标注	梁编号	JL(或 JCL)××(××) JL(或 JCL)××(×A) JL(或 JCL)××(×B)	代号、号、跨数及外伸状况	JL1(3):基础主梁 1,3 跨 JCL2(2A):基础次梁 2,2 跨一端外伸 JL3(3B):基础主梁 3,3 跨两端外伸
	截面尺寸	$b \times h$; $b \times h Y c_1 \times c_2$	梁宽×梁高; 加腋用 $Yc_1 \times c_2$,c_1 为腋长,c_2 为腋高	若外伸端部变截面,在原位注写 $b \times h_1/h_2$,h_1 为根部高度,h_2 为尽端高度
	箍筋	××Φ××@×××/ ××@×××(×)	箍筋道数、钢筋级别、直径、第一种间距/第二种间距、肢数	10 Φ 12@100/12@200(4) 表示箍筋为 HPB300 级钢筋,直径为 12 mm,从梁端向跨内,间距 100 mm,设置 10 道,其余间距为 200 mm 均为 4 肢箍
	纵向钢筋	B:×Φ×× T:×Φ××	底部(B),顶部(T)贯通纵筋根数、钢筋级别、直径	B:4 Φ 25T:4 Φ 20 表示梁底部配置 4 Φ 25 贯通纵筋,梁顶部配置 4 Φ 20 贯通纵筋
	侧面构造钢筋	G×Φ××	梁两侧面对称布置纵向钢筋总根数	当梁腹板高度大于 450 mm 时设置拉筋,直径为 8 mm,间距为箍筋间距的 2 倍。G4 Φ 12 两侧各 2 根
	梁底标高差	(×.×××)	梁底面相对于筏形基础平板标高的高差	
原位标注	支座区域底部钢筋	×Φ××	包括贯通筋和非贯通筋在内的全部纵筋	多于一排用/分隔,同排中有两种直径用 + 连接
	附加箍筋及反扣筋	×Φ××@××(×)	附加箍筋总根数(两侧均分)、钢筋级别、直径及间距(肢数)	在主次梁相交处主梁引出
	原位标注修正内容	当集中标注某项内容不适用于某跨或外伸部分时,进行原位标注,施工时原位标注取值优先		

（5）基础主梁宽度一般比柱截面宽至少 100 mm（每边至少 50 mm）。若具体设计不满足以上要求,施工时按照规定增设梁包柱侧腋。

（6）基础主梁端部钢筋有外伸时，悬挑梁上部第一排钢筋伸至端部并向下做90°弯钩，弯钩长12d（d为钢筋直径），第二排钢筋自边柱内缘向外伸部位延伸锚固长度l_a。悬挑梁下部第一排钢筋伸至端部并向上做90°弯钩，弯钩长12d，第二排钢筋伸至梁端部。悬挑梁部位箍筋按照第一种箍筋设置。

当基础主梁端部无外伸时，基础主梁钢筋伸入梁包柱侧腋中，上部钢筋伸至梁端部并向下做90°弯钩，弯钩长15d；下部钢筋伸至梁端部且水平段不小于0.4l_{ab}，并向上做90°弯钩，弯钩长15d。

（7）原位标注的附加箍筋和附加吊筋构造以及梁侧面钢筋构造要求同条形基础中的基础梁，这里不再赘述。

3）基础次梁施工构造

基础次梁是以基础主梁为支座的梁，与基础主梁相比有许多相似的地方。

（1）基础次梁上部贯通钢筋按跨布置，满足钢筋长度尺寸要求时能通则通，不能满足钢筋长度要求时，可在支座（基础主梁）内断开：伸入支座（主梁）的锚固值为最大（12d，1/2主梁宽），如图1-33所示。

（2）基础次梁下部贯通钢筋能通则通，不能满足钢筋长度要求时，可在$l_n/3$范围内采用搭接连接、机械连接或对焊连接。这里所指的跨度是两相邻基础主梁之间的净距，取左跨l_{ni}和右跨l_{ni+1}的较大值。边跨端部钢筋直锚长度设计按铰接时多0.35l_{ab}，按充分利用钢筋抗拉强度时≥0.6l_{ab}，基础梁下部钢筋应伸至端部后弯折15d，如图1-33所示。

（3）基础次梁支座下部非贯通钢筋不多于两排时，其向跨内的延伸长度自主梁边算起不小于1/3净跨（$l_n/3$），第二排非贯通钢筋向跨内的延伸长度由设计者注明，如图1-33所示。

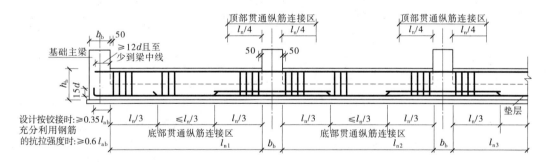

图1-33 基础次梁（JCL）纵向钢筋与箍筋构造

（4）基础次梁端部与外伸部位钢筋构造如图1-34所示。

2. 基础平板平法标注和施工构造

1）基础平板平法标注

梁板式筏形基础平板（LPB）的平面注写分为板底部与顶部贯通纵筋的集中标注与板底部附加非贯通纵筋的原位标注两部分。基础平板集中标注和原位标注内容及注写形式见表1-13。梁板式筏形基础平板平法标注如图1-35所示。

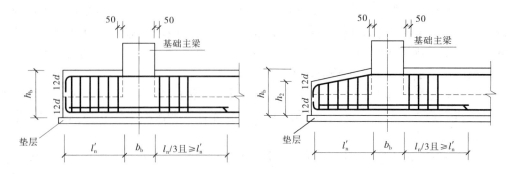

图 1-34　基础次梁端部与外伸部位钢筋构造

表 1-13　梁板式筏形基础平板集中标注和原位标注

类别	标注形式	表达内容	示例及备注
集中标注	LPB × ×	基础平板号,包括代号与序号	LPB1:梁板式基础平板 1
	$h = × × ×$	平板厚度	$h = 300$:基础平板厚度 300 mm
	X:B Φ × ×@ × ×;T Φ × ×@ × ×;(×,×A,×B) Y:B Φ × ×@ × ×;T Φ × ×@ × ×;(×,×A,×B)	X 向和 Y 向底部与顶部贯通纵筋强度等级、直径、间距(总长度、跨数及有无延伸) 用 B 标注板底部贯通纵筋,以 T 标注板顶部贯通纵筋	X:B Φ 22@150;T Φ 20@150;(5B) Y:B Φ 20@150;T Φ 18@200;(7A) 当贯通纵筋在跨内在两种不同间距时,先注写跨内两端的第一种间距,并在前面注写根数,再注写跨中第二种间距。如:X:B12 Φ 22 @ 200/150;T10 Φ 20@200/150;(5B)
原位标注	Φ × ×@ × × × (x,xA,xB) × × × × 基础梁	底部附加非贯通纵筋强度等级、直径、间距(相同配筋横向布置的跨数及是否布置在外伸部位);自梁中心线分别向两边跨内的延伸长度值;当向两侧对称延伸时,仅在一侧标注延伸长度值;外伸部位一侧的延伸长度可以不标注	Φ10@200　(3B)　1 500
	修正内容	某部位与原位标注不同的内容	原位标注取值优先
原位标注	在图中注明的其他内容	①当在基础平板周边侧面设置纵向构造钢筋时,应在图中注明; ②应注明基础平板边缘的封边方式与配筋; ③基础平板外伸部位变截面高度时,注明外伸部位 h_1(根部高度)/h_2(尽端高度); ④基础平板厚度大于 2 m 时,注明在平板中部的水平构造钢筋; ⑤当在板中采用拉筋时,注明拉筋的配置及布置方式(双向或梅花双向); ⑥注明混凝土垫层厚度及强度等级; ⑦平板阳角部位设置放射筋时,注明放射筋强度、直径、根数、设置方式

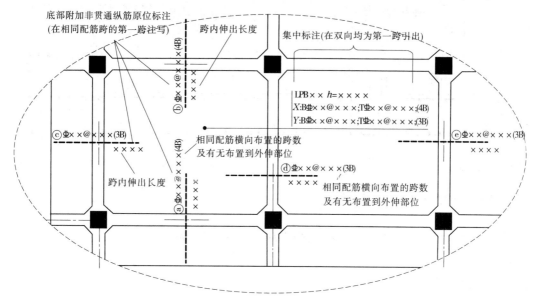

图 1-35　梁板式筏形基础平法标注图示

集中标注所表达的板区在双向均为第一跨（X 向与 Y 向）的板上引出（从左至右为 X 向，从下至上为 Y 向）。在进行板队划分时，板厚度相同，底部贯通纵筋和顶部贯通纵筋配置相同时为一板区，否则为另一板区。基础平板的跨数是以构成柱网的主轴线为准，两主轴线之间无论有几道辅助轴线，均按一跨考虑。因此，所谓的"跨度"是相邻两道主轴线之间的距离，这与楼板的跨度计算不同。

2）基础底板底部贯通钢筋与非贯通钢筋布置

基础底板底部贯通钢筋与非贯通钢筋布置为隔一布一：当原位标注底部附加非贯通钢筋注写为 $\Phi 22@250$，底部该跨范围集中标注的底部贯通纵筋注写为 $\Phi 22@250(5)$ 时，两者实际结合后间距为各自标注间距的 1/2。

3）基础平板（LPB）钢筋构造

梁板式筏形基础平板钢筋构造分为柱下区域和跨中区域两种部位构造，柱下区域构造如图 1-36 所示，跨中区域钢筋构造如图 1-37 所示。

底部非贯通钢筋的延伸长度根据原位标注的延伸长度确定；底部贯通纵筋在基础平板内能通则通，不能满足钢筋长度要求时，可在跨中底部纵筋连接区域（不大于 $l_n/3$）进行连接，当某跨底部贯通纵筋直径大于邻跨时，如果相邻板区板底相平，则配置较大的板跨的底部贯通纵筋须越过板区分界线伸至毗邻板跨跨中连接区域连接。基础平板底部和顶部第一根筋，从距基础梁边 1/2 板筋间距且不大于 75 mm 布置。

4）基础平板（LPB）端部与外伸部位钢筋构造

基础平板下部纵筋伸至外端，再弯直钩，弯钩长度为 $12d$。上部纵筋（直筋）伸入边梁内的长度取最大（$12d$，边梁宽/2），另一端伸至外端，再弯直钩，弯钩长度为 $12d$，如图 1-38 所示。

基础平板（LPB）端部无外伸构造如图 1-39 所示。当基础平板厚度大于 2 m 时，在平

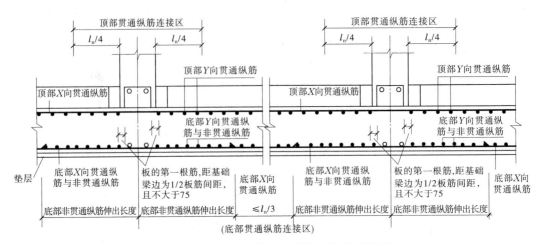

图1-36　梁板式筏形基础平板柱下区域钢筋构造

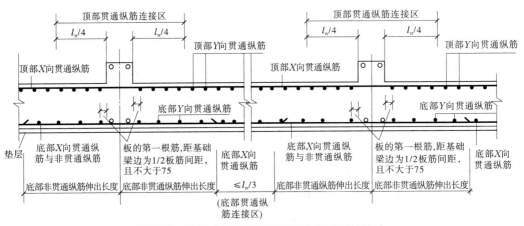

图1-37　梁板式筏形基础平板跨中区域钢筋构造

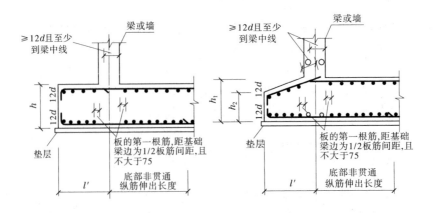

图1-38　梁板式筏形基础平板外伸部位钢筋构造

板中部应增加一层双向构造钢筋,中层筋端部构造如图1-40所示。

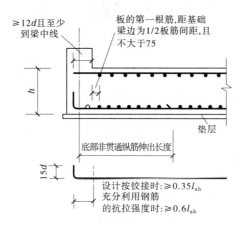

图1-39 梁板式筏形基础平板端部无外伸构造

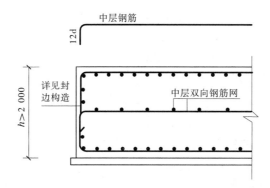

图1-40 中层筋端部构造

5)基础平板封边构造

基础平板封边构造有两种做法,第一种是U形筋封边构造,其中U形筋的高度等于板厚减去上下保护层厚度,U形筋的两个弯钩均不小于15d且不小于200 mm,顶部和底部的纵筋均为12d;第二种是纵筋弯钩交错封边方式,顶部钢筋向下弯钩,底部钢筋向上弯钩,两个弯钩交错150 mm,如图1-41所示。

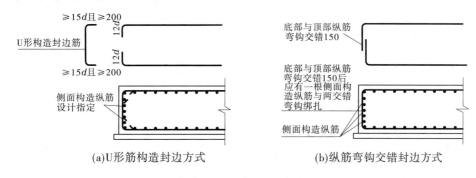

(a)U形筋构造封边方式   (b)纵筋弯钩交错封边方式

图1-41 板边缘侧面封边构造

练习题

一、填空题

1. 钢筋的分类有受力钢筋、(　　　)、架立钢筋、箍筋、构造钢筋。

2. 浅基础按刚度分为(　　　)和(　　　)两种。

3. 阶形的普通独立基础用(　　　)表示,坡形的普通独立基础用(　　　)表示。

4. 基础梁用(　　　)表示。

5. 桩基平面布置图包括(　　　)和(　　　)。

二、单项选择题

1. 以下不属于独立基础列表注写的内容是(　　　)。

   A. 基础编号　　　　　　　　B. 基础标高

   C. 基础截面尺寸　　　　　　D. 基础配筋

2. 筏形基础混凝土强度等级不应低于(　　　)。

   A. C15　　　　　　　　　　B. C20

   C. C25　　　　　　　　　　D. C30

3. 桩基平面布置图包括(　　　)。

   A. 桩基定位图　　　　　　　B. 桩基配筋图

   C. 承台配筋图　　　　　　　D. 桩基和承台的连接图

三、实践操作

1. 基础构造认知练习。

2. 基础施工图识读训练。

学习项目2　土的工程性能

【学习目标】

（1）熟悉土的工程分类,掌握土的工程性质。

（2）了解勘察报告的组成,会阅读勘察报告。

（3）结合实例学习掌握工程地质勘察报告的识读技术。

2.1　土的工程性能识别

2.1.1　土方工程的分类与施工特点

2.1.1.1　土方工程的分类

根据土方工程施工内容和方法的不同,常见的土方工程有:场地平整、基坑(槽)与管沟开挖、人防工程及地下建筑物的土方开挖和土方填筑等主要施工过程,以及施工场地清理、排水、降水和土壁支护等准备工作与辅助工作。

一般按照开挖和填筑的几何特征不同可分为以下五种:

（1）场地平整:是指挖、填平均厚度≤300 mm的挖填或找平等土方施工过程。

（2）挖基槽:是指开挖宽度≤3 m,且长宽比≥3的土方开挖过程。

（3）挖基坑:是指开挖底面面积≤20 m²,且长宽比<3的土方开挖过程。

（4）挖土方:是指山坡切土或场地平整挖填厚度>300 mm,基槽开挖宽度>3 m,基坑开挖底面面积>20 m²的土方开挖过程。

（5）回填土:一般指基础回填土和房心回填土,可分为松填和夯填。

2.1.1.2　土方工程的施工特点

（1）工程量大、工期长、劳动强度大。大型建筑项目的场地平整,其施工面积可达数十平方千米,土方量达数百万立方米;大型基坑的开挖,有的深度达20多 m。

（2）施工条件复杂。土方工程施工多为露天作业,受地质、水文、气候等影响较大,不确定因素多。

（3）受施工场地限制较大。在地面建筑物稠密的城市中进行土方工程施工,往往由于场地狭窄、周围建筑物较多、土方的开挖与土方的留置存放等因素受到施工场地的限制。

因此,为了减轻劳动强度、提高劳动生产率、缩短工期、降低工程成本,在组织土方工程施工前,必须根据工程实际条件,认真研究和分析各项技术资料,做好施工组织设计,制订经济合理的施工及安全方案,选择好施工方法,尽可能采用新技术和机械化施工,实行科学管理,以保证工程质量和较好的经济效果。

2.1.2　土的工程分类与工程性质

2.1.2.1　土的工程分类

土的种类繁多,其分类方法也很多,如根据土的颗粒级配、塑性指数和液性指标、沉积年代、密实度分类等。一般作为建筑物地基的土有岩石、碎石土、砂土、黏性土和特殊土(如淤泥、人工填土等)。

在建筑工程中,按土的开挖难易程度将土分为八类:松软土、普通土、坚土、砂砾坚土、软石、次坚石、坚石、特坚石,前四类为土,后四类为岩石(见表2-1)。

表 2-1　土的工程分类与现场鉴别方法

土的分类	土的名称	可松性系数		开挖方法及工具
		K_s	K'_s	
一类土 (松软土)	砂土;粉土;冲积砂土层;种植土;淤泥(泥碳)	1.08 ~ 1.17	1.01 ~ 1.03	用锹、锄头挖掘,少许用脚蹬
二类土 (普通土)	粉质黏土;潮湿的黄土;夹有碎石、卵石的砂;粉土混卵(碎)石;种植土;填土	1.14 ~ 1.28	1.02 ~ 1.05	用锹、锄头挖掘,少许用镐翻松
三类土 (坚土)	软及中等密实黏土;重粉质黏土、砾石土;干黄土及含有碎石、卵石的黄土、粉质黏土;压实的填土	1.24 ~ 1.30	1.04 ~ 1.07	主要用镐,少许用锹、锄头挖掘,部分用撬杠
四类土 (砂砾坚土)	坚硬密实的黏性土或黄土;含碎石、卵石的中等密实的黏性土或黄土;粗卵石;天然级配砂石;软泥灰岩	1.26 ~ 1.32	1.06 ~ 1.09	先用镐、撬棍,后用锹挖掘,部分用楔子及大锤
五类土 (软石)	硬质黏土;中密的页岩、泥灰岩、白垩土;胶结不紧的砾岩;软石灰及贝壳灰石	1.30 ~ 1.45	1.10 ~ 1.20	用镐或撬棍、大锤挖掘,部分用爆破方法
六类土 (次坚石)	泥岩;砂岩;砾岩;坚实的页岩、泥灰岩;密实的石灰岩;风化花岗岩、片麻石及正长石	1.30 ~ 1.45	1.10 ~ 1.20	用爆破方法开挖,部分用风镐
七类土 (坚石)	大理石;辉绿岩;玢岩;粗、中粒花岗岩;坚实的白云岩、砂岩、砾岩、片麻岩、石灰岩;微风化安山岩;玄武岩	1.30 ~ 1.45	1.10 ~ 1.20	用爆破方法开挖
八类土 (特坚石)	安山岩;玄武岩;花岗片麻岩;坚实的细粒花岗岩、闪长岩、石英岩、辉长岩、辉绿岩、玢岩、角闪岩	1.45 ~ 1.50	1.20 ~ 1.30	用爆破方法开挖

注:K_s—最初可松性系数;K'_s—最终可松性系数。

2.1.2.2　土的工程性质

1.土的组成

土一般由土颗粒(固相)、水(液相)和空气(气相)三部分组成,这三部分之间的比例关系随着周围条件的变化而变化,三者相互间比例不同,反映出土的不同物理状态,如干燥、稍湿或很湿,密实或松散等。这些指标是最基本的物理指标,对评价土的工程性质、进行土的工程分类具有重要意义。

土的三相物质是混合分布的,为阐述方便,一般用三相图(见图2-1)表示。

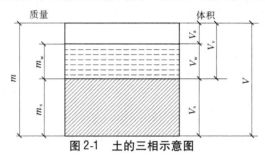

图2-1　土的三相示意图

图2-1中的字母符号含义如下:

m ——土的总质量($m = m_s + m_w$),kg;

m_s ——土中固体颗粒的质量,kg;

m_w ——土中水的质量,kg;

V ——土的总体积($V = V_a + V_w + V_s$),m³;

V_a ——土中空气体积,m³;

V_w ——土中水所占体积,m³;

V_s ——土中固体颗粒体积,m³,;

V_v ——土中孔隙体积($V_v = V_a + V_w$),m³。

2.土的主要工程性质

土的工程性质对土方工程的施工有着直接影响,也是进行土方工程施工组织设计必须掌握的基本资料。其主要工程性质包括以下几个方面。

1)土的含水量

土的含水量是指土中水的质量与固体颗粒质量的百分比,用 ω 表示,即

$$\omega = \frac{m_w}{m_s} \times 100\% \tag{2-1}$$

式中　　m_w ——土中水的质量,kg;

　　　　m_s ——土中固体颗粒的质量,kg。

土的含水量是反映土干湿程度的重要指标,一般采用"烘干法"测定。天然土层的含水量变化范围很大,它与土的种类、埋藏条件及其所处的地理环境等有关。

2)土的天然密度和干密度

土在天然状态下单位体积的质量称为土的天然密度(简称密度);单位体积中土的固体颗粒的质量称为土的干密度。表达式分别为

$$\rho = \frac{m}{V} \tag{2-2}$$

$$\rho_{\mathrm{d}} = \frac{m_{\mathrm{s}}}{V} \tag{2-3}$$

式中　ρ、ρ_{d}——土的天然密度和干密度，$\mathrm{kg/m^3}$；

　　　m——土的总质量，kg；

　　　m_{s}——土中固体颗粒的质量，kg；

　　　V——土的天然体积，$\mathrm{m^3}$。

3）土的孔隙比和孔隙率

孔隙比和孔隙率反映了土的密实程度，其值越小，土越密实。

孔隙比 e 是土的孔隙体积 V_{v} 与固体体积 V_{s} 的比值，表达式为：

$$e = \frac{V_{\mathrm{v}}}{V_{\mathrm{s}}} \tag{2-4}$$

孔隙率 n 是土的孔隙体积 V_{v} 与总体积 V 的比值，用百分率表示，即

$$n = \frac{V_{\mathrm{v}}}{V} \times 100\% \tag{2-5}$$

4）土的可松性

土的可松性是指天然土经开挖后，内部组织破坏，其体积因松散而增加，以后虽经回填压实仍不能恢复其原来体积的性质。土的可松性程度一般用可松性系数表示，即

最初可松性系数：　　　　　　　$$K_{\mathrm{s}} = \frac{V_2}{V_1} \tag{2-6}$$

最终可松性系数：　　　　　　　$$K_{\mathrm{s}}' = \frac{V_3}{V_1} \tag{2-7}$$

式中　K_{s}、K_{s}'——土的最初、最终可松性系数；

　　　V_1——土的天然体积，$\mathrm{m^3}$；

　　　V_2——开挖后土的松散体积，$\mathrm{m^3}$；

　　　V_3——回填压实后土的体积，$\mathrm{m^3}$。

土的可松性与土质有关，各类土的可松性系数见表 2-1。在土方工程施工中，土的可松性系数是计算土方开挖工程量、土方运输量和土方调配、回填土预留量的主要参数。

5）土的渗透性

土的渗透性是指土体被水透过的性质。土的渗透性一般用渗透性系数表示，即单位时间内水穿透土层的能力，表达公式为

$$K = \frac{v}{I} \tag{2-8}$$

式中　K——土的渗透性系数，$\mathrm{m/d}$；

　　　v——水在土中的渗流速度，$\mathrm{m/d}$；

　　　I——土的水力坡度，$I = H/L$，H 为 A、B 两点的水位差，L 为土层中水的渗流路程
　　　　（见图 2-2）。

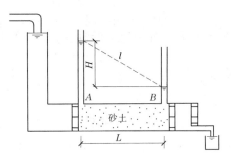

图2-2　砂土渗透试验

　　根据土的渗透性不同,可将土分为透水性土(如砂土)和不透水性土(如黏土)。土的渗透性系数是计算降低地下水时涌水量计算的主要参数,它与土的种类、密实程度有关,一般由试验确定,表2-2可供参考。

表2-2　土的渗透系数参考表　　　　　　　　　　　　　　(单位:m/d)

土的名称	渗透系数 K	土的名称	渗透系数 K
黏土	<0.005	中砂	5~20
粉质黏土	0.005~0.1	均质中砂	35~50
粉土	0.1~0.5	粗砂	20~50
黄土	0.25~0.5	圆砾石	50~100
粉砂	0.5~1	卵石	100~500
细砂	1~5		

2.2　工程地质勘察

2.2.1　工程地质概述

　　工程地质勘察指根据建设工程的要求,查明、分析、评价建设场地的工程地质、水文地质、环境特征和岩土工程条件,编制勘察文件的活动。

　　各项工程建设在设计施工之前,必须按基本建设程序进行岩土工程地质勘察。了解岩土体,首先查明其空间分布及工程性质,在此基础上才能对场地的稳定性、建设工程适宜性及不同地段地基的承载能力、变形特性等做出评价。提出资料完整,编写正确的工程地质勘察报告,贯彻执行有关技术经济政策,做到技术先进、经济合理,确保工程质量,提高投资效益,并符合国家现行有关标准、规范的规定。为各类工程设计提供必需的工程地质资料,在定性的基础上做出定量的工程地质评价。

2.2.1.1　工程地质勘察的原则

　　工程地质勘察是基本建设的一个重要环节。勘察成果是项目决策、设计和施工的重要依据,直接关系到工程建设的经济效益、环境效益和社会效益。在进行工程地质勘察工

作时,应掌握以下原则:

(1)在理论、方法和经验上,要充分做到工程地质、土力学与岩体力学相结合,定向与定量相结合。

(2)在工程实践上,必须做到勘察与设计、施工密切配合协作,岩土条件与建设要求统一;力求技术可靠、经济合理。

(3)采用各项岩土参数时,应注意因岩土体材料的非均匀性及各向异性,参数与原型岩土体性状之间的差异及其随工程环境不同而可能产生的变异,测定岩土性质时宜通过不同的试验手段综合验证。

(4)工程地质勘察宜以实际观测的数据和岩土性状为依据,并以原型观测、实体试验及原位测试作为对类似的工程进行分析论证的依据,但应考虑到不同工程对象在设计、施工方面的差异,对重点工程宜进行室内的或现场的模型试验。

(5)在岩土工程稳定性计算中宜用两种以上的可能方案进行比较,通常取其安全系数最小的一种方案作为安全控制,为避免保守,可与当地的实际工程经验对照以进行必要的修正。

2.2.1.2　工程地质勘察阶段的划分

1. 不同行业工程地质勘察阶段的划分

工程地质勘察是为工程设计和施工服务的,不同类型的工程由于其设计阶段划分不同,其工程地质勘察阶段的划分与要求也随之不同,不同行业依据不同规范对工程地质勘察阶段的划分是不同的(见表2-3)。

表2-3　不同规范勘察阶段的划分对比

《岩土工程勘察规范》 (GB 50021—2001)(2009 年版)	《水利水电工程地质勘察规范》 (GB 50487—2008)	《公路工程地质勘察规范》 (JTG C20—2011)
可行性研究勘察(选址勘察)	规划阶段勘察	可行性研究阶段勘察
初步勘察	可行性研究阶段勘察	初步工程地质勘察
详细勘察	初步设计勘察	详细工程地质勘察

2. 工程地质勘察阶段的划分及要求

工程地质勘察有明确的工程针对性,要求项目建设单位在勘察委托书中提供项目的建设程序阶段项目的功能特点、结构类型、建筑物层数和使用要求、是否设有地下室以及地基变形限制等方面的资料。据此确定勘察阶段、勘察工作的内容和深度、岩土工程设计参数和提出建筑地基基础设计与施工方案的建议。与工程建设程序相对应,岩土工程勘察划分为相应的阶段:可行性研究勘察(选址勘察)、初步勘察、详细勘察、施工勘察。各勘察阶段的勘察目的与主要任务都不相同。若为单项工程或中小型工程,则往往简化勘察阶段,一次完成详细勘察以节省时间。

2.2.1.3　工程地质勘察分级

工程地质勘察分级是根据岩土工程的重要性(安全)等级、场地的复杂程度和地基的复杂程度划分的。以下是《岩土工程勘察规范》(GB 50021—2001)(2009 年版)的规定。

1. 工程重要性等级

根据工程的规模和特征,以及由于岩土工程问题造成工程破坏或影响正常使用的后果,可分为三个工程重要性等级(见表2-4)。

表2-4 工程重要性等级

工程类型	破坏后果	安全等级
重要工程(一级工程)	很严重	一级
一般工程(二级工程)	严重	二级
次要工程(三级工程)	不严重	三级

2. 场地复杂程度等级

根据场地的复杂程度,分为三个场地等级(见表2-5)。

表2-5 场地复杂程度等级

场地等级	场地条件
一级场地(复杂场地)	对建筑抗震危险的地段;不良地质作用强烈发育;地质环境已经或可能受到强烈破坏;地形地貌复杂;有影响工程的多层地下水、岩溶裂隙水或其他水文地质条件复杂,需专门研究的场地
二级场地(中等复杂场地)	对建筑抗震不利的地段;不良地质作用一般发育;地质环境已经或可能受到一般破坏;地形地貌较复杂;基础位于地下水以下的场地
三级场地(简单场地)	抗震抗防烈度等于或小于6度,或对建筑抗震有利的地段;不良地质作用不发育;地质环境未受到破坏;地形地貌简单;地下水对工程无影响

3. 地基复杂程度等级

根据地基的复杂程度,分为三个地基等级(见表2-6)。

表2-6 地基复杂程度等级

地基等级	地基条件
一级地基(复杂地基)	岩土种类多,很不均匀,性质变化大,需特殊处理;严重湿陷、膨胀、盐渍、污染的特殊性岩土,以及其他情况复杂,需做专门处理的岩土
二级地基(中等复杂地基)	岩土种类较多,不均匀,性质变化较大;除一级地基规定以外的特殊性岩土
三级地基(简单地基)	岩土种类单一,均匀,性质变化不大;无特殊性岩土

4. 岩土工程勘察等级划分

根据岩土工程的重要性等级、场地复杂程度等级和地基复杂程度等级,将岩土工程勘察分为甲级、乙级和丙级三个等级。

甲级:在工程重要性、场地复杂程度和地基复杂程度等级中,有一项或多项为一级。

乙级:除勘察等级为甲级和丙级以外的勘察项目。

丙级:工程重要性、场地复杂程度和地基复杂程度等级均为三级。

对于建筑在岩质地基上的一级工程,当场地复杂程度等级和地基复杂程度等级均为三级时,岩土工程勘察等级可定为乙级。

2.2.2　工程地质勘察的目的与内容

2.2.2.1　工程地质勘察的目的

工程地质勘察的目的是以各种勘察手段和方法查明场地工程地质条件,综合评价场地和地基的安全稳定性,为工程设计、施工提供准确可靠的计算指标和实施方案。工程地质勘察是综合性的地质调查。

工程地质勘察工作通常是为了取得下列资料:

(1)查明建筑场地地层分布的情况,鉴别岩石或土层的类别和成因类型。

(2)调查场地的地质构造:岩层的产状、褶曲类型以及裂隙和断层情况,并查明岩层的风化程度和相互关系。

(3)在现场或室内进行岩土试验,以便测定岩石和土的物理及力学性质指标。

(4)查明场地内地下水的类型、埋藏深度、动态,必要时还需测定地下水的流向、流量及其补给情况,采集水样进行化学成分分析,以便判断其对混凝土的腐蚀性。

(5)在地质条件较复杂的地区,必须查明场地内有无危及建筑物安全的地质现象,判断其对场地和地基的危害程度。

工程上常把危害建筑物安全的地质现象(如滑坡、岩溶、土洞等)称为不良地质现象。岩溶一般是可溶性岩石(如石灰岩、白云岩等)在地下水作用下形成溶洞、溶沟、漏斗等地面和地下形态的总称。土洞是岩溶地区上覆土层在地下水作用下形成的洞穴。

2.2.2.2　工程地质勘察的内容

工程地质勘察应在收集建筑物或构筑物上部荷载、功能特点、结构类型、基础形式、埋置深度和变形限制等方面资料的基础上进行。

工程地质勘察宜分阶段进行,可行性研究勘察应符合选择场址方案的要求;初步勘察应符合初步设计的要求;详细勘察应符合施工图设计的要求;场地条件复杂或有特殊要求的工程,宜进行施工勘察;场地较小且无特殊要求的工程可合并勘察阶段。当建筑物平面布置已经确定,且场地或其附近已有岩土工程资料时,可根据实际情况,直接进行详细勘察。

1. 可行性研究勘察

可行性研究勘察是为了工程总体规划而进行的勘察,也称选址勘察。其目的是对拟建场地的稳定性和适宜性做出评价。当建筑场地位于地震区时,应考虑地震效应的影响。当遇到不良工程地质条件时,应对不良地质现象进行调查,查明原因、分布及其发展趋势。

(1)收集区域地质、地形地貌、地震、矿产和附近地区的工程地质与岩土工程资料和当地的建筑经验等资料。

(2)通过踏勘,初步了解场地的主要地层、构造、岩土性质、不良地质现象及地下水等工程地质条件。

（3）对工程地质与岩土条件较复杂、已有资料及踏勘尚不能满足要求的场地，应进行工程地质测绘及必要的勘探工作。

（4）进行规划或选择场址时应进行技术经济分析，一般应避开下列地质条件恶劣地区或地段：

①不良地质条件发育且对建筑物危害或潜在威胁的场地；

②地基土性质严重不良的地段；

③设计地震烈度为8度或9度的发震断裂带；

④受洪水威胁或地下水的不利影响严重的场地；

⑤在可开采的地下矿床或矿区的未稳定采空区上的场地。

该阶段的主要任务是：分析场地的稳定性和适宜性；明确选择场地范围和应避开的地段；进行选址方案对比，明确最佳场地方案。

2. 初步勘察

进行初步设计或扩大初步设计，对建筑地区或场地的稳定性和主要岩土类型的分布做出评价，为确定工程的总体布置，进行主要为建筑物地基、基础方案比较及不良地质现象的防治方案提供工程地质和岩土技术资料的勘察。初步勘察应进行下列工作：

（1）收集本项目的可行性研究报告、场址地形图、工程性质、规模等文件资料。

（2）初步查明地层、构造、岩土性质、地下水埋藏条件、冻结深度、不良地质现象的成因、分布及其对场地稳定性的影响程度和发展趋势。当场地条件较复杂时，应进行工程地质测绘与调查。

（3）对抗震设防烈度等于或大于6度的场地，应初步判定场地和地基的地震效应。

（4）初步判定水和土对建筑材料的腐蚀性。

（5）高层建筑初步勘察时，应对可能采取的地基基础类型、基础开挖与支护、工程降水方案进行初步评价。

初步勘察应进行下列水文地质工作：

（1）调查含水层的埋藏条件，地下水类型、补给排泄条件，各层地下水位及其变化幅度，必要时应设置长期观测孔，监测水位变化。

（2）当需给出地下水等水位线图时，应根据地下水的埋藏条件和层位，统一量测地下水位。

（3）当地下水可能浸湿基础时，应采取水试样进行腐蚀性评价。

该阶段的主要任务是：根据岩土工程条件分区，论证建设场地的适宜性；根据工程规模及性质，建议总平面布置应注意的事项；提供地基岩土的承载力及变形量；地下水对工程建议影响的评价；指出下阶段勘察应注意的问题。

3. 详细勘察

经过选址勘察和初步勘察之后，场地工程地质条件已基本查明，详细勘察应按单位建筑物或建筑群提出详细的岩体工程资料和设计、施工所需的岩体参数，对建筑地基做出岩体工程评价，并对地基类型、基础形式、地基处理、基坑支护、工程降水和不良地质作用的防治等提出建议。详细勘察的手段主要以勘探、原位测试和室内土工试验为主，必要时可以补充一些物探、工程地质测绘和调查工作。本阶段要做的工作如下：

（1）收集附有坐标和地形的建筑总平面图，场区的地貌整平标高，建筑物的形状、规模、荷载、结构特点、基础形式、埋置深度，地基允许变形等资料。

（2）查明不良地质作用类型、成因、分布范围、发展趋势和危害程度，提出整治方案的建议。

（3）查明建筑范围内岩土层的类型、深度、分布、工程特性，分析和评价地基的稳定性、均匀性和承载力；对需进行沉降计算的建筑物，提供地基变形计算参数，预测建筑物的变形特征。

（4）查明埋藏的河道、沟谷、墓穴、防空洞、孤石等对工程不利的埋藏物。

（5）查明地下水的埋藏条件，提供地下水位及其变化幅度。

（6）标准冻深在地面平坦、裸露、城市之外的空旷场地中不少于 10 年的实测最大冻深的平均值。

（7）判别水和土对建筑材料的腐蚀性。

该阶段的主要任务是：提供各层岩土设计参数；论证地基基础方案的合理性；提出地基处理方案建议，深基坑开挖、工程降水及护坡预防措施的方案建议。

4. 施工勘察

施工勘察主要是与设计、施工单位相结合进行的地基验槽，桩基工程与地基处理的质量、效果检验、施工中的岩土工程监测和必要的补充勘察，解决与施工有关的岩土工程问题，并为施工阶段地基基础的设计变更提出相应的地基资料。具体内容应根据不同建筑具体情况与工程要求而定。

（1）对高层或多层建筑进行施工验槽，发现异常问题需进行施工勘察。

（2）在基坑开挖后遇局部古井、水沟、坟墓等软弱部位，要求换土处理时，需进行换土压实后干密度测试质量检验。

（3）深基础的设计与施工，需进行有关监测工作。

（4）当软弱地基处理时，需进行施工设计和检验工作。

（5）地基中存在岩溶或土洞，需进一步查明分布范围及处理。

（6）施工中出现基槽边坡失稳滑动，则需进行勘测与处理。

该阶段的主要任务是：对严重不良地质作用，应考虑是否更改设计方案；对施工应提出采取补救措施。

上述各勘察阶段的勘察目的与主要任务都不相同。若为单项工程或中小型工程，则往往简化勘察阶段，一次完成详细勘察以节省时间。

总地来说，勘察工作的基本程序是：在开始勘察工作以前，由设计单位和甲方按工程要求向勘察单位提出"工程地质勘察任务（委托）书"，以便制订勘察工作计划；对地质条件复杂和范围较大的建筑场地，在选址勘察或初步勘察阶段，应先到现场踏勘观察，并以地质学方法进行工程地质测绘；布置勘探点以及由相邻探点组成的勘探线，采用坑探、钻探、触探、地球物理勘探（简称物探）等手段，探明地下的地质情况，取得岩土及地下水等试样；在室内或现场原位进行土的物理力学性质测试和水质分析试验；整理分析所取得的勘察成果，对场地的工程地质条件做出评价，并以方案和图表等形式编制成"工程地质勘察报告"。

2.2.2.3 工程地质测绘与调查

工程地质测绘的内容包括工程地质条件的全部要素,即测绘拟建场区的地层、岩性、地质构造、地貌、水系和不良地质现象,已有建筑物的变形、破坏状况和建筑经验,可利用的天然建筑材料的质量和分布等。

工程地质测绘有相片成图法和实地测绘法。

相片成图法是利用地面摄影或航空(卫星)摄影的像,在室内根据判释标志,结合所掌握的区域地质资料,把判明的地层岩性、地质构造、地貌、水系和不良地质现象等,调绘在单张相片上,并在相片上选择需要调查的若干地点和路线,然后据此做实地调查、进行核对修正和补充。将调查得到的资料转绘在等高线图上而成工程地质图。

当该地区没有航测等相片时,工程地质测绘主要依靠野外工作,即实地测绘法。实地测绘法有路线法、布点法、追索法三种。

(1)路线法。路线形式可为直线形或折线形。观测路线应选择在露头及覆盖层较薄的地方。观测路线方向应大致与岩层走向、构造线方向及地貌单元相垂直。

(2)布点法。根据地质条件复杂程度和不同的比例尺,预先在图上布置一定数量的地质点。对第四系地层覆盖地段,需有足够的人工露头点,以保证测绘精度,适用于大中型比例尺测绘。

(3)追索法。常在路线法或布点法基础上进行,是一种辅助方法。

2.2.3 工程地质勘察方法

为顺利实现工程地质勘察的目的、要求和内容,提高勘察成果的质量,必须有一套勘察方法来配合实施。

2.2.3.1 勘探

勘探是工程地质勘察过程中查明地下情况的一种必要手段,它在地面的工程地质测绘和调查所取得资料的基础上,进一步对场地的工程地质条件做定量的评价。

依据《岩土工程勘察规范》(GB 50021—2001)(2009 年版)、《建筑工程地质勘探与取样技术规程》(JGJ/T 87—2012),勘探的方法主要有坑探、槽探、钻探、触探、地球物理勘探等方法,在选用时应符合勘察目的及岩土的特性。

1. 坑探、槽探

坑探、槽探就是用人工或机械方式进行挖掘坑、槽,当场地较复杂时,利用坑探可以直接观察岩土层的天然状态以及各地层之间接触关系等地质结构,并能取出接近实际的原状结构土样,它的缺点是可达的深度较浅,且易受自然地质条件的限制。

探井的平面形状一般采用 1.5 m×1.0 m 的矩形或直径为 0.8~1.0 m 的圆形,其深度视地层的土质和地下水埋藏深度等条件而定,一般为 2~3 m。较深的探坑要进行孔壁加固。

2. 钻探

钻探是用钻机在地层中钻孔,以鉴别和划分地层进行勘探的一种方法。场地内的钻孔分为鉴别孔和技术孔。鉴别孔用以采取扰动土样,鉴别土层类别、厚度、状态和分布。

技术孔在钻进中不同深度采取原状土样进行原位试验。

　　钻孔的直径、深度、方向取决于钻孔用途和钻探地点的地质条件。钻孔的直径一般为 75～150 mm,但在一些大型建筑物的工程地质钻探中,孔径往往大于 150 mm,有时可达到 500 mm。钻孔的深度由数米至数百米,视工程要求和地质条件而定,一般的工民建工程地质钻探深度在数十米以内。钻孔的方向一般为垂直的,也有打成倾斜的钻孔,这种孔称为斜孔。在地下工程中有打成水平的钻孔,甚至直立向上的钻孔。

　　工程地质钻探可根据岩土破碎的方式,将钻进方法分为冲击钻进、回转钻进、综合式钻进、振动钻进,它们分别适用于不同的地层条件。

　　3. 地球物理勘探

　　地球物理勘探是一种兼有勘探和测试双重功能的技术,简称物探。物探之所以能够被用来研究和解决各种地质问题,主要是因为不同的岩石、土层和地质构造往往具有不同的物理性质,利用诸如其导电性、磁性、弹性、湿度、密度、天然放射性等的差异,通过专门的物探仪器的量测,就可区别和推断有关的地质问题。对工程地质勘察的下列方面宜应采用物探:

　　(1)作为钻探的先行手段,了解隐蔽的地质界线、界面或异常点。

　　(2)在钻孔之间增加地球物理勘探点,为钻探超过的内插、外推提供依据。

　　(3)作为原位测试手段,测定岩土体的波速、动弹性模量、动剪切模量、卓越周期、电阻率、放射性辐射参数、土对金属的腐蚀性等。

　　地球物理勘探成果判释时,应考虑其多解性,区分有用信号和干扰信号。需要时应采用多种方法探测,进行综合判释,并应有已知物探参数或一定数量的钻孔验证。

2.2.3.2　原位测试

　　原位测试是在天然条件下原位测定岩土体的各种工程性质。岩土工程原位测试主要包括载荷试验、静力触探试验、圆锥动力触探试验、标准贯入试验、现场直剪试验、十字板剪切试验、旁压试验、波速测试、岩体应力测试等。因这些原位测试在岩土原来的位置上进行,并保持其天然结构、天然含水量及原位应力状态,所得的数据较准确可靠,比较符合岩土体的实际情况。

　　原位测试应根据岩土体条件、设计对参数的要求、地区经验和测试方法的适用性等因素选用,其中地区经验的成熟程度最重要。

　　1. 载荷试验

　　1)试验方法及原理

　　载荷试验包括平板载荷试验(PLT)和螺旋板载荷试验(SPLT)。平板载荷试验是通过在一定面积的承压板上逐级向板下地基土施加荷载,以测求地基土的承载力与变形特性。浅层平板载荷试验适用于浅层地基土;螺旋板载荷试验是通过向旋入地下预定深度的螺旋形承压板施加压力,同时测量承压板的相应沉降量,以求算地基土承载力与变形指标,它适用于深层地基土和地下水位以下的地基土。

　　载荷试验应布置在有代表性的地点,每个场地不宜少于 3 个,当场地内岩土体不均时,应当增加,浅层平板载荷试验应布置在基础底面标高处。

　　下面介绍浅层平板载荷试验的方法。

试验装置如图2-3所示,其构造一般由加载装置(荷载平台或钢梁、千斤顶或堆砌荷载)、反力装置(地锚)及沉降观测装置(百分表、固定支架)等部分组成。

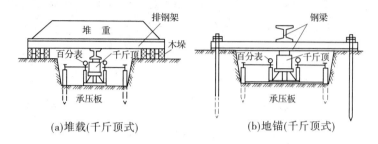

图2-3　平板载荷试验

《建筑地基基础设计规范》(GB 50007—2011)规定浅层平板载荷试验承压板的面积不应小于0.25 m²,对软土不应小于0.5 m²(正方形边长0.707 m×0.707 m或圆形直径0.798 m),为模拟半空间地基表面的局部荷载,基坑宽度不应小于承压板宽度或直径的3倍;应保持试验土层的原状结构和天然湿度;宜在拟试压表面用粗砂或中砂找平,其厚度不超过20 mm,加荷等级不应小于8级,第一级荷载可加等级荷载的2倍。最大加载量不应小于荷载设计值的2倍。

载荷试验的观测标准如下:

(1)每级加荷后,按间隔10 min、10 min、10 min、15 min、15 min,以后为每隔30 min读一次沉降量,当在连续2 h内,每小时的沉降量小于0.1 mm时,认为已趋于稳定,可加下一级荷载。

(2)当出现下列情况之一时,即可终止加载:①承压板周围的土有明显的侧向挤出(砂土)或发生裂纹(黏性土或粉土)。②沉降量急骤增大,荷载—沉降量($p \sim s$)曲线出现陡降段。③在某一荷载下,24 h内沉降速率不能达到稳定标准。④$s/b \geqslant 0.06$(b为承压板宽度或直径)。满足终止加载前三种情况之一者,其对应的前一级荷载定为极限荷载。

2)试验成果应用

根据各级荷载及其相应的稳定沉降的观测数值,即可采用适当比例尺绘制荷载p与稳定沉降量s的关系曲线($p \sim s$曲线),见图2-4。必要时还可绘制各级荷载下的沉降量与时间($s \sim t$)的关系曲线。试验得到的$p \sim s$曲线综合反映了在1.5~2倍承压板宽度的深度范围内土层强度和变形值。

平板载荷试验适用于各类地基土和软岩、风化岩,其试验目的如下:

(1)确定地基土的临塑荷载、极限荷载,为评定地基土的承载力提供依据。

(2)确定地基土的变形模量。

(3)估算地基土的不排水抗压强度。

(4)确定地基土的基床反力系数。

(5)估算地基土的固结系数。

(6)确定湿陷性黄土的湿陷起始压力,判别土的湿陷性。

典型的载荷试验成果曲线$p \sim s$如图2-4(b)所示,分为下列三个阶段:

(1)直线变形阶段(压密阶段)。当荷载较小时,荷载与沉降量关系近似于直线,地基

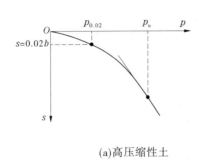
(a)高压缩性土

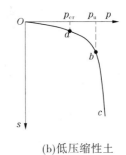
(b)低压缩性土

图2-4　平板载荷试验$p \sim s$曲线

土体处于压密状态,相当于Oa段。

(2)局部剪切阶段。随着荷载的增加,荷载与沉降量关系不再是直线,而呈曲线,其沉降速率明显增加,承压板边缘下的土体局部范围出现剪切破坏(塑性变形区),如$p \sim s$曲线段的ab段。

(3)完全剪切破坏阶段。随着荷载的继续增大,承压板急剧下沉,地基中塑性变形区出现连续滑动面,使地基达到破坏而丧失稳定,如$p \sim s$曲线段的bc段。在$p \sim s$曲线中,a点对应的荷载称为比例极限p_{cr},也称为临塑荷载;b点对应的荷载称为极限荷载p_u。

3)测定地基承载力

测定地基承载力最可靠的方法是在拟建场地进行载荷试验。根据载荷试验的荷载p与稳定沉降s的关系曲线($p \sim s$曲线),承载力特征值的确定如下:

(1)当$p \sim s$曲线上有明确的比例界限时,取该比例界限所对应的荷载值p_{cr}作为承载力基本值。

(2)当极限荷载能确定,且该值小于对应比例界限荷载值的2倍时,取极限荷载值的一半作为承载力基本值。

(3)不能按上述两点确定时,当承压板面积为$0.25 \sim 0.50 \ m^2$时,对于低压缩性土和砂土,可取$s/b = 0.01 \sim 0.015$所对应的荷载值作为承载力的基本值;对于中、高压缩性土可取$s/b = 0.02$所对应的荷载值作为承载力的基本值。

(4)同一土层参加统计的试验点不应少于3个,如所得试验值的极差(最大值与最小值之差)不超过平均值的30%,取其平均值作为地基承载力特征值f_{ak}。再经过实际基础的宽度、深度的修正,即可得到承载力设计值。

载荷板的尺寸一般比实际基础小,影响深度较小,试验只反映这个范围内土层的承载力。如果载荷板影响深度之下存在软弱下卧层,而该层又处于基础的主要受力层内,此时除非采用大尺寸载荷板做试验,否则意义不大。

2. 旁压试验

当基础埋深很大、试坑开挖深度大及地下水位较浅、基础埋深在地下水位以下时,可用旁压试验进行原位试验。

3. 静力触探试验

触探是通过探杆用静力或动力将金属探头压入土层,并且测出各土层对触探头的贯入阻力的大小,从而间接地判断土层及其性质的一类勘探方法和原位测试技术。它分为静力触探和动力触探。静力触探是借助静压力将探头压入土层,利用电测技术测得贯入阻力来判断土的性质,与常规勘探手段相比,静力触探能快速、连续地探测土层及其性质的变化,常在拟订桩基方案时使用。

静力触探试验设备由加压系统、反力平衡系统和量测系统三部分组成。静力触探试验的原理是通过液压装置或机械装置,将一个贴有电阻应变片、标准规格的圆锥形金属触探头匀速垂直地压入土中,土层对探头的阻力利用电阻应变仪来量测微应变数值,并换算成探头所受到的贯入阻力,利用贯入阻力与土的物理力学指标或载荷试验指标的相关关系,间接测定土的力学特性,其具有勘探和测试双重功能。静力触探试验适用于软土、一般黏性土、粉土、砂土和含少量碎石的土。

4. 标准贯入试验

标准贯入试验设备如图2-5所示,由贯入器(外径51 mm、内径35 mm、长度大于500 mm)、钻杆(外径42 mm)和穿心锤(质量63.5 kg、落距760 mm)三部分组成。试验时,先行钻孔,再把上端接有钻杆的标准贯入器放至孔底,然后用质量为(63.5 ± 0.5)kg的锤,以(76 ± 2)cm的高度自由下落将贯入器先打入土中150 m,然后测出累计打入30 cm的锤击数,该击数称为标准贯入锤击数 N。根据已有的经验关系,判定土层的力学特性。最后拔出贯入器取其土样鉴别。其适用于砂土、粉土和一般黏性土。

2.2.4 岩土工程分析评价

岩土工程分析评价应在工程地质测绘、勘探、测试和收集已有资料的基础上,结合工程特点和要求进行。各类工程、不良地质作用和地质灾害以及各种特殊性岩土的分析评价,应分别符合《岩土工程勘察规范》(GB 50021—2001)(2009 年版)的规定。岩土工程分析评价应根据岩土工程勘察等级区别进行。对丙级岩土工程勘察,可根据邻近工程经验,结合触探和钻探取样试验资料进行;对乙级岩土工程勘察,应在详细勘探、测试的基础上,结合邻近工程经验进行,并提供岩土的强度和变形指标;对甲级岩土工程勘察,除按乙级要求进行外,尚应提供载荷试验资料,必要时应对其中的复杂问题进行专门研究,并结合监测对评价结论进行检验。

任务需要时,可根据工程原型或试验岩土体性状的量测结果,用反分析的方法反求岩土参数,验证设计计算,查验工程效果或事故原因。

2.2.4.1 岩土工程分析评价的要求

(1)充分了解工程结构的类型、特点、荷载情况和变形控制要求。

(2)掌握场地的地质背景,考虑岩土材料的非均质性、各向异性和随时间的变化,评估岩土参数的不确定性,确定其最佳估值。

(3)充分考虑当地经验和类似工程的经验。

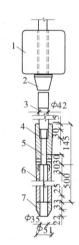

1—穿心锤;2—锤垫;
3—触探杆;4—贯入器;
5—出水孔;6—取土器;
7—贯入器靴

图 2-5 标准贯入试验设备

（4）对于理论依据不足、实践经验不多的岩土工程问题，可通过现场模型试验取得实测数据进行分析评价。

（5）必要时可建议通过施工监测，调整设计和施工方案。

2.2.4.2　一般岩土工程分析评价的方法

（1）极限状态法。

岩土工程评价应根据工程等级、场地地基条件、地区经验，采用极限状态法进行。极限状态分为两类，即承载能力极限状态和正常使用极限状态。

承载能力极限状态是将岩土及有关结构置于极限状态进行分析，找到达到某种极限状态（承载能力、变形等）时岩土的抗力。承载能力极限状态也称为破坏极限状态，可用于评价边坡的稳定性、挡土墙的稳定性、承载力与地基的整体稳定性等。它可根据有关设计规范规定，用分项系数或总安全系数方法计算，有经验时也可用隐含安全系数的抗力容许值进行计算。

正常使用极限状态指的是整个工程或工程的一部分，超过某一特定状态就不能满足设计规定的功能要求。正常使用极限状态也称为功能极限状态。例如，影响结构外观和正常使用（包括引起机械或辅助装置不能正常工作）的变形、位移或偏移；危及面层或非结构单元；引起人的不舒适感；危及建筑物及其内部设施或限制其使用功能的振动等。

（2）定性分析评价与定量分析评价。

岩土工程分析评价应在定性分析的基础上进行定量分析。一般情况下，工程选址及场地对拟建工程的适宜性、场地地质条件的稳定性、岩土性质的直观鉴定等可只做定性分析评价。

定量分析评价可采用解析法、图解法或数值法，无论哪种方法，都应有足够的安全储备。

（3）定值法和概率法。

2.2.4.3　岩土工程指标的统计与选用

岩土工程指标的统计应按岩土单元、区段及层位分别统计，统计的内容包括指标的最小值 ϕ_{min} 和最大值 ϕ_{max}，指标的平均值 ϕ_m，指标的标准差 σ_f，指标的变异数 δ 和样本数 n。

岩土工程指标宜按以下方法选用：

（1）评价岩土性状的指标，如天然密度 ρ、天然含水量 ω、液限 ω_L、塑限 ω_P、塑性指数 I_P、液性指数 I_L、饱和度 S_r、相对密实度 D_r、吸水率等，应选用指标的平均值。

（2）正常使用极限状态计算需要的岩土工程指标，如压缩系数 α、压缩模量 E_s、渗透系数 K 等宜选用平均值；当变异性较大时，可根据经验进行适当调整。

（3）承载能力极限状态计算需要的岩土工程指标，如岩土的抗剪强度，应选用指标的标准值。

（4）载荷试验承载力应取特征值。

（5）容许应力法计算需要的岩土工程指标，应根据计算和评价的方法选定，可选用平均值，并进行适当经验调整。

（6）岩土工程指标的选用应按下列内容评价其可靠性和适用性：①取样方法和其他因素对试验结果的影响；②采用的试验方法和取值标准；③不同测试方法所得结果的分析

比较;④测试结果的离散程度;⑤测试方法与此计算模型的配套性。

2.2.4.4　对房屋建筑和构筑物的地基评价

房屋建筑与构筑物是指一般工业与民用建筑及烟囱、水塔、电视塔、电信塔等高耸构筑物。对房屋建筑和构筑物的岩土工程勘察应与设计阶段相适应,当分阶段进行时,要明确房屋建筑和构筑物的荷载、结构类型,对变形的要求和有关功能上的特殊要求,做到工作有明确的目的性和针对性。

对于地基承载力与变形能够满足要求、有可能采用天然地基的工程,应优先考虑天然地基。对天然地基的分析评价主要应包括下列内容:

(1)场地和地基的整体稳定性。例如,深大断裂对场地和地基影响的程度;不利地震效应(砂土液化、震陷等);不稳定边坡的危害程度;场区岩溶的发育程度及其对地基稳定性的影响;人为或天然因素造成的地面沉降、地裂或塌陷的危害等。

(2)确定地基或基础的承载力,提出地基承载力特征值。应根据有关国家标准进行分析评价。可由载荷试验或其他原位测试、公式计算,并结合工程实践经验等方法综合确定。

(3)对建筑物和构筑物的沉降以及整体倾斜进行必要的分析预测;对一级建筑物和需进行沉降计算的二级建筑物,宜进行沉降分析;对高层建筑,在进行沉降分析时,应预估建筑物的倾斜;对荷载差别很大的相邻建筑物及对不均沉降敏感的建筑物,宜对不均沉降及其产生的内力进行分析。沉降分析中的经验修正系数宜采用地方经验。宜考虑地基与基础、上部结构的协同作用。当有沉降分析任务时,宜专门编写沉降分析报告。

(4)查明岩土层的种类、成分、厚度及产状变化等,以及岩土层,特别是基础下持力层(天然地基或桩基等人工地基)和下卧层的岩土技术性质。对于黏性土层,还应从应力历史的角度进行分析、研究;查明潜水和承压含水层的分布、水位(水头)、水质、各含水层之间的水力联系,获得必要的渗透系数等水文地质计算参数;根据岩土埋藏条件、地下水位、冻结深度等,对设计单位初定的基础埋置深度提出调整建议;根据场地和地基条件,提供满足设计、施工所需的岩土技术参数;提出地基基础设计方案比较和建议,包括对重要的地基基础施工措施的建议;必要时,提出对监测工作的建议。

(5)在岩土工程分析中,必要时还应分析地基与上部结构的共同作用,做到地基基础和结构设计更加协调和经济合理。

(6)当场地有不良地质作用或特殊性岩土时,应进行相应的分析与评价,并提出工程措施建议。

2.2.4.5　高层建筑岩土工程勘察

1.高层建筑的特点

1)高层建筑的分类

《高层建筑混凝土结构技术规程》(JGJ 3—2010)把10层及10层以上或房屋高度大于28 m的住宅建筑以及房屋高度大于24 m的其他高层民用建筑混凝土结构划为高层建筑。高层建筑(包括超高层建筑和高耸构筑物)的岩土工程勘察,应根据场地和地基的复杂程度、建筑规模和特征以及破坏后果的严重性,将勘察等级分为甲、乙两级(见表2-7)。

表2-7　高层建筑岩土工程勘察等级划分

勘察等级	高层建筑、场地、地基特征及破坏后果的严重性
甲级	符合下列条件之一,破坏后果很严重的勘察工程: (1)30层以上或高度超过100 m的超高层建筑; (2)体形复杂、层数相差超过10层的高低层连成一体的高层建筑; (3)对地基变形有特殊要求的高层建筑; (4)高度超过200 m的高耸构筑物或重要的高耸工业构筑物; (5)位于建筑边坡上或邻近边坡的高层建筑和高耸构筑物; (6)高度低于(1)、(4)规定的高层建筑或高耸构筑物,但属于一级(复杂)场地或一级(复杂)地基; (7)对原有工程影响较大的新建高层建筑; (8)有三层及三层以上地下室的高层建筑或软土地区有二层及二层以上地下室的高层建筑
乙级	不符合甲级、破坏后果严重的高层建筑勘察工程

注:场地和地基复杂程度的划分应符合现行国家标准《岩土工程勘察规范》(GB 50021—2001)(2009年版)的规定。

2)高层建筑的结构类型

高层建筑按其承受竖向荷载和水平荷载的结构体系可分为表2-8所示的几种类型。

表2-8　高层建筑的结构类型

结构类型	承受荷载情况	刚度和位移	适用建筑物层数
框架结构	由柱和梁连接组成,荷载由梁通过柱传至地基	抗侧向变形的刚度较小,侧向位移较大	15层以下
剪力墙结构	在横向布置有剪力墙,水平荷载主要由剪力墙承担	抗侧向变形的刚度较大,侧向位移较小	12～30层
筒体结构	水平荷载由实腹筒体承担,也有双层筒体,成为筒中筒结构	抗侧向变形的刚度很大,侧向位移很小	30层以上

注:有些剪力墙结构的建筑物在底层设置大面积的厅室,在底层不设剪力墙而设置框架,这种结构称为框架—剪力墙结构。

3)高层建筑的荷载特点

高层建筑高度大,竖向荷载大而集中,相应本身的刚度也大,一般情况下,高度每增加1 m,其基底总压力增加4～6 kPa;在高层结构设计中水平荷载有时成为控制因素,水平荷载主要是风荷载和地震作用。

2. 高层建筑岩土工程勘察的基本要求

高层建筑由于自身的特点,在岩土工程勘察报告和专题报告中,应对以下问题进行分析评价,并提供相应的岩土物理力学性质指标和参数。

1）地基承载力

地基承载力的评价应以同时满足极限稳定和不超过容许沉降量为原则。确定地基承载力应根据地区经验,采用载荷试验、理论公式计算和其他原位测试方法综合确定。在承载力不满足时(包括下卧层),应进行地基处理或选用桩基础,并提出其设计参数。

2）变形和倾斜

查明地基土在纵横两个方向的不均匀性,以满足地基变形验算的要求。高层建筑天然地基均匀性可按以下标准进行评价:当持力层层面坡度大于 10% 时,可视为不均匀地基,此时可加深基础埋深,使其超过持力层最低的层面深度。当加深不可能时,可采取垫层加以调整。基础持力层和第一下卧层在基础宽度方向上,地层厚度的差值小于 $0.05b$ (b 为基础宽度)时,可视为均匀地基;当大于 $0.05b$ 时,应计算横向倾斜是否满足要求,若不能满足要求,应采取结构或地基处理措施。

衡量地基土压缩性的不均匀性,以压缩层内各土层的压缩模量为评价依据。当压缩模量的平均值 $\bar{E}_{01}$ 、$\bar{E}_{02}$ 小于 10 kPa 时,符合下列要求者为均匀地基:

$$\bar{E}_{01} - \bar{E}_{02} < \frac{1}{25}(\bar{E}_{01} + \bar{E}_{02}) \tag{2-9}$$

当压缩模量的平均值 $\bar{E}_{01}$ 、$\bar{E}_{02}$ 大于 10 kPa 时,符合下列要求者为均匀地基:

$$\bar{E}_{01} - \bar{E}_{02} < \frac{1}{20}(\bar{E}_{01} + \bar{E}_{02}) \tag{2-10}$$

不能满足式(2-9)、式(2-10)的要求时,属于不均匀地基,应进行横向倾斜验算,采取结构或地基处理措施。

3）高层建筑岩土工程勘察的一些专门规定

高层建筑因其本身的工程特点,其勘察工作除满足上述要求外,还有一些专门规定。

高层建筑结构的地基基础设计工作,要求更详细、更准确地了解地层结构并掌握其变化。这不仅是计算沉降和预估倾斜的需要,也是基础类型选择与设计以及深基坑开挖设计和施工的需要,因此勘探工作既要满足平面控制上的要求,又需满足深度控制的要求,还需查清水文地质条件。为此,其勘探点间距(比一般建筑物的小)的确定,要以满足控制地层结构在纵横两个方向的变化和分析横向倾斜的可能性等要求为原则。目前国内的一般做法是把勘探点的间距定为 15 ~ 35 m;对于预期要采用桩基础的高层建筑,一般要求间距为 10 ~ 30 m;对于单桩荷载近千吨的大直径灌注桩(包括嵌岩桩),必要时可一桩一孔或一桩多孔;对于每幢独立的高层建筑,勘探孔通常不少于 4 个,由于压缩层厚度要比一般建筑物大得多,故为了沉降计算的需要,一定数量的控制性钻孔需打穿预计的压缩层,其深度 $Z(\text{m})$ 可按式(2-11)计算:

$$Z = d + \alpha b \tag{2-11}$$

式中　d——箱形基础或片筏基础的埋深,m;

　　　b——基础底面宽度,m,对于圆形或环形基础,按最大直径考虑;

　　　α——与压缩层深度有关的经验系数,可按表2-9取值。

表 2-9　经验系数 α

勘探孔	土的类别				
	碎石土	砂土	粉土	黏性土（含黄土）	软土
控制性勘探孔	0.5～0.7	0.7～0.9	0.9～1.2	1.0～1.5	2.0
一般性勘探孔	0.3～0.4	0.4～0.5	0.5～0.7	0.6～0.9	1.0

注：当土的堆积年代老、密实或在地下水位以上时取小值，反之取大值。

需要指出的是，压缩层深度不是决定勘探点深度的唯一依据，为了选择适宜的桩基持力层，也需要查清足够深度的地层结构，在有些情况下，它们还是决定勘探点深度的主要因素。

由于高层建筑基坑的深度往往较大，因而不但有施工降水问题，也有对降水可能引起的地面沉降的预测和坑底下承压水造成坑底隆起破坏的预防等问题。为此，在钻探中应仔细划分透水层，确定各层的位置、厚度、颗粒成分、水位以及不同透水层间的水力联系等，并通过试验确定透水层（尤其是包括潜水在内的上部各透水层）的水文地质参数，如渗透系数等。

3. 主体与裙房

高层建筑周围往往与裙房连接，荷载差异很大，因而要处理好主体与裙房之间差异沉降问题。

4. 深基坑开挖

深基坑开挖将引起一系列的岩土工程问题：边坡的稳定性与支护问题；基坑的卸荷回弹对地基的强度和变形的影响问题；地下水位较高时，人工降低地下水可能引起的基坑稳定性问题和地下室的防水等问题。

5. 环境问题

高层建筑往往位于城市的中心地带，因此需考虑环境问题，包括施工过程中降低地下水和基坑开挖，基坑边坡位移对道路、地下管线和周围建筑物的影响；打桩振动和噪声；建成后沉降对周围建筑物的影响等。

6. 场地与地基稳定性分析

应阐明场地不利地质现象，分析论证静力条件下场地和地基的稳定性。

7. 抗震设计

在地震烈度大于或等于 6 度的地区，应对场地土类型、建筑场地类型进行判定；在地震烈度大于或等于 7 度的强震区，应对断裂错动、液化、震陷等进行分析、论证和判定，对整个场地的稳定性做出明确结论。

2.2.5　工程地质勘察报告的要求和阅读

在野外勘察工作和室内土样试验完成后，将工程地质勘察纲要、勘探孔平面布置图、钻孔记录表、原位测试记录表、土的物理力学试验成果、勘察任务委托书、建筑平面布置图及地形图等有关资料汇总，并进行整理、检查、分析、鉴定，经确定无误后编制成工程地质勘察成果报告。提供给建设单位、设计单位和施工单位使用，是存档长期保存的技术资料。

2.2.5.1　成果报告的基本要求

(1)岩工工程勘察报告所依据的原始资料,应进行整理、检查、分析,确认无误后方可使用。

(2)岩土工程勘察报告应资料完整、真实准确、数据无误、图表清晰、结论有据、建议合理、便于使用和适宜长期保存,并应因地制宜,重点突出,有明确的工程针对性。

(3)岩土工程勘察报告应根据任务要求、勘察阶段、工程特点和地质条件等具体情况编写。

2.2.5.2　成果报告的编写要求

1.文字部分

(1)勘察目的、任务要求和依据的技术标准。

(2)拟建工程概况。

(3)勘察方法和勘察工作布置。

(4)场地地形、地貌、地层、地质构造、岩土性质及其均匀性。

(5)各项岩土性质指标,岩土的强度参数、变形参数、地基承载力的建议值。

(6)地下水埋藏情况、类型、水位及其变化。

(7)土和水对建筑材料的腐蚀性。

(8)可能影响工程稳定的不良地质作用的描述和对工程危害程度的评价。

(9)场地稳定性和适宜性的评价。

岩土工程勘察报告应对岩土利用、整治和改造的方案进行分析论证,提出建议;对工程施工和使用期间可能发生的岩土工程问题进行预测,提出监控和预防措施的建议。

2.任务需要提交的专题报告

(1)岩土工程测试报告。

(2)岩土工程检验或监测报告。

(3)岩土工程事故调查与分析报告。

(4)岩土利用、整治或改造方案报告。

(5)专门岩土工程问题的技术咨询报告。

3.成果报告应附图件

(1)勘探点平面布置图。

(2)工程地质柱状图。

(3)工程地质剖面图。

(4)原位测试成果图表。

(5)室内试验成果图表。

当需要时,尚可附综合工程地质图、综合地质柱状图、地下水等水位线图、素描、照片、综合分析图表,以及岩土利用、整治和改造方案的有关图表,岩土工程计算简图及计算成果图表等。

2.2.5.3　工程地质勘察报告的阅读

工程地质勘察报告的表达形式各地不统一,但其内容一般包括工程概况、场地描述、勘探点平面布置图、工程地质剖面图、土层分布、土的物理力学性质指标及工程地质评价

等,下面根据某工程情况,介绍怎样阅读勘察报告。

1. 工程概况

　　某公司受某单位的委托,对该单位拟建的综合楼工程进行详细勘察阶段的岩土工程勘察。拟建工程场址位于某大道东侧、某路南侧荒地内。拟建工程总建筑面积约 3 万 m^2,主楼 19 层、裙房 3 层、地下车库 1 层。平面布置及底面尺寸可参见建筑物与勘探点平面位置图(见图 2-6)。建筑物的主要数据和特点见表 2-10。

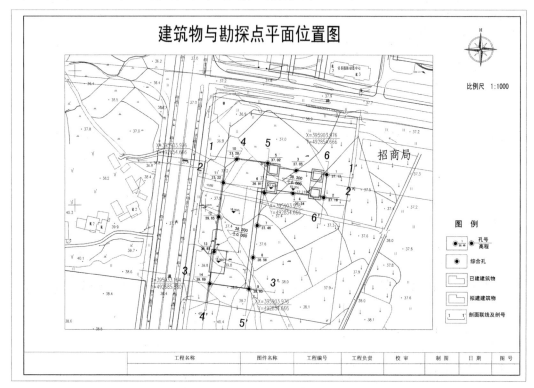

图 2-6　建筑物与勘探点平面位置图

表 2-10　建筑物的主要数据

建筑物名称	地上层数	地下层数	建筑面积(万 m^2)	结构类型	荷载情况(kN)	竖向标高(m)(±0.00)	建筑物高度(m)
某综合楼	3~19	1(−4.5 m)	约 3	框剪结构	约 750 000	38.30(地下车库底板标高 33.80)	主楼 83.0、裙房 16.9

2. 勘察等级

根据《岩土工程勘察规范》(GB 50021—2001)(2009年版)有关规定,拟建工程重要性等级为二级;场地的复杂程度等级为二级,地基的复杂程度等级为二级,综合判定本次岩土工程勘察等级为乙级。

3. 勘察目的

查明场地地形地貌、岩土层性质、地下水埋藏条件,并分析和评价场地地下水对建筑材料的腐蚀性;查明有无不良地质作用,并提出处理意见;判定场地类别及地震效应;提供地基基础设计相关参数,并对地基与基础设计方案提出建议;对场地的稳定性和适宜性做出评价;对基坑开挖和地下水控制提出建议。

4. 勘察手段、工作量布置和工作方法及勘察工作量

1)勘察手段

针对本工程特点,本次勘察工作主要采用钻探、标准贯入试验、重型动力触探试验及室内土工试验等综合勘察手段。

2)勘察工作量布置

根据勘察规范、设计要求和拟建建筑物平面形状特征布置,勘探点间距一般为15 ~ 30 m。该工程共布置了14个勘探点。各勘探点位置见图2-6。

3)勘察工作方法

(1)钻探。

根据勘探孔孔深要求,本次采用1台3G型汽车钻机及1台XY - 1型钻机进场勘探。钻进时根据不同土性及状态采用相应方法钻进,采用自由活塞敞口取土器等,重锤少击方式。采取原状土试样质量等级为Ⅰ ~ Ⅱ级。

(2)标准贯入试验。

采用自动落锤装置,锤重63.5 kg,落距76 cm,贯入器至预定深度后,先预打15 cm,再记录30 cm中每打入10 cm的锤击数。该项试验主要在黏性土层之间进行,每一主要土层试验数据不少于6组。

(3)重型动力触探试验。

采用自动落锤装置,锤重63.5 kg,落距76 cm,探头直径74 mm,贯入10 cm,再记录每打入10 cm的锤击数。该项试验主要在卵石层中进行,每一主要土层试验数据不少于6组。

(4)室内土工试验。

室内土工试验以常规物理力学性试验为主,用于测定土的一般物理力学性质指标、土类定名、评价其物理力学性质。

4)勘察工作量

勘察工作量见表2-11。

表 2-11 勘探工作量

野外工作			室内试验	
钻孔总数	14 个	总进尺:282.6 m	常规物理指标	60 项
取样孔	6 个		常规力学指标	24 项
取岩、土(水)样	岩样	6 件	压缩试验	12 项
	土样及砂样	各 6 件	固结快剪试验	12 项
	水样	2 件	颗粒分析	6 项
原位测试(孔)	标准贯入试验	12 次	水质简分析	9 项
	重型动力触探试验	7.3 m		
GPS 测量	14 个点			

5. 勘察依据

(1)勘察合同。

(2)《岩土工程勘察规范》(GB 50021—2001)(2009 年版)。

(3)《建筑地基基础设计规范》(GB 50007—2011)。

(4)《建筑抗震设计规范》(GB 50011—2010)。

(5)《土工试验方法标准》(GB/T 50123—1999)。

(6)《建筑桩基技术规范》(JGJ 94—2008)。

(7)《岩土工程勘察安全规范》(GB 50585—2010)。

(8)《高层建筑岩土工程勘察规程》(JGJ 72—2004)。

(9)《建筑基坑支护技术规程》(JGJ 120—2012)。

6. 场地气象概况

据当地气象局资料,本地区属于大陆亚热带气候,受海洋性气候影响较为明显。气候温和,雨量充沛。1961~2000 年 40 年资料统计如下:

(1)年平均降雨量 1 307.60 mm,年平均蒸发量 1 579.80 mm。

(2)年平均气温 15.4 ℃(最热月平均温度 28.3 ℃,最冷月平均温度 3.0 ℃)。

(3)全年主导风向和频率:N×E,13%。

(4)历年平均风速 2.9 m/s(最大风速 21.7 m/s)。

(5)年日照总数 2 041.6 h,日照百分率 46%。

(6)最大积雪深度 40 cm。

(7)年雷暴日数 44.4 d。

(8)降水期主要集中在 4~7 月,最多在 6 月,最少在 12 月。

7. 场地区域地质条件

1)地质构造

据区域地质资料,本区构造单元属下扬子准地台、小扬子台坳、沿江拱断褶带的安庆凹断褶束。

2）新构造运动

拟建工程所在区域，第四系以来新构造运动主要以振荡式差异升降运动为主。早更新世地壳相对稳定，并略有升降，末期发生不等量的上升运动；中更新世地壳表现为缓慢上升运动，末期地壳渐趋稳定；晚更新世早中期略有沉降，而末期则普遍略有上升，总体地壳趋向稳定；全新世早期地壳以沉降为主，中、晚期略有抬升，地壳总体相对稳定。

据场地勘察结果，工程区内的第四系覆盖层厚度为 18~20 m 不等，未见明显的构造形迹。

8.场地地形地貌

拟建场地位于某县县城东南部，地貌上属冲积漫滩地貌单元。拟建段现为耕地，地形较平缓，总体西高东低，勘察期间场地地面黄海高程为 36.91~39.85 m，东西地表最大高差约为 2.94 m。

场地各点高程及位置均系当地坐标系、黄海高程，与地形图中系统一致。引测点位于 E013（$X = 3\,395\,340.076$，$Y = 492\,875.993$，$Z = 45.188$）点。

9.场地工程地质及水文地质条件

1）地层

经钻探揭示，场地覆盖层主要为填土、第四系冲洪积成因黏性土、砾卵石层，基岩为角砾状石灰岩。本次勘察查明，在钻探所达深度范围内，场地地层层序分别如下：

第①层，耕土（Q_4^{pd}）：分布于场地地表，层厚 0.30~0.80 m，层底标高 36.21~39.35 m。灰褐色，软塑，湿，高压缩性，含植物根须。

第②层，粉质黏土（Q_4^{al+pl}）：该层分布广泛，层厚 0.50~2.60 m，层顶埋深 0.30~0.80 m，层底标高 34.41~37.15 m。灰黄、褐黄色，可塑，稍湿—湿，干强度中等，中等压缩性，中等韧性，摇振反应无，稍有光泽。

第③层，圆砾混卵石（Q_4^{al+pl}）：该层分布广泛，层厚 3.00~6.00 m，层顶埋深 0.30~3.10 m，层底标高 29.84~33.06 m。灰褐、灰黄色，稍—中密，很湿—饱和，中等压缩性。圆砾含量为 20%~40%，粒径以 2~20 mm 为主，卵石含量为 30%~70%，粒径以 3~8 cm 为主，磨圆较好、分选一般。表层混杂少量灰黄色可塑状粉质黏土。母岩成分以砂岩、灰岩为主。

第④层，卵石（Q_4^{al+pl}）：该层分布广泛，层厚 7.0~10.00 m，层顶埋深 5.50~8.50 m，层底标高 22.91~26.65 m。灰白、灰黄、褐黄色，中密—密实，饱和。卵石含量为 40%~75%，粒径以 5~10 cm 为主，圆砾含量 10%~25%，磨圆、分选均较好。底部含少量 20~40 cm 漂石、块石，其间混杂灰黄、褐红色可塑状粉质黏土、黏土。母岩成分以砂岩、灰岩为主。

第⑤层，强风化角砾状石灰岩：该层分布广泛，层厚 4.00~6.00 m，层顶埋深 13.50~15.50 m，层底标高 17.46~19.34 m。灰白、灰黄色，强风化，坚硬，密实，低压缩性。隐晶结构、层状构造。岩体呈薄层状，裂隙极为发育，岩体破碎，产状较为平缓。岩芯呈碎块状，少有完整柱状岩样。镐可挖。需增加岩体质量等级的判定。

第⑥层，中风化角砾状石灰岩：该层分布广泛，为下卧基岩中风化层，层顶埋深 18.00~20.70 m。灰白、灰黄、暗红色，中厚层坚硬巨块状，低压缩性。隐晶结构、层状构造。裂隙稍发育—较发育，局部裂隙面充填方解石石脉，岩芯呈短—长柱状，局部块状，岩芯质量指标大于60%。岩质坚硬、锤击声脆,岩体较完整,产状平缓,属较硬岩,镐极难挖。该层本次最大控制厚度为10.0 m。需增加岩体质量等级的判定。

以上各层岩土的分布规律详见"工程地质剖面图"(见图2-7)。

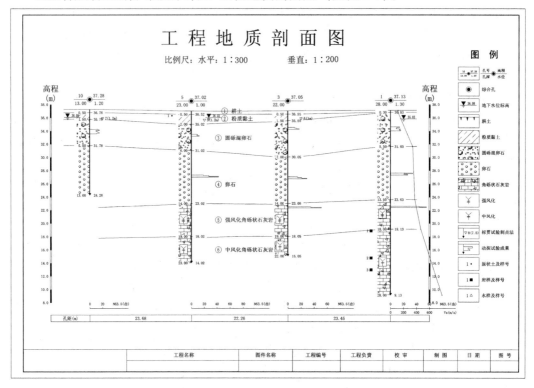

图2-7　工程地质剖面图

2)地基土的室内试验及原位测试

本次勘察对部分土层做了现场原位测试及室内试验,各层土的原位测试及室内试验成果统计见表2-12~表2-14。

表2-12　第②层粉质黏土物理力学性质统计

层号	分项	含水量 w（%）	重度 γ（kN/m³）	孔隙比 e	液性指数 I_L	塑性指数 I_P	压缩系数 α_{1-2}（1/MPa）	压缩模量 E_{s1-2}（MPa）	黏聚力 c（kPa）	内摩擦角 φ（°）
②	统计频数	6	6	6	6	6	6	6	6	6
	最大值	27.4	20.50	0.785	0.19	15.7	0.32	12.31	64.0	22.0
	最小值	20.2	19.10	0.569	−0.24	12.2	0.14	5.18	50.0	18.0
	平均值	24.3	19.73	0.685	0.04	14.3	0.23	8.08	55.7	20.5
	标准差	3.2	0.48	0.082	0.19	1.5	0.07	2.69	5.7	1.4
	变异系数	0.133	0.024	0.119	4.404	0.107	0.322	0.333	0.102	0.069
	修正系数						1.266	0.725	0.916	0.943
	标准值						0.29	5.85	51.0	19.3

表 2-13　第¢ 层中风化角砾状石灰岩物理力学性质统计

岩石名称	分项	天然容重 γ（kN/m³）	饱和抗压强度 R_c（MPa）
中风化角砾状石灰岩	统计频数	6	6
	最大值	26.8	54.7
	最小值	26.2	30.5
	平均值	26.5	47.2
	标准差	0.21	8.40
	变异系数	0.011	0.172
	修正系数	0.99	0.86
	标准值	26.2	40.5

表 2-14　原位测试数据统计

层号	土层名称	统计项目	标贯测试 N（击/30 cm）	重型动力触探 $N_{63.5}$（击/10 cm）
②	粉质黏土	统计频数	12	
		最大值	8.00	
		最小值	5.00	
		平均值	6.33	
		标准差	0.98	
		变异系数	0.161	
		修正系数	0.92	
		标准值	5.82	
③	圆砾混卵石	统计频数		43
		最大值		17.39
		最小值		7.98
		平均值		11.76
		标准差		2.76
		变异系数		0.233
		修正系数		0.94
		标准值		11.03

续表 2-14

层号	土层名称	统计项目	标贯测试 N（击/30 cm）	重型动力触探 $N_{63.5}$（击/10 cm）
④	卵石	统计频数		20
		最大值		49.50
		最小值		18.10
		平均值		27.57
		标准差		9.51
		变异系数		0.34
		修正系数		0.862
		标准值		23.84
⑤	强风化角砾状石灰岩	统计频数		7
		最大值		78.63
		最小值		34.69
		平均值		50.29
		标准差		14.30
		变异系数		0.280
		修正系数		0.79
		标准值		39.72

3）地下水

在本次勘察深度范围内，场地地下水较丰富，主要分布于场地第③、④层圆砾、卵石层中，属潜水，耕土层及粉质黏土层中含少量上层滞水。水量补给来源主要为地表径流、大气降水及地下径流补给，大气蒸发及径流排泄为主要排泄方式。水位、水量亦随季节变化；场地水位年变幅 1.0~2.0 m，地下水位两个峰值多出现于 5~9 月，两个谷值多出现于上一年的 12 月至次年 1 月和 5 月，即两个枯水期。

勘察期间于场地钻孔深度内测得稳定混合水位埋深一般为地表以下 1.0~2.5 m 不等，水位标高为 35.8~36.2 m。

另据环境水文地质条件分析，本场地处于湿润区，干燥度指数 K 值小于 1.0，参照《岩土工程勘察规范》（GB 50021—2001）（2009 年版）相关条文判定，场地环境类型为 Ⅲ 类；据附近居民点调查，场地附近无稳定污染源，场地旧建筑及旧基础均无腐蚀现象。结合场地水质分析结果综合判定，本场地地下水及土对混凝土有微腐蚀性、对钢筋混凝土中钢筋有微腐蚀性、对钢结构有弱腐蚀性。

10. 场地类别及地震效应

1）场地抗震设防参数

根据国家标准《建筑抗震设计规范》（GB 50011—2010）的规定，某县的抗震设防烈度为 6 度，设计基本地震加速度值为 $0.05g$，设计地震分组为第一组。

2）场地土类型及场地类别

据场地 1、6 号钻孔波速测试结果，按《建筑抗震设计规范》（GB 50011—2010）的划分原则，场地耕土层剪切波速值 v_s 一般为 $114 \sim 125$ m/s，属软弱土；粉质黏土层剪切波速值 v_s 一般为 175 m/s，属中软土；圆砾混卵石、卵石、强风化层的剪切波速值 v_s 一般为 $339 \sim 464$ m/s，属中硬土；本场地中风化角砾状石灰岩的剪切波速值 v_s 一般为 $792 \sim 840$ m/s。根据波速测试成果，取场地覆盖层深度范围内各土层剪切波速按厚度加权平均，结果见表 2-15。

表 2-15　1、6 号钻孔剪切波速

孔号	1	6
等效剪切波速 v_{se}（m/s）	367.3	327.3
测试深度 D（m）	28.0	26.0
覆盖层厚度 H（m）	18.0	18.0
平均等效剪切波速值 v_{se}（m/s）	347.3	

根据勘察结果，场地覆盖层厚度为 $18.0 \sim 20.0$ m，由《建筑抗震设计规范》（GB 50011—2010）查得，场地土类型为中硬土类型；建筑场地类别为 Ⅱ 类；设计特征周期为 0.35 s。

11. 结论与建议

1）场地的稳定性和适宜性

本次勘察结果表明，场地与地基稳定，无滑坡、崩塌等不良地质现象，可进行本工程的建设。

2）基础设计参数

根据现场钻探、原位测试，结合室内岩土试验成果资料分析，该场地内各层土的地基承载力特征值 f_{ak}、相应的压缩模量 E_{s1-2} 和基床系数 K 可按下列规定取值：

第②层粉质黏土：$f_{ak}=140$ kPa，$E_{s1-2}=6.0$ MPa；

第③层圆砾混卵石：$f_{ak}=300$ kPa，$E_0=16.0$ MPa；$K=50.0$ MN/m³；

第④层卵石：$f_{ak}=450$ kPa，$E_0=25.0$ MPa；$K=75.0$ MN/m³；

第⑤层强风化角砾状石灰岩：$f_{ak}=550$ kPa，$E_0=28.0$ MPa；

第⑥层中风化角砾状石灰岩：$f_{ak}=2\,000$ kPa，压缩性微小。

3）地基基础方案

综合场地地基条件及拟建工程结构特点，并考虑安全、经济、合理等因素，建议拟建筑采用如表 2-16 所示地基基础方案。

表 2-16　地基基础方案

拟建楼	建议地基基础方案	剖面图
某综合楼	以第③层圆砾混卵石层为持力层设计柱筏基础	见工程地质剖面图

4）基坑开挖与支护

（1）基坑工程外部环境及安全等级。

拟建建筑范围内设一层地下车库，车库地坪标高为 -4.50 m（黄海高程为 33.80 m）。根据基坑周边环境、地下水对工程的影响，确定基坑侧壁安全等级为二级。

（2）基坑开挖与支护方案建议。

根据钻探结果、现场四周踏勘，场地四周建筑较紧密，开挖深度较小，建议在做好基坑降水的基础上，采用放坡开挖或坑底采用 1.5～2 m 挡墙上面放坡，坡面宜采用混凝土抹面。

基坑四周可环向布置降水井，地下水降至基底下大于 50 cm，坑外宜设置截水沟或低挡墙挡水，以防地表水大量流入坑内，坑内可采用排水沟与集水井排水。施工降排水应充分考虑当地季节性雨季因素。

根据本次勘察揭露地层情况，在各基坑开挖后，基坑边坡基本由①～③层土组成，支护参数见表 2-17。

表 2-17　基坑支护参数

层号	地层名称	层厚（m）	天然重度（kN/m³）	黏聚力 c（kPa）	φ（°）	渗透系数（cm/s）垂直	容许坡度值	土对挡墙底的摩擦系数 μ
①	耕土	0.3～0.8	18.0*	10*	5*	3.00×10^{-3}	1:1.75	
②	粉质黏土	0.5～2.6	19.7*	38*	19*	2.00×10^{-5}	1:1.25	0.25
③	圆砾混卵石	3.0～6.0	19.9*	0	35.0*	2.00×10^{-2}	1:1.25	0.30

注：以上带 * 者为经验值。

基坑土方开挖应严格按设计要求进行，不得超挖。基坑周边堆载，不得超过设计荷载限制条件。施工降水与地下室开挖和施工期间，应加强对临近道路及支挡结构的变形观测，以便发现问题及时处理。

土方开挖完成后，应立即对基坑进行封闭，防止水浸及暴露，并应及时进行地下结构施工。

（3）抗浮设计水位。

综合场地地形、地貌及补给排泄条件，建议本工程抗浮设计水位取设计室外整平标高下 0.5 m。

练习题

一、填空题

1. 按照土的(　　　)分类,称为土的工程分类。

2. 土的含水量对填土压实质量有较大影响,能够使填土获得最大密实度的含水量称为(　　　)。

3. 水在土中渗流时,水头差与渗透路程长度之比,称为(　　　)。

4. 当水力坡度为 1 时,水在土中的渗透速度称为(　　　)。

5. 地下水在土中渗流的速度与水头差成(　　　)比,与渗流路程成(　　　)比。

6. 土经开挖后的松散体积与原自然状态下的体积之比,称为(　　　)。

7. 开挖 200 m³ 的基坑,其土的可松性系数: $K_s = 1.25$, $K'_s = 1.1$。若用斗容量为 5 m³ 的汽车运土,需运(　　　)车。

二、单项选择题

1. 作为检验填土压实质量控制指标的是(　　　)。

    A. 土的干密度 　　　　　　　　B. 土的压实度

    C. 土的压缩比 　　　　　　　　D. 土的可松性

2. 土的含水量是指土中的(　　　)。

    A. 水与湿土的质量之比的百分数

    B. 水与干土的质量之比的百分数

    C. 水与孔隙体积之比的百分数

    D. 水与干土的体积之比的百分数

3. 某土方工程挖方量为 1 000 m³,已知该土 $K_s = 1.25$、$K'_s = 1.05$,实际需运走土方量(　　　)。

    A. 800 m³ 　　　　　　　　　　B. 962 m³

    C. 1 250 m³ 　　　　　　　　　D. 1 050 m³

三、实践操作

1. 土的工程性能指标确定。

2. 工程地质勘察报告阅读。

学习项目 3　土方开挖施工

【学习目标】

（1）掌握土方施工放线方法、标高控制方法及施工测量放线技术。

（2）掌握土方开挖施工方法、工艺流程、质量控制、土方工程量计算方法及土方开挖施工方案编制技术。

（3）掌握常见土方施工机械性能特点、应用范围以及施工机械选择方法。

（4）结合实例掌握土方施工完整工艺过程，包括测量放线、开挖方案、机械选择、质量控制与检验、安全措施。

■ 3.1　定位放线

3.1.1　准备工作

在进行施工测量之前，应先检校所使用的测量仪器和工具。另外，还须做好以下准备工作。

3.1.1.1　了解设计意图，熟悉并核对图纸

从图纸中首先了解工程全貌和主要设计意图，以及对测量的要求等内容，然后熟悉核对与放样有关的建筑总平面图、建筑施工图和结构施工图，并检查总的尺寸是否与各部分尺寸之和相符，总平面图与大样详图尺寸是否一致，以免出现差错。

3.1.1.2　进行现场踏勘并校核定位的平面控制点和水准点

此项工作的目的是要了解现场的地物、地貌以及控制点的分布情况，并调查与施工测量有关的问题。对建筑物地面上的平面控制点，在使用前应校核点位是否正确，并应实地检测水准点的高程。通过校核取得正确的测量起始数据和点位。

3.1.1.3　制订测设方案

根据设计要求、定位条件、现场地形和施工方案等因素制订测设方案。

如图 3-1 所示，按设计要求，拟建的 3 号建筑物与已有建筑物平行，两相邻墙面相距 18.00 m，南墙面在一条直线上。因此，可根据已建的 2 号建筑物用直角坐标法进行放样。

3.1.1.4　准备测设数据图

除计算必需的测设数据外，还需从建筑总平面图上查取房屋内部平面尺寸和高程数据。

（1）从建筑总平面图上查出或计算出设计建筑物与原有建筑物或测量控制点之间的平面尺寸和高差，并以此作为测设建筑物总体位置的依据。

（2）在建筑平面图中查取建筑物的总尺寸和内部各定位轴线之间的关系尺寸，这是施工放样的基本资料。

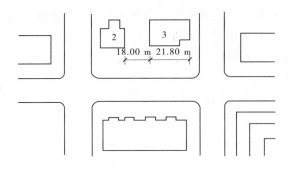

2—已有建筑；3—新建建筑

图 3-1　新建筑位置图

（3）据基础平面图查取基础边线与定位轴线的平面尺寸，以及基础布置与基础剖面的位置关系。

（4）从基础详图中查取基础立面尺寸、设计标高，以及基础边线与定位轴线的尺寸关系。这是基础高程测设的依据。

（5）从建筑物的立面图和剖面图中查取基础、地坪、门窗、楼板、屋面等的设计高程。这是高程测设的主要依据。

3.1.1.5　绘制放样略图

根据设计总平面图和基础平面图绘制如图 3-2 所示测设略图，图中标有已建的 2 号建筑物和拟建的 3 号建筑物之间的平面尺寸，以及定位轴线间尺寸和定位轴线控制桩等。

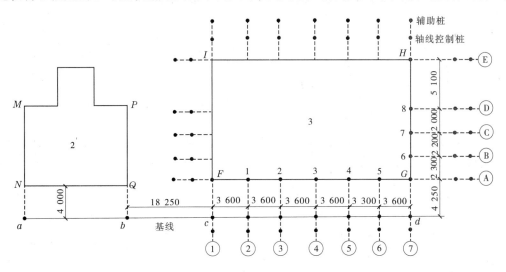

图 3-2　新建筑的测设略图

3.1.2　定位放线

3.1.2.1　建筑物的定位

建筑物的定位是指根据测设略图将建筑物外墙轴线交点测设到地面上，并以此作为基础测设和细部测设的依据。

由于定位条件的不同,民用建筑除根据测量控制点、建筑基线或建筑红线、建筑方格网定位外,还可以根据已有的建筑物来进行定位。

如图 3-2 所示,将 3 号拟建建筑物外墙轴线交点测设到地面上。

3.1.2.2　建筑物的放线

建筑物的放线是指根据已定位的外墙轴线交点桩详细测设出建筑物各轴线的交点桩,然后根据交点桩用白灰撒出开挖边界线。其方法介绍如下。

1. 在外墙轴线周边上测设中间轴线交点桩

如图 3-2 所示,将经纬仪安置在 F 点上,瞄准 G 点,用钢尺沿 FG 方向量出相邻两轴线间距离,定出 1、2、…、5 各点(也可每隔 1～2 条轴线定一点),同法可定出 6、7…各点,量距精度应达到 1/2 000～1/5 000。丈量各轴线间距离时,为了避免误差积累,钢尺零端点应始终在一点上。

2. 恢复各轴线位置

由于基槽开挖后,角桩和中心桩将被挖掉,为了便于施工中恢复各轴线位置,应把各轴线延长到槽外安全地点,并做好标志。其方法有设置轴线控制桩和龙门板两种。

1)测设轴线控制桩

如图 3-3 所示,将经纬仪安置在角桩上,瞄准另一角桩,沿视线方向用钢尺向基础外侧量取 2～4 m,打入木桩,用小钉在桩顶准确标志出轴线位置,并用混凝土包裹木桩,如图 3-4 所示。大型建筑物放线时,为了确保轴线引桩的精度,通常是根据角桩测设的。如有条件,也可把轴线引测到周围原有的地物上,并做好标志,以此来代替引桩。

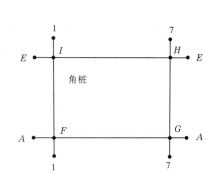

图 3-3　角桩布置图

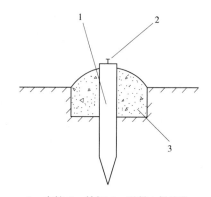

1—木桩;2—铁钉;3—混凝土保护墩

图 3-4　定位桩

2)设置龙门板

在一般民用建筑中,常在基槽开挖线外一定距离处设置龙门板(见图 3-5),其步骤和要求如下:

(1)在建筑物四周和中间定位轴线的基槽开挖线以外 2～4 m 处(根据土质和基槽深度而定)设置龙门板,桩要钉得竖直、牢固,桩外侧面应与基槽平行。

(2)根据场地内水准点,用水准仪将 ±0.000 的标高测设在每一个龙门桩侧面上,用红笔画一道横线。

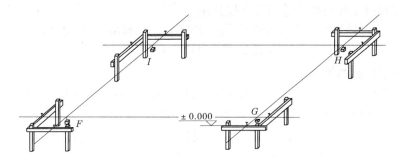

图3-5 龙门板设置

（3）沿龙门桩上测设的 ±0.000 线钉设龙门板,使板的上缘恰好为 ±0.000。若现场条件不允许,也可测设比 ±0.000 高或低一个整数的高程,测设龙门板的高程允许误差为 ±5 mm。

（4）如图3-5 所示,将经纬仪安置在 F 点,瞄准 G 点,沿视线方向在 G 点附近的龙门板上定出一点,钉上小钉标志(也称轴线钉)。倒转望远镜,沿视线在 F 点附近的龙门板上钉一小钉。同法可将各轴线都引测到各自相应的龙门板上。引测轴线点的误差应不超过 ±5 mm。如果建筑物较小,则可用垂球对准桩点,然后紧贴两垂球线拉紧线绳,把轴线延长并标钉在龙门板上。

（5）用钢尺沿龙门板顶面检查轴线钉之间的距离,其精度应达到 1/2 000 ~ 1/5 000。经检查合格后,以轴线钉为准,将墙边线、基础边线、基槽开挖线等标定在龙门板上。标定基槽上口开挖宽度时,应按有关规定考虑放坡的尺寸要求。

3．撒出基槽开挖边界白灰线

在轴线两端,根据龙门板上标定的基槽开挖边界标志拉直线绳,并沿此线绳撒出白灰线,施工时按此线进行开挖。

4．技术要求

（1）基础轴线误差不得超过轴线长度的 1/2 000。

（2）龙门板标高的允许偏差不得超过 10 mm。

（3）各轴线间距误差不得超过 ±5 mm。

3.1.3 高程控制网布设

3.1.3.1 高程控制网起始依据

高程控制网依据业主提供的场区内高程控制基点测设。

3.1.3.2 高程控制网的布设

根据土方开挖工作分段进行的特点,高程控制网实行分段测设,但为了保证基坑底标高精度一致,要及时进行联测。

最后一层土方开挖前,考虑到施测方便,高程控制网拟布设在基坑外埋设的水准高程点上。为了便于施测及校核,沿基坑的每边布设 5 ~ 10 个控制点。在控制点的设置位置标明水准控制点的编号,并在旁侧用油漆注明相对标高。

3.1.3.3　高程控制网的精度等级及测量方法

根据《工程测量规范》(GB 50026—2007),标高控制网拟采用四等水准测量方法测定。

3.1.3.4　基坑标高的控制

土方施工清底时,在预留的 10 ~ 20 cm 层面上,每隔 4 ~ 5 m 设水平桩控制基底标高。

3.1.3.5　标高竖向传递

标高竖向传递采用 50 m 钢尺,每层均需交圈闭合检查,误差不得超过 5 mm。

3.2　场地平整

场地平整是将需进行建筑范围内的自然地面,通过人工或机械挖填平整改造成为设计所需要的平面,以利于现场平面布置和文明施工。

3.2.1　施工准备

(1)在场地平整施工前,应利用原场地上已有各类控制点,或已有建筑物和构筑物的位置、标高,测设平整场地范围线和标高。

(2)对施工区域内障碍物要调查清楚,制订方案,并征得主管部门意见和同意,拆除影响施工的建筑物和构筑物;拆除、改造通信和电力设施、自来水管道、煤气管道和地下管道;迁移树木。

(3)尽可能利用自然地形和永久性排水设施,采用排水沟、截水沟或挡水坝,把施工区域内的雨雪自然水、低洼地区的积水及时排除,使场地保持干燥,便于土方工程施工。

(4)对于大型平整场地,利用经纬仪、水准仪,将场地设计平面图的方格网在地面上测设固定下来,各角点用木桩定位,并在桩上注明桩号、施工高度数值,以便施工。

(5)修好临时道路、电力、通信、供水设施,以及生活和生产用临时房屋。

3.2.2　场地平整土方量计算

3.2.2.1　场地设计标高的确定

在工程实践中,特别是大型建设项目,设计标高由总图设计规定,在设计图纸上规定出建设项目各单体建筑、道路、广场等设计标高,施工单位按图施工。若设计文件没有规定,或设计单位要求建设单位先提供场区平整的标高,则施工单位可根据挖填土方量平衡的原则自行设计。

若设计文件对场地设计标高无明确规定,则正确地选择场地平整高度(设计标高),对节约工程投资、加快建设速度均具有重要意义。一般选择原则是:①应满足生产工艺和运输的要求;②充分利用地形(如分区或分台阶布置),尽量使挖填土方量平衡,以减少土方量;③要有一定泄水坡度($i \geqslant 2‰$),满足排水要求;④要考虑最高洪水位的影响。

1. 场地设计标高(H_0)

将场地划分成边长为 a 的若干个方格,将方格网各角点的原地形标高标在图上。原地形标高可利用等高线由插入法求得或在实地测量得到。按照挖填土方量相等的原则,

场地设计标高可按下式计算

$$H_0 na^2 = \sum_{i=1}^{n} \left(a^2 \frac{Z_{i1} + Z_{i2} + Z_{i3} + Z_{i4}}{4} \right)$$

即

$$H_0 = \frac{1}{4n} \sum_{i=1}^{n} (Z_{i1} + Z_{i2} + Z_{i3} + Z_{i4}) \qquad (3\text{-}1)$$

式中 H_0——所计算场地的初定设计标高；

   n——方格数；

   Z_{i1}、Z_{i2}、Z_{i3}、Z_{i4}——第 i 个方格四个角点的天然地面标高。

由图 3-6 可见,11 号角点为一个方格独有的,而 12、13、21、24 号角点为两个方格共有,22、23、32、33 号角点则为四个方格所共有,在用式(3-1)计算 H_0 的过程中,类似 11 号角点的标高仅加一次,类似 12 号角点的标高加二次,类似 22 号角点的标高加四次,这种在计算过程中被应用的次数称 P_i,它反映了各角点标高对计算结果的影响程度,测量上的术语称为权。考虑各角点标高的权,式(3-1)可改写成更便于计算的形式,即

$$H_0 = \frac{1}{4n} \left(\sum Z_1 + 2 \sum Z_2 + 3 \sum Z_3 + 4 \sum Z_4 \right) \qquad (3\text{-}2)$$

式中 Z_1—— 一个方格独有的角点标高；

   Z_2、Z_3、Z_4—— 二、三、四个方格所共有的角点标高。

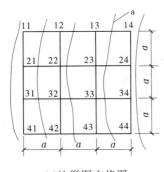

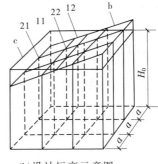

(a)地形图方格图   (b)设计标高示意图

a—等高线;b—自然地面;c—设计平面

图 3-6 场地设计标高计算示意图

【例 3-1】 确定如图 3-7 所示的场地设计标高 H_0。

$$H_0 = \frac{1}{4 \times 6} \times [(252.45 + 251.40 + 250.60 + 251.60) + 2 \times (252.00 +$$
$$251.70 + 251.90 + 250.95 + 251.25 + 250.85) + 4 \times (251.60 + 251.28)]$$
$$= 251.45 (\text{m})$$

2.调整场地设计标高

初步确定场地设计标高(H_0)仅为一理论值,实际上,还需要考虑以下因素对初步场地设计标高(H_0)值进行调整。

1)土的可松性影响

由于土具有可松性,会造成填土的多余,需相应地提高设计标高。如图 3-8 所示,设

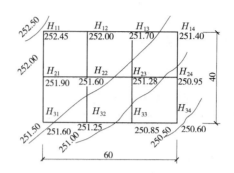

图 3-7　场地设计标高计算图　（单位:m）

(a)理论设计标高　　　　　　　　　　(b)调整设计标高

图 3-8　设计标高调整计算示意

Δh 为土的可松性引起设计标高的增加值,则设计标高调整后的总挖方体积 V'_W 为

$$V'_W = V_W - F_W \Delta h \qquad\qquad (3\text{-}3)$$

总填方体积为

$$V'_T = V'_W K'_s = (V_W - F_W \Delta h) K'_s$$

此时,填方区的标高也应与挖方区一样,提高 Δh,即

$$\Delta h = \frac{V'_T - V_s}{F_T} = \frac{(V_W - F_W \Delta h) K'_s - V_T}{F_T}$$

经移项整理简化得($V_T = V_W$)

$$\Delta h = \frac{V_W (K'_s - 1)}{F_T + F_W K'_s}$$

因此,考虑土的可松性后,场地设计标高应调整为

$$H'_0 = H_0 + \Delta h \qquad\qquad (3\text{-}4)$$

式中　V_W、V_T——按初定场地设计标高(H_0)计算得出的总挖方、总填方体积;

　　　F_W、F_T——按初定场地设计标高(H_0)计算得出的挖方、填方区总面积;

　　　K'_s——土的最终可松性系数。

2)借土或弃土的影响

由于场地内大型基坑挖出的土方、修筑路堤填高的土方,以及从经济角度比较,将部分挖方就近弃于场外(简称弃土)或将部分填方就近取土于场外(简称借土)等,均会引起挖填土方量的变化。必要时,亦需重新调整标高。

为简化计算,场地设计标高的调整可按下列近似公式确定,即

$$H''_0 = H'_0 \pm \frac{Q}{na^2} \qquad\qquad (3\text{-}5)$$

式中　Q——假定按初步场地设计标高(H_0)平整后多余或不足的土方量;

n——场地方格数；

a——边长。

3）考虑泄水坡度对设计标高的影响

按调整后的同一设计标高进行场地平整时，整个场地表面均处于同一水平面，但实际上由于排水的要求，场地表面需有一定的泄水坡度。设计无要求时，应向排水沟方向做成不小于2‰的坡度。因此，还需根据场地泄水坡度的要求（单向泄水或双向泄水），计算出场内各方格角点实际施工所用的设计标高。

（1）单向泄水。

单向泄水时设计标高计算，是将已调整的设计标高（H''_0）作为场地中心线的标高，则场地内任意一点的设计标高为

$$H_{ij} = H''_0 \pm Li \tag{3-6}$$

式中　H_{ij}——场地内任一点的设计标高；

L——该点至起坡点的水平距离；

i——场地单向泄水坡度（不小于2‰）。

（2）双向泄水。

双向泄水时设计标高计算，是将已调整的设计标高（H''_0）作为场地纵横方向的中心点，则场地内任意一点的设计标高为

$$H_{ij} = H''_0 \pm L_x i_x \pm L_y i_y \tag{3-7}$$

式中　L_x、L_y——该点沿 x—x、y—y 方向距场地起坡点的距离；

i_x、i_y——该点沿 x—x、y—y 方向的泄水坡度。

3.2.2.2　场地及边坡土方量计算

场地土方量计算方法有方格网法和断面法两种。在场地地形较为平坦时宜采用方格网法；当场地地形比较复杂或挖填深度较大、断面不规则时，宜采用断面法。

1. 方格网法

场地宜划分为 10~40 m 的正方形方格网，通常以 20 m 居多。将场地设计标高和自然地面标高分别标注在方格角点上。场地设计标高与自然地面标高的差值，即为各角点的施工高度（挖或填），并习惯以"＋"号表示填方，"－"号表示挖方，也将施工高度标注于角点上。然后分别计算每一个方格网的挖填土方量，并计算出场地边坡的土方量，将挖方区（或填方区）所有方格计算的土方量和边坡土方量汇总，即得场地挖方和填方的总土方量。

计算前先确定"零线"的位置，有助于了解整个场地的挖填区域分布状态。零线即挖方区与填方区的分界线，在该线上的施工高度为零。零线的确定方法是：在相邻角点施工高度为一挖一填的方格边线上，用插入法求出零点的位置（见图3-9），将各相邻的零点连接起来，即为零线。零线确定后，便可进行土方量计算。每个方格中的土方量（挖方量或填方量）按照方格底面面积

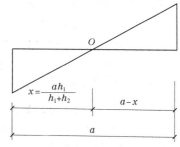

图3-9　求零点位置

图形和表 3-1 所列公式计算。

表 3-1　常用方格网点计算公式

项目	图式	计算公式
一点填方或挖方（三角形）		$V = \dfrac{1}{2}bc\dfrac{\sum h}{3} = \dfrac{bch_3}{6}$ 当 $b = c = a$ 时，$V = \dfrac{a^2 h_3}{6}$
二点填方或挖方（梯形）		$V_+ = \dfrac{b+c}{2}a\dfrac{\sum h}{4} = \dfrac{a}{8}(b+c)(h_1+h_3)$ $V_- = \dfrac{d+e}{2}a\dfrac{\sum h}{4} = \dfrac{a}{8}(d+e)(h_2+h_4)$
三点填方或挖方（五角形）		$V = \left(a^2 - \dfrac{bc}{2}\right)\dfrac{\sum h}{5} = \left(a^2 - \dfrac{bc}{2}\right)\dfrac{h_1+h_2+h_4}{5}$
四点填方或挖方（正方形）		$V = \dfrac{a^2}{4}\sum h = \dfrac{a^2}{4}(h_1+h_2+h_3+h_4)$

注：1. a—方格网的边长，m；b、c、d、e—零点到一角的边长，m；h_1、h_2、h_3、h_4—方格网四角点的施工高度，用绝对值代入，m；$\sum h$—填方或挖方施工高度总和，用绝对值代入，m；V—填方或挖方的体积，m^3。

2. 本表计算公式是按各计算图形底面积乘以平均施工高度得出的。

2. 断面法

沿场地取若干个相互平行的断面（当精度要求不高时，可利用地形图定出；当精度要求较高时，应实地测量定出），将所取的每个断面（包括边坡断面）划分为若干个三角形和梯形，如图 3-10 所示，则面积为

$$f_1 = \dfrac{h_1}{2}d_1, f_2 = \dfrac{h_1+h_2}{2}d_2\cdots$$

某一断面面积为

$$F_1 = f_1 + f_2 + \cdots + f_n$$

若 $d_1 = d_2 = \cdots = d_n = d$，则 $F_1 = d(h_1 + h_2 + h_3 \cdots\cdots + h_{n-1})$。

设各断面面积分别为 F_1、F_2、F_3、$\cdots$、F_n，相邻两断面间的距离依次为 l_1、l_2、$\cdots$、l_n，则所求土方量为

$$V = \frac{F_1 + F_2}{2}l_1 + \frac{F_2 + F_3}{2}l_2 + \cdots + \frac{F_{n-1} + F_n}{2}l_{n-1} \qquad (3\text{-}8)$$

用断面法计算土方量时,边坡土方量已包括在内。

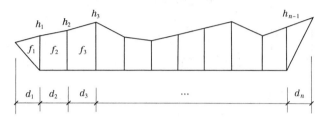

图3-10　断面法

3.边坡土方量计算

当用方格网法计算土方量时,还要另外计算边坡土方量,其方法是:首先根据规范或设计文件上规定的坡度系数m(m为宽高比,与坡度i成反比),把挖方区和填方区的边坡画出来,然后把这些边坡划分为若干几何形体,如三角锥体或三角棱柱体,再分别计算其体积。

1)三角棱锥体边坡体积

如图3-11所示的①,其体积为

$$V_1 = \frac{1}{3}A_1 l_1 \qquad (3\text{-}9)$$

式中　l_1——边坡①的长度;

　　　A_1——边坡①的横断面面积,$A_1 = \frac{h_2 \times mh_2}{2} = \frac{mh_2^2}{2}$,$h_2$为角点的挖土高度,$m$为坡度系数。

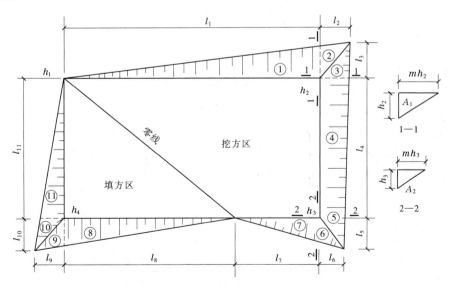

图3-11　场地边坡平面图

2) 三角棱柱体边坡体积

如图 3-11 所示的④，其体积为

$$V_4 = \frac{A_1 + A_2}{2} l_4 \qquad (3\text{-}10)$$

在两端横断面面积相差很大的情况下，则为

$$V_4 = \frac{l_4}{6}(A_1 + 4A_0 + A_2) \qquad (3\text{-}11)$$

式中　l_4——边坡④的长度；

　　A_1, A_2, A_0——边坡④两端及中部的横断面面积。

3.2.2.3　场地平整土方计算示例

【例 3-2】　某建筑场地地形图和方格网（$a = 20$ m）布置如图 3-12 所示。该场地是亚黏土，地面设计泄水坡度 $i_x = 3‰$、$i_y = 2‰$。建筑设计、生产工艺和最高洪水位等方面均无特殊要求。试确定场地设计标高（不考虑土的可松性影响，如有余土，用以加宽边坡），并计算挖填土方量。

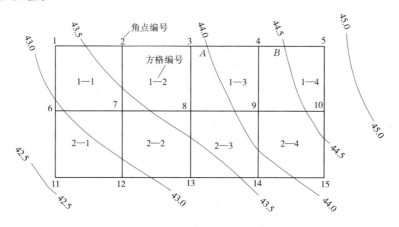

图 3-12　某建筑场地地形图和方格网布置

1. 计算角点的地面标高

根据地形图上所标等高线，用插入法求出各方格角点的地面标高。采用插入法时，假定每两根等高线之间的地面高低是呈直线变化的。如求角点 4 的地面标高（H_4），如图 3-13 所示，根据相似三角形特性有 $h_x : 0.5 = x : l$，则 $h_x = 0.5x/l$，得 $H_4 = 44.0 + h_x$。

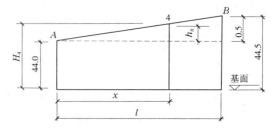

图 3-13　插入法计算简图

在地形图上只要量出 x 和 l 的长度,便可算出 H_4 的数值。这种计算是烦琐的,通常采用图解法。如图 3-14 所示,可直接读得角点 4 的地面标高 $H_4 = 44.34$。其余各角点标高均可用此法求出。

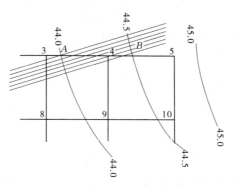

图 3-14　图解法

用图解法求得的各角点标高,如图 3-15 所示地面标高的数值。

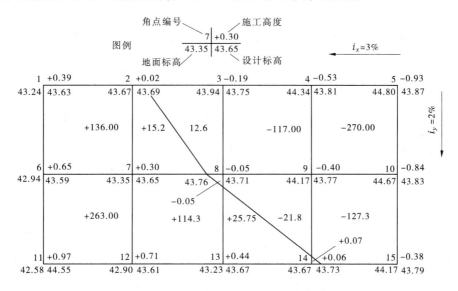

图 3-15　方格网法计算土方工程量图

2. 计算场地设计标高 H_0

$$\sum H_1 = 43.24 + 44.80 + 44.17 + 42.58 = 174.79(\text{m})$$

$$2\sum H_2 = 2 \times (43.67 + 43.94 + 44.34 + 44.67 + 43.67 + 43.23 + 42.90 + 42.94)$$
$$= 698.72(\text{m})$$

$$4\sum H_4 = 4 \times (43.35 + 43.76 + 44.17) = 525.12(\text{m})$$

$$H_0 = \frac{1}{4n}\left(\sum Z_1 + 2\sum Z_2 + 4\sum Z_4\right) = \frac{1}{4 \times 8} \times (174.79 + 698.72 + 525.12)$$
$$= 43.71(\text{m})$$

3. 根据要求的泄水坡度计算各方格角点的设计标高

以场地中心点角点 8 为 H_0，如图 3-15 所示，其余各角点设计标高为

$H_1 = H_0 - 40 \times 3‰ + 20 \times 2‰ = 43.71 - 0.12 + 0.04 = 43.63(\text{m})$

$H_2 = H_1 + 20 \times 3‰ = 43.63 + 0.06 = 43.69(\text{m})$

$H_6 = H_0 - 40 \times 3‰ \pm 0 = 43.71 - 0.12 = 43.59(\text{m})$

$H_{11} = H_6 - 20 \times 2‰ = 43.59 - 0.04 = 43.55(\text{m})$

$H_{12} = H_{11} + 20 \times 3‰ = 43.55 + 0.06 = 43.61(\text{m})$

其余各角点设计标高均可同样算出，如图 3-15 所示的设计标高数值。

4. 计算角点的施工高度

角点施工高度，习惯用"+"号表示填方，"-"号表示挖方。

$h_1 = 43.63 - 43.24 = +0.39(\text{m})$

$h_2 = 43.69 - 43.67 = +0.02(\text{m})$

$h_3 = 43.75 - 43.94 = -0.19(\text{m})$

$\vdots$

各角点施工高度如图 3-15 所示。

5. 标出零线

零线即挖方区和填方区的分界线，也就是不挖不填的线。其确定方法是先求出有关方格边线（此边线的特点一端为挖，另一端为填）上的零点（不挖不填的点），将相邻的零点连接起来，即为零点线，如图 3-16 所示。各有关方格边的零点的图解如图 3-16 所示。

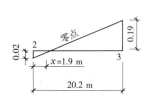 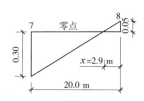 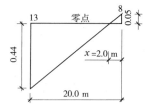

图 3-16　零点图解举例

6. 计算各方格土方量

全挖或全填的方格，其土方量为

$V_{1-1} = h_1 + h_2 + h_3 + h_4 = 39 + 2 + 30 + 65 = +136(\text{m}^3)$

$V_{2-1} = 65 + 30 + 71 + 97 = +263(\text{m}^3)$

$V_{1-3} = -(19 + 53 + 40 + 5) = -117(\text{m}^3)$

$V_{1-4} = -(53 + 93 + 84 + 40) = -270(\text{m}^3)$

两个角点为挖方，两个角点为填方的方格，其土方量为

$V_{1-2}^{\text{填}} = \dfrac{a}{8}(b+c)(h_1+h_2) = \dfrac{20}{8} \times (1.9 + 17.1) \times (0.02 + 0.3) = +15.2(\text{m}^3)$

$V_{1-2}^{\text{挖}} = -\dfrac{a}{8}(d+e)(h_2+h_4) = -\dfrac{20}{8} \times (18.1 + 2.9) \times (0.19 + 0.05) = -12.6(\text{m}^3)$

同理：$V_{2-3}^{\text{填}} = +25.75 \text{ m}^3$　　$V_{2-3}^{\text{挖}} = -21.8 \text{ m}^3$

方格网 2—2，2—4 为一个角点填方（或挖方）和三个角点挖方（或填方），其土方量按

表 3-1 所列公式计算得

$$V^{填}_{2-2} = +114.3 \text{ m}^3 \qquad V^{挖}_{2-2} = -0.05 \text{ m}^3$$

$$V^{填}_{2-4} = +0.07 \text{ m}^3 \qquad V^{挖}_{2-4} = -127.3 \text{ m}^3$$

将计算出的土方量填入相应的方格中,如图 3-15 所示。

场地各方格土方量总计:挖方为 538.75 m³,填方为 554.32 m³。

3.3 土方开挖施工

3.3.1 确定基坑(槽)土方量

3.3.1.1 四面放坡基坑土方量计算

土方工程的外形通常很复杂而且不规则,一般情况下,都将其假设或划分成为一定的几何形状,采用具有一定精度而又与实际情况近似的方法进行计算。基坑土方量可按立体几何中棱柱体(由两个平行的平面为底的一种多面体)体积公式计算(见图 3-17),即

$$V = \frac{H}{6}(A_1 + 4A_0 + A_2) \tag{3-12}$$

式中 H——基坑深度,m;

  A_1、A_2——基坑上、下截面面积,m²;

  A_0——基坑中截面面积,m²。

3.3.1.2 基槽土方量计算

基槽土方量计算多用于计算建筑物的条形基础、渠道、管沟等土方工程量。

基槽土方量计算,可沿其长度方向分段进行计算,各段土方量之和即为总土方量。

(1)当该段内基槽横截面形状、尺寸不变时,其土方量即为该段横截面面积乘以该段基槽长度,一般两边放坡按下式计算

$$V = H(B + mH)L \tag{3-13}$$

式中 V——两边放坡基槽该段土方量,m³;

  H——基槽深度,m;

  B——基槽槽底宽度,m;

  L——该段基槽长度,m;

  m——坡度系数,$m = C/H$,当 $m = 0$ 时,表示基槽垂直开挖不放坡,C 为基槽一边坡底宽,m。

(2)当该段内横截面的形状、尺寸有变化时(见图 3-18),也可近似地用棱柱体的体积公式按下式计算

$$V_i = \frac{L}{6}(A_1 + 4A_0 + A_2) \tag{3-14}$$

式中 V_i——第 i 段基槽土方量,m³;

  L——该段基槽长度,m;

  A_1、A_2——该段基槽两端横截面面积,m²;

A_0——该段基槽中截面面积(m)。

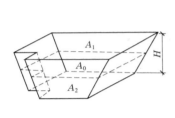

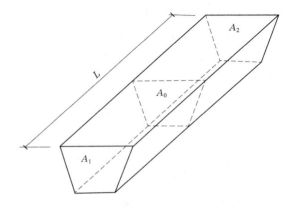

图 3-17 基坑土方量计算   图 3-18 基槽土方量计算

基槽土方总量为

$$\sum V_i = V_1 + V_2 + V_3 + \cdots + V_n$$

式中 $V_1, V_2, V_3, \cdots, V_n$——各分段的土方量,$\mathrm{m}^3$。

3.3.1.3 示例

【例 3-3】 计算图 3-19 所示土方开挖工程量。

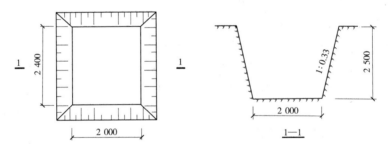

图 3-19 土方开挖示意图

解: 由棱柱体公式得

$$V_{挖} = \frac{H}{6}(A_1 + 4A_0 + A_2)$$

上口面积 $A_1 = (a + 2mh)(b + 2mh)$
$$= (2 + 2 \times 0.33 \times 2.5) \times (2.4 + 2 \times 0.33 \times 2.5)$$
$$= 14.78(\mathrm{m}^2)$$

中截面面积 $A_0 = (a + mh)(b + mh)$
$$= (2 + 0.33 \times 2.5) \times (2.4 + 0.33 \times 2.5)$$
$$= 9.11(\mathrm{m}^2)$$

下口面积 $A_2 = ab = 2 \times 2.4 = 4.80(\mathrm{m}^2)$

代入式(3-12)得

$$V_{挖} = \frac{H}{6}(A_1 + 4A_0 + A_2) = \frac{2.5}{6} \times (14.78 + 4 \times 9.11 + 4.80) = 23.34(\mathrm{m}^3)$$

3.3.2 土方开挖施工的作业条件

土方开挖前,应根据施工方案的要求,将施工区域内的地下、地上障碍物清除和处理完毕。建筑物或构筑物的位置或场地的定位控制线(桩)、标准水平桩及开槽的灰线尺寸,必须经过检验合格,并办完预检手续。夜间施工时,应有足够的照明设施;在危险地段应设置明显标志,并合理安排开挖顺序,防止错挖或超挖。开挖有地下水位的基坑槽、管沟时,应根据当地工程地质资料,采取措施降低地下水位。一般要使地下水位降至开挖面以下0.5 m后才能开挖。施工机械进入现场所经过的道路、桥梁和卸车设施等,应事先经过检查,必要时要进行加固或加宽等准备工作。选择土方机械时,应根据施工区域的地形与作业条件、土的类别与厚度、总工程量和工期综合考虑,以确保能发挥施工机械的效率。施工区域运行路线的布置,应根据作业区域工程的大小、机械性能、运距和地形起伏等情况加以确定。在机械施工无法作业的部位和修整边坡坡度、清理槽底等,均应配备人工进行。熟悉图纸,做好技术交底。

3.3.3 土方开挖施工的一般要求

(1)土方开挖的顺序、方法必须与设计工况一致,并遵循"开槽支撑,先撑后挖,分层开挖,严禁超挖"的原则。

(2)基坑开挖应根据设计要求和开挖方案进行定位放线,定出开挖宽度,按放线采取直立或放坡分段分层开挖,以保证施工操作安全。

(3)基坑开挖应尽量防止对地基土的扰动,当用人工挖土,基坑挖好后不能立即进行下道工序时,应预留15~30 cm一层土不挖,待下道工序开始再挖至设计标高。采用机械开挖基坑时,为避免破坏基底土,应在基底标高以上预留一层由人工挖掘修整,一般预留20~30 cm。

(4)在地下水位以下挖土,应将水位降至坑底以下500 mm,以利于挖方施工。降水工作应持续到基础施工完成。

(5)雨期施工时,基坑应分段开挖,挖好一段浇筑一段垫层,并应在基坑周围设截水沟或排水沟(截水沟、排水沟宜在基坑坡顶或截水帷幕外侧不小于0.5 m布置),防止雨水冲刷边坡,同时坑内也应设置必要的排水设施。应经常检查边坡和支撑情况,防止坑壁受水浸泡造成塌方。

(6)在基坑边缘上侧堆土或堆放材料以及移动施工机械时,应与基坑边缘保持1.5 m以上距离,以保证坑边直立壁或边坡的稳定。当土质良好时,堆土或材料应距挖方边缘0.8 m以外,高度不宜超过1.5 m。

(7)基坑开挖时,应对平面控制桩、水准点、基坑平面位置、标高、边坡坡度等经常复测检查。

(8)基坑土方施工中应对支护结构、周围环境进行观察和监测,如出现异常情况应及时处理,待恢复正常后方可继续施工。

(9)基坑挖完后应进行验槽,做好记录,当发现地基土质与地质勘察报告、设计要求不符时,应与有关人员研究并及时处理。

3.3.4　土方开挖施工要点

3.3.4.1　开挖坡度的确定

在开挖基坑、沟槽或填筑路堤时,为了防止塌方,保证施工安全及边坡稳定,其边沿应考虑放坡。土方边坡放坡坡度为

$$i = h/b = 1 : m$$

其中,坡度系数 $m = b/h$。

边坡形式如图 3-20 所示,主要有直线形、折线形、阶梯形(踏步形)。

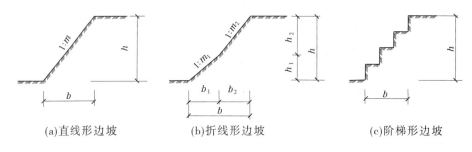

(a)直线形边坡　　　　(b)折线形边坡　　　　(c)阶梯形边坡

图 3-20　边坡形式

确定边坡大小的因素主要有土质、开挖深度、开挖方法、留置时间、排水情况、坡上荷载。

3.3.4.2　土方开挖施工要点

(1)浅基坑(或浅基槽,下同)开挖,应先进行测量定位、抄平放线,定出开挖长度,按放线分块(段)分层挖土。根据土质和水文情况,采取在四侧或两侧直立开挖或放坡,以保证施工操作安全。

当土质为天然湿度、构造均匀、水文地质条件良好(不会发生坍滑、移动、松散或不均匀下沉),且无地下水时,开挖基坑亦可不放坡,采取直立开挖不加支护,但挖方深度应按表 3-2 的规定,基坑长度应稍大于基础长度。如果超过表 3-2 规定的深度,应根据土质和施工具体情况进行放坡,以保证不塌方。其临时性挖方的边坡也可按表 3-3 的规定采用。放坡后基坑上口宽度由基坑底面宽度及边坡坡度来决定,坑底宽度每边应比基础宽出 15～30 cm,以便施工操作。

表 3-2　基坑(槽)和管沟不加支撑时的容许深度

项次	土的种类	容许深度(m)
1	密实、中密的砂子和碎石类土(充填物为砂土)	1.00
2	硬塑、可塑的粉质黏土及粉土	1.25
3	硬塑、可塑的黏土和碎石类土(充填物为黏性土)	1.50
4	坚硬的黏土	2.00

表3-3　临时性挖方边坡值

土的类别		边坡值(高:宽)
砂土(不包括细砂、粉砂)		1:1.25 ~ 1:1.50
一般性黏土	硬	1:0.75 ~ 1:1.00
	硬塑	1:1 ~ 1:1.25
	软	1:1.50 或更缓
碎石类土	充填坚硬、硬塑黏性土	1:0.5 ~ 1:1.0
	充填砂土	1:1 ~ 1:1.5

注·1. 有成熟施工经验时,可不受本表限制。设计有要求时,应符合设计标准。

2. 如采取降水或其他加固措施,也不受本表限制。

3. 开挖深度对软土不超过4 m,对硬土不超过8 m。

(2)当开挖基坑的土体含水量大而不稳定,或基坑较深,或受到周围场地限制而需用较陡的边坡或直立开挖但土质较差时,应采用临时性支撑加固,基坑每边的宽度应比基础宽15 ~ 20 cm,以便设置支撑加固结构。挖土时,土壁要求平直,挖好一层支一层支撑,挡土板要紧贴土面,并用小木桩或横撑木顶住挡板。开挖宽度较大的基坑,当在局部地段无法放坡,或下部土方受到基坑尺寸限制不能放较大坡度时,应在下部坡脚采取加固措施,如采用短桩与横隔板支撑或砌砖、毛石或用编织袋、草袋装土堆砌临时矮挡土墙保护坡脚。

(3)基坑开挖的一般程序是:测量放线→切线分层开挖→排降水→修坡→整平→留足预留土层等。相邻基坑开挖时,应遵循先深后浅或同时进行的施工程序。挖土应自上而下水平分段分层进行,每层0.3 m左右,边挖边检查坑底宽度及坡度,不够时及时修整,每3 m左右修一次坡,至设计标高时再统一进行一次修坡清底,检查坑底宽和标高,要求坑底凹凸不超过2.0 cm。

(4)基坑开挖应尽量防止对地基土的扰动。当采用人工挖土,基坑挖好后不能立即进行下道工序时,应预留一层15 ~ 30 cm厚的土不挖,待下道工序开始再挖至设计标高。采用机械开挖基坑时,为避免破坏基底土,应在基底标高以上预留一层由人工挖掘修整。使用铲运机、推土机开挖时,保留土层厚度为15 ~ 20 cm,使用正铲、反铲或拉铲挖土时为20 ~ 30 cm。

(5)在地下水位以下挖土时,应在基坑四侧或两侧挖好临时排水沟和集水井,或采用井点降水,将水位降低至坑底以下500 mm,以利于挖方的顺利进行。降水工作应持续到基础(包括地下水位下回填土)施工完成。

(6)雨季施工时,基坑应分段开挖,挖好一段浇筑一段垫层,并在基坑两侧围以土堤或挖排水沟,以防地面雨水流入基坑,同时应经常检查边坡和支撑情况,以防止坑壁受水浸泡造成塌方。

(7)基坑开挖时,应对平面控制桩、水准点、基坑平面位置、水平标高、边坡坡度等经常复测检查。

（8）土方开挖机械。

①采用推土机开挖大型基坑时，一般应从两端或顶端开始（纵向）推土，把土推向中部或顶端，暂时堆积，然后横向将土推离基坑的两侧。

②采用铲运机开挖大型基坑时，应纵向分行、分层按照坡度线向下铲挖，但每层的中心线地段应比两边稍高一些，以防积水。

③采用反铲、拉铲挖土机开挖基坑或管沟时，其施工方法有端头挖土法和侧面挖土法两种。端头挖土法中挖土机从基坑或管沟的端头以倒退行驶的方法进行开挖，自卸汽车配置在挖土机的两侧装运土；侧向挖土法中挖土机一面沿着基坑或管沟的一侧移动，自卸汽车在另一侧装运土。

④挖土机沿挖方边缘移动时，机械距离边坡上缘的宽度不得小于基坑或管沟深度的1/2。如果挖土深度超过 5 m，则应按专业性施工方案来确定。土方开挖宜从上到下分层分段依次进行，并随时做成一定坡势，以利泄水。在开挖过程中，应随时检查槽壁和边坡的状态。深度大于 1.5 m 时，根据土质变化情况，应做好基坑（槽）或管沟的支撑准备，以防塌陷。

⑤开挖基坑（槽）和管沟时，不得挖至设计标高以下，如果不能准确地挖至设计基底标高，则可在设计标高以上暂留一层土不挖，以便在抄平后由人工挖出。

⑥在机械施工挖不到的土方，应配合人工随时进行挖掘，并用手推车把土运到机械能挖到的地方，以便及时用机械挖走。

⑦修帮和清底。在距槽底设计标高 50 cm 的槽帮处，抄出水平线，钉上小木撅，然后用人工将暂留土层挖走。同时由两端轴线（中心线）引桩拉通线（用小线或铅丝），检查距槽边尺寸，确定槽宽标准，以此修整槽边。最后清除槽底土方。

⑧开挖基坑的土方，在场地有条件堆放时，一定留足回填需用的好土；多余的土方应一次运走，避免二次搬运。

3.3.4.3　土方开挖方案

施工方案的编制在满足设计要求、工程质量、施工安全和工期要求等条件下，通过技术经济比较，进行施工方案的优化选择。编制土方开挖施工方案时，一般应考虑以下方面：

（1）开挖方式和施工方法能满足开挖进度要求，与施工导流和混凝土浇筑等前后工序相衔接，并满足防洪和度汛要求。

（2）根据水文、季节和施工条件，合理安排施工顺序，快速施工，均衡生产。

（3）根据开挖工程规模、土石特性、工作条件、施工方法，选择适用的施工机械设备。挖、装、运、卸各项设备要合理配套。

（4）因地制宜，安排好交通运输路线和施工总平面布置，以及水、电等系统。

（5）搞好土石方平衡与调配，注意安排挖采结合、弃填结合，避免重复倒运。弃渣、弃土场地尽量少占农田，并尽可能造地还田。

（6）确定施工排水措施，将妨碍施工作业和影响工程质量的雨水、地表水、地下水和施工废水排至场地以外，为工程创造良好的施工条件。按设计和施工技术规范的要求，保证施工质量。对施工中可能遇到的问题，如流砂现象、边坡稳定等，要进行技术分析，提出解决的措施。

(7)注意施工安全,按照安全、防火、环境保护、工业卫生等方面规程的规定,制订施工安全技术措施。

3.3.5 土方开挖常用施工方法

目前现场一般采用机械开挖结合人工清底方式进行。基坑土方开挖常用施工方法有放坡挖土、中心岛式挖土、盆式挖土和逐层挖土。

3.3.5.1 放坡挖土

放坡开挖施工是最经济的挖土方案。当基坑开挖深度不大、周围环境又允许时,一般优先采用放坡开挖。

开挖深度较大的基坑,当采用放坡挖土时,宜设置多级平台分层开挖,平台一般宽1~3 m。

在地下水位较高的软土地区,应在降水达到要求后再进行土方开挖,宜采用分层开挖的方式进行开挖。分层挖土厚度不宜超过2.5 m。挖土时要注意保护工程桩,防止碰撞或因挖土过快、高差过大使工程桩受侧压力而倾斜。

如有地下水,放坡开挖应采取有效措施降低坑内水位和排除地表水,严防地表水或坑内排出的水倒流渗入基坑。

基坑采用机械挖土,坑底应保留200~300 mm厚基土,用人工清理整平,防止坑底土扰动。待挖至设计标高后,应清除浮土,经验槽合格后,及时进行垫层施工。

3.3.5.2 中心岛式挖土

中心岛式挖土宜用于大型基坑,支护结构的支撑形式为角撑、环梁式或边桁(框)架式,中间具有较大空间的情况,可利用中间的土墩作为支点搭设栈桥。挖土机可利用栈桥下到基坑挖土,运土的汽车亦可利用栈桥进入基坑运土。这样可以加快挖土和运土的速度(见图3-21)。

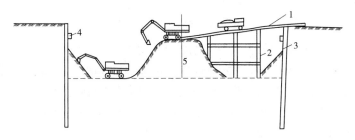

1—栈桥;2—支架(尽可能利用工程桩);3—围护墙;4—腰梁;5—土墩

图3-21 中心岛式挖土示意图

采用中心岛式挖土时,中间土墩的留土高度、边坡的坡度、挖土层次与高差都要经过仔细研究确定。由于在雨季遇有大雨土墩边坡易滑坡,必要时对边坡尚需加固。

挖土宜分层开挖,多数是先全面挖去第一层,然后中间部分留置土墩,周围部分分层开挖。开挖多用反铲挖土机,如基坑深度大则用向上逐级传递方式进行装车外运。

整个土方开挖顺序必须与支护结构的设计工况严格一致。要遵循开槽支撑、先撑后挖、分层开挖、严禁超挖的原则。

挖土时,除支护结构设计允许外,挖土机和运土车辆不得直接在支撑上行走和操作。

为减少时间效应的影响,挖土时应尽量缩短围护墙无支撑的暴露时间。一般对一、二级基坑,每一工况挖至规定标高后,钢支撑的安装周期不宜超过一昼夜,混凝土支撑的完成时间不宜超过两昼夜。

对面积较大的基坑,为减少空间效应的影响,基坑土方宜分层、分块、对称、限时进行开挖,土方开挖顺序要为尽可能早地安装支撑创造条件。

土方挖至设计标高后,对有钻孔灌注桩的工程,宜边破桩头边浇筑垫层,尽可能早一些浇筑垫层(必要时可加厚做配筋垫层)对围护墙起支撑作用,以减小围护墙的变形。

挖土机挖土时严禁碰撞工程桩、支撑、立柱和降水的井点管。分层挖土时,层高不宜过大,以免土方侧压力过大使工程桩变形倾斜,在软土地区尤为重要。

同一基坑内当深浅不同时,土方开挖宜先从浅基坑处开始,如条件允许可待浅基坑处底板浇筑后,再挖基坑较深处的土方。

3.3.5.3　盆式挖土

盆式挖土是先开挖基坑中间部分的土,周围四边留土坡,土坡最后挖除。这种挖土方式的优点是周边的土坡对围护墙有支撑作用,有利于减小围护墙的变形。其缺点是大量的土方不能直接外运,需集中提升后装车外运(见图3-22)。

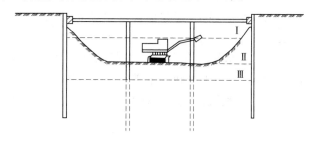

图 3-22　盆式挖土示意图

盆式挖土周边留置的土坡,其宽度、高度和坡度大小均应通过稳定验算确定。如留得过小,对围护墙支撑作用不明显,失去盆式挖土的意义。如坡度太陡边坡不稳定,在挖土过程中可能失稳滑动,不但失去对围护墙的支撑作用,影响施工,而且有损于工程桩的质量。盆式挖土需设法提高土方上运的速度,对加速基坑开挖起很大作用。

3.3.5.4　逐层挖土法

开挖深度超过挖土机最大挖掘高度时,宜分层开挖,其有两种做法:一种是一台大型挖掘机挖上层土,用起重机吊运一台小型挖掘机挖下层土,小型挖掘机边挖边装土转运到大型挖掘机的作业范围内,由大型挖掘机将土全部挖走,最后用起重机械将小型挖掘机吊上来;另一种是修筑10%～15%的坡道,利用坡道作为挖掘机分层施工的道路。

3.3.6　土方开挖工程质量检验

施工单位土方开挖完成后,应对土方开挖工程质量进行检验,其标准与方法见

表3-4。

表3-4　土方开挖工程质量检验标准　　　　　　　　（单位:mm）

项	序	项目	允许偏差或允许值					检验方法
			柱基、基坑（基槽）	挖方场地平整		管沟	地(路)面基层	
				人工	机械			
主控项目	1	标高	−50	±30	±50	−50	−50	水准仪
	2	长度、宽度(由设计中心线向两边量)	+200	+300	+500	+100	—	经纬仪、钢尺量
			−50	−100	−150			
	3	边坡	设计要求					观察或坡度尺检查
一般项目	1	表面平整度	20	20	50	20	20	2 m靠尺和楔形塞尺检查
	2	基底土性	设计要求					观察或土样分析

注:地(路)面基层的偏差只适用于直接在挖、填方做地(路)面基层。

3.3.7　土方开挖施工安全技术

（1）在施工组织设计中,要有单项土方工程施工方案,对施工准备、开挖方法、放坡、排水、边坡支护应根据有关规范要求进行设计,边坡支护要有设计计算书。

（2）人工挖基坑时,操作人员之间要保持安全距离,一般应大于2.5 m;多台机械同时开挖时,挖土机间距离应大于10 m,挖土要自上而下,逐层进行,严禁先挖坡脚的危险作业。

（3）挖土方前要认真检查周围环境,不能在危险岩石或建筑物下面进行作业。

（4）基坑开挖应严格按要求放坡,操作时应随时关注边坡的稳定情况,发现问题及时处理。

（5）机械挖土,多台阶同时开挖土方时,应验算边坡的稳定,并根据规定和验算确定挖土机离边坡的安全距离。

（6）深基坑四周设防护栏杆,人员上下要有专用爬梯。

（7）运土道路的坡度、转弯半径要符合有关安全规定。

（8）爆破土方要遵守爆破作业安全的有关规定。

3.4　土方挖运施工机械

土方工程的施工过程包括土方开挖、运输、填筑与压实等。施工时,应尽量采用机械化与半机械化施工,以减轻繁重的劳动强度,加快施工进度。

3.4.1　土方挖运施工常用机械

在土方开挖之前应根据工程结构形式、开挖深度、地质条件、气候条件、周围环境、施工方法、施工工期和地面荷载等有关资料,确定土方开挖和地下水控制施工方案。基坑及管沟开挖方案内容主要包括支护结构的龄期、土方机械选择、开挖时间、分层开挖深度及开挖顺序、坡道位置和车辆进出场道路、施工进度和劳动组织安排、降排水措施、监测方案、质量和安全措施,以及土方开挖对周围建筑物需采取的保护措施等。土方开挖常采用的挖土机械有推土机、铲运机、单斗挖土机、多斗挖土机、装载机等。

3.4.1.1　推土机施工

推土机由动力机械和工作部件两部分组成,其动力机械是拖拉机,工作部件是安装在动力机械前面的推土铲。推土机行走方式有轮胎式和履带式两种,铲刀的操纵机构有索式和油压式两种。索式推土机的铲刀是借助自重切入土中的,在硬土中切土深度较小;液压式推土机是采用油压操纵,能使铲刀强制切入土中,切入深度较大。

推土机的特点是操纵灵活、运转方便、所需工作面小、行驶速度快、易于转移、能爬30°左右的缓坡,应用范围较广。它主要适用于挖土深度不大的场地平整,铲除腐殖土,并推到附近的弃土区;开挖深度不大于 2.0 m 的基坑;回填基坑、管沟;推筑高度在 1.5 m 内的堤坝、路基;平整其他机械卸置的土堆;推送松散的硬土、岩石和冻土;配合铲运机、挖土机工作等。卸下铲刀还可牵引其他无动力的土方机械。推土机可推掘一至四类土壤,为提高生产效率,对三至四类土宜事先翻松。几台推土机同时作业时,前后距离应大于 8 m。推运距离宜在 100 m 以内,以 60 m 效率最高。

推土机的生产效率主要取决于推土铲刀推移土壤的体积及切土、推土、回程等工作循环时间。为此可采用下坡推土,槽形推土,并列推土,分批集中、一次推送(见图3-23)方法来提高生产效率。当推运较松的土壤且运距较大时,还可在铲刀两侧加挡土板。

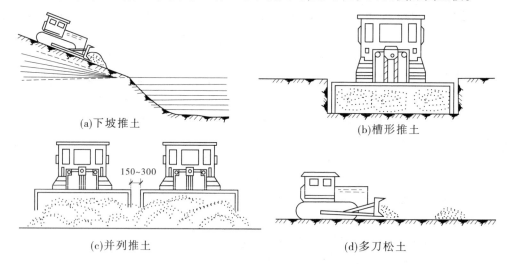

(a)下坡推土　　　　　　　　　　　　　　　　(b)槽形推土

(c)并列推土　　　　　　　　　　　　　　　　(d)多刀松土

150~300

图3-23　推土机作业方法

1.下坡推土

推土机顺地面坡势沿下坡方向推土,可增大铲刀切土深度和运土数量,缩短推土时间、节约能源,提高生产率 30% ~40%。它适用于半挖半填地区推土丘,回填沟、渠时使用。

2. 槽形推土

推土机多次在一条作业线上工作,使地面形成一条浅槽,以减少从铲刀两侧散漏。这样作业可增加推土量10%～30%。槽深以1 m左右为宜,槽间土埂宽约0.5 m。在推出多条槽后,再将土埂推入槽内,然后运出。当土层较厚时,可利用前次推土的槽形推土,减少土的散失量,增大推土量。

3. 并列推土

在大面积场地平整时,可采用2～3台推土机并列作业。通常两机并列推土可增大推土量15%～30%,三机并列推土可增加推土量30%～40%,并列推土的运距宜为20～60 m。

4. 分批集中、一次推送

当运距较远且土质较坚硬时,宜多次铲土,一次推送。

3.4.1.2　铲运机施工

铲运机由牵引机械和铲斗组成。按行走方式分为牵引式铲运机和自行式铲运机;按铲斗操纵系统分为液压操纵和机械操纵两种。

铲运机的特点是能综合完成挖土、运土、平土或填土等全部土方施工工序。对行驶道路要求较低,操纵简单灵活、运转方便、生产效率高。在土方工程中常应用于大面积场地平整,开挖大型基坑、沟槽以及填筑路基、堤坝等。最适于铲运场地地形起伏不大、坡度在20°以内的大面积场地,土的含水量不超过27%的松土和普通土,以及平均运距在1 km以内特别是在600 m以内的挖运土方;不适于在砾石层和冻土地带及沼泽区工作;当铲运三、四类较坚硬的土壤时,宜用推土机助铲或选用松土机配合把土翻松0.2～0.4 m,以减少机械磨损,提高生产率。

铲运机的开行路线对提高生产效率影响较大,应根据挖填区的分布情况,并结合具体条件,选择合理的开行路线。根据实践,铲运机的开行路线有以下几种。

1. 环行路线

施工地段较短,地形起伏不大的挖、填工程,适宜采用环形路线(见图3-24(a))。当挖土和填方交替,而挖填之间距离又较短时,可采用大环形路线(见图3-24(b)),大环形路线的优点是一个循环能完成多次铲土和卸土,从而减少了铲运机的转弯次数,提高了工作效率。

2. "8"字形路线

在地形起伏较大、施工地段狭长的情况下,宜采用"8"字形路线(见图3-24(c))。它适用于填筑路基、场地平整工程。

铲运机在坡地行走或工作时,上下纵坡不宜超过25°,横坡不宜超过6°,不能在陡坡上急转弯,工作时应避免转弯铲土,以免铲刀受力不均引起翻车事故。当铲运机铲土接近设计标高时,为了正确控制标高,宜沿平整场地区域每隔10 m左右配合水准仪抄平,先铲出一条标准槽,以此为准使整个区域平整到设计要求。

3.4.1.3　单斗挖土机施工

单斗挖土机是大型基坑或管沟开挖中最常用的一种土方机械。根据其工作装置的不同,分为正铲、反铲、拉铲和抓铲四种。常用斗容量为0.5～2.0 m³。根据操纵方式,分为

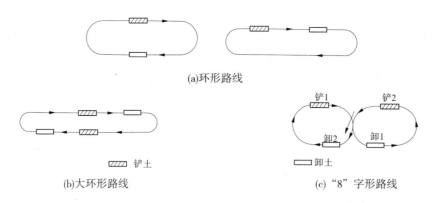

(a)环形路线

▨ 铲土

(b)大环形路线　　　　　　　　　　　　　　　(c)"8"字形路线

图 3-24　铲运机开行路线

液压传动和机械传动两种。在建筑工程中,单斗挖土机更换装置后还可进行装卸、起重、打桩等作业,是土方工程施工中不可缺少的机械设备。

1. 正铲挖土机

1)正铲挖土机的工作特点、性能及适用范围

正铲挖土机挖掘能力大、生产效率高。它的工作特点是"前进向上,强制切土",适用于开挖停机平面以上一至四类土壤。正铲挖土机需与汽车配合完成挖运任务。在开挖基坑及管沟时,要通过坡道进入地面以下挖土(坡道坡度为 1∶8 左右),并要求停机面干燥,因此挖土前必须做好排水工作。其机身能回转 360°,动臂可升降,斗柄可以伸缩,铲斗可以转动。

2)正铲挖土机作业方式

根据挖土机与运输工具的相对位置不同,正铲挖土机挖土和卸土的方式有以下两种:①正向挖土、侧向卸土:挖土机向前进方向挖土,运输工具在挖土机一侧开行、装土,二者可不在同一工作面(运输工具可停在挖土机平面上或高于停机平面)。采用这种开挖方式,卸土时挖土机旋转角度小于 90°,提高了挖土效率,可避免汽车倒开和转弯多的缺点,因而在施工中常采用此法。②正向挖土、后方卸土:挖土机向前进方向挖土,运输工具停在挖土机的后面装土,二者在同一工作面(挖土机的工作空间)上。这种开挖方式挖土高度较大,但由于卸土时必须旋转较大角度,且运输车辆要倒车开入,影响挖土机生产率,故只适用于基坑宽度较小而开挖深度较大的情况。

2. 反铲挖土机

1)反铲挖土机的工作特点、性能及适用范围

反铲挖土机的工作特点是"后退向下,强制切土",用于开挖停机平面以下的一至三类土壤,不需设置进出口通道。它适用于开挖基坑和管沟,有地下水的土壤或泥泞土壤。一次开挖深度取决于挖土机的最大挖掘深度等技术参数。表 3-5 所示为液压反铲挖土机的主要性能及工作尺寸。

2)反铲挖土机的作业方式

根据反铲挖土机的开挖路线与运输汽车的相对位置,其作业方式有以下几种:

表3-5 液压反铲挖土机的主要性能及工作尺寸

技术参数	符号	单位	W2-40	W4-60
铲斗容量	Q	m³	0.4	0.6
最大挖土半径	R	m	7.03	7.3
最大挖土深度	h	m	3.74	3.7
最大挖土高度	H	m	5.98	6.4
最大卸土高度	H_1	m	4.52	4.7

(1)沟端开挖法:反铲挖土机停于沟端,后退挖土,同时往沟一侧弃土或装汽车运走(见图3-25(a))。挖掘宽度可不受机械最大挖掘半径的限制,臂杆回转半径仅45°~90°,同时可挖到最大深度。对较宽的基坑可采用(图3-25(b))的方法,其最大一次挖掘宽度为反铲有效挖土半径的2倍,但汽车须停在机身后面装土,生产效率降低,或采用几次沟端开挖法完成作业,适用于一次成沟后退挖土,挖出土方随即运走时采用,或就地取土填筑路基或修筑堤坝等。

(2)沟侧开挖法:反铲挖土机停于沟侧沿沟边开挖,汽车停在机旁装土或往沟一侧卸土(见图3-25(c))。本法铲臂回转角度小,能将土弃于距沟边较远的地方,但挖土宽度比挖掘半径小,边坡不好控制,同时机身靠沟边停放,稳定性较差。沟侧开挖法是横挖土体和需将土方甩到离沟边较远的距离时使用。

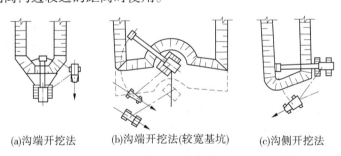

(a)沟端开挖法　(b)沟端开挖法(较宽基坑)　(c)沟侧开挖法

图3-25 反铲沟端及沟侧开挖法

(3)沟角开挖法:反铲挖土机位于沟前端的边上,随着沟槽的掘进,机身沿着沟边往后作"之"字形移动(见图3-26)。臂杆回转角度平均在45°左右,机身稳定性好,可挖较硬的土体,并能挖出一定的坡度。沟角开挖法适用于开挖土质较硬,宽度较小的沟槽(坑)。

(4)多层接力开挖法:用两台或多台挖土机设在不同作业高度上同时挖土,边挖土边将土传递到上层,由地表挖土机连挖土带装土(见图3-27);上部可用大型反铲挖土机,中、下层用大型或小型反铲挖土机,进行挖土和装土,均衡连续作业。一般两层挖土可挖深10 m,三层可挖深15 m左右。本法用于开挖较深基坑,一次开挖到设计标高,一次完成,可避免汽车在坑下装运作业,能够提高生产效率,且不必设专用垫道。此外,多层接力开挖法适于开挖土质较好、深10 m以上的大型基坑、沟槽和渠道。

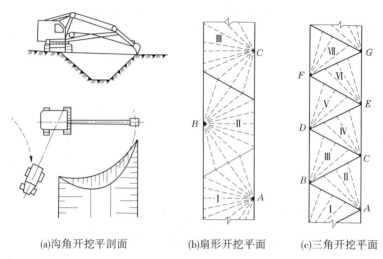

| (a)沟角开挖平剖面 | (b)扇形开挖平面 | (c)三角开挖平面 |

图 3-26　反铲沟角开挖法

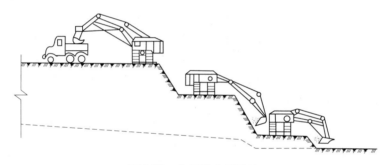

图 3-27　多层接力开挖法

3.拉铲挖土机

拉铲挖土机(见图 3-28)用于开挖停机面以下的一、二类土。它工作装置简单,可直接由起重机改装。其特点是铲斗悬挂在钢丝绳下而不需刚性斗柄,土斗借自重使斗齿切入土中,开挖深度和宽度均较大,常用于开挖大型基坑、沟槽和进行水下开挖等。与反铲挖土机相比,拉铲的挖土深度、挖土半径和卸土半径均较大,但开挖的精确性差,且大多将土弃于土堆,如需卸土在运输工具上,则操作技术要求高,且效率降低。拉铲挖土机的开行路线与反铲挖土机开行路线相同。

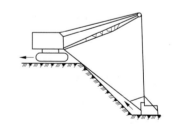

图 3-28　拉铲挖土机挖土

4.抓铲挖土机

抓铲挖土机是在挖土机臂端用钢索装一抓斗,也可由履带式起重机改装。抓铲挖掘机的挖土特点是:"直上直下,自重切土"。抓铲可用以挖掘一、二类土,它能在回转半径范围内开挖基坑上任何位置的土方,并可在任何高度上卸土(装车或弃土)。它适用于挖掘独立柱基的基坑、沉井及开挖面积较小、深度较大的沟槽或基坑,特别适宜于水下挖土。抓铲挖土机见图 3-29。

对于小型基坑,抓铲位于一侧抓土;对于较宽的基坑,则在两侧或四侧抓土。抓铲应离基坑边一定距离,土方可直接装入自卸汽车运走,或堆弃在基坑旁或用推土机推到远处堆放。挖淤泥时,抓斗易被淤泥吸住,应避免用力过猛,以防翻车。抓铲施工时,一般均需加配重。

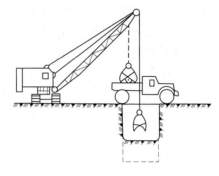

图 3-29　抓铲挖土机挖土

3.4.2　土方工程机械化施工要点

(1)土方开挖应绘制土方开挖图(见图 3-30),确定开挖路线、顺序、范围、基底标高、边坡坡度、排水沟与集水井位置以及挖出的土方堆放地点等。绘制土方开挖图时应尽可能使机械多挖,减少机械超挖和人工挖方。

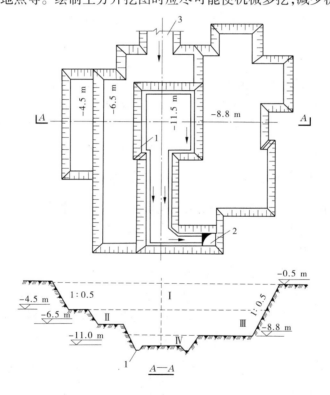

1—排水沟;2—集水井;3—土方机械进出口;Ⅰ、Ⅱ、Ⅲ、Ⅳ—开挖次序

图 3-30　土方开挖图

(2)大面积基础群基坑底标高不一,机械开挖次序一般采取先整片挖至平均标高,然后挖个别较深部位。当一次开挖深度超过挖土机最大挖掘高度(5 m 以上)时,宜分2~3层开挖,并修筑 10%~15% 坡道,以便挖土及运输车辆进出。

(3)基坑边角部位、机械开挖不到之处,应用少量人工配合清坡,将松土清至机械作业半径范围内,再用机械掏取运走。人工清土所占比例一般为 1.5%~4%,修坡以厘米作限制误差。大基坑宜另配一台推土机清土、送土和运土。

（4）挖掘机、运土汽车进出基坑的运输道路应尽量利用基础一侧或两侧相邻的基础（以后需开挖的）部位，使它互相贯通作为车道，或利用提前挖除土方后的地下设施部位作为相邻的几个基坑开挖地下运输通道，以减少挖土量。

（5）机械开挖应由深而浅，基底及边坡应预留一层150～300 mm厚土层由人工清底、修坡、找平，以保证基底标高和边坡坡度正确，避免超挖和土层遭受扰动。

（6）做好机械的表面清洁和运输道路的清理工作，以提高挖土和运输效率。

（7）基坑土方开挖可能影响邻近建筑物，管线安全使用时，必须有可靠的保护措施。

（8）机械开挖施工时，应保护井点、支撑等不受碰撞或损坏，同时应对平面控制桩、水准点、基坑平面位置、水平标高、边坡坡度等定期进行复测检查。

（9）雨期开挖土方时，工作面不宜过大，应逐段分期完成。如为软土地基，进入基坑行走需铺垫钢板或铺路基箱垫道。坑面、坑底排水系统应保持良好；汛期应有防洪措施，防止雨水浸入基坑。冬期开挖基坑，如挖完土后需隔一段时间再施工基础，则需预留适当厚度的松土，以防基土遭受冻结。

（10）当基坑开挖局部遇露头岩石时，应先采用控制爆破方法，将基岩松动、爆破成碎块，其块度应小于铲斗宽的2/3，再用挖土机挖出，这样可避免破坏邻近基础和地基；对于大面积较深的基坑，宜采用打竖井的方法进行松动、爆破，使一次就能基本上达到要求深度。此项工作一般在工程平整场地时预先完成。在基坑内爆破，宜采用打眼放炮的方法，采用多炮眼、少装药、分层松动爆破、分层清渣，每层厚1.2 m左右。

3.4.3　土方挖运施工机械选择

土方施工机械的选择要依据基础模式、工程规模、开挖深度、地质与地下水情况、土方量、运距、现场和机具设备条件、工期要求以及土方机械的特点等来决定。合理选择挖方机械，以充分发挥机械效率、节省机械费用、加速工程进度。

（1）当地形起伏不大、坡度在20°以内、挖填平整土方的面积较大、土的含水量适当、平均运距短（一般在1 km以内）时，采用铲运机较为合适。

（2）地形起伏较大的丘陵地带，一般挖土高度在3 m以上，运输距离超过1 km，工程量较大且又集中时，可采用下述三种方式之一进行挖土和运土：

①正铲挖土机配合自卸汽车进行施工。

②推土机将土推入漏斗，并用自卸汽车在漏斗下承土并运走。

③推土机预先把土推成一堆，再用装载机把土装到汽车上运走。

■ 3.5　土方开挖施工实例学习

3.5.1　工程概况

某别墅建设项目，占地面积约为17万 m²，为狭长形场地。区内共布置有148套独体别墅，建筑总面积约为8万 m²。区内每栋别墅依山势而建，错落有致，为典型的山地群别墅建筑。

基础采用天然地基浅基础,局部采用预应力管桩,结构为框架结构。场地规划总占地面积约为 8.8 万 m²,总建筑面积约为 5.4 万 m²。场地东西方向跨长约 360 m,南北方向跨长约 610 m。标高采用 1985 年国家高程系统,坐标采用南海独立坐标系统。

3.5.2　工程地质条件

3.5.2.1　岩土结构概况

根据《××小区工程岩土工程勘察报告》,拟建场地可能涉及土方开挖的土层由上至下依次为:素填土→粉土、粉质黏土→淤泥、淤泥质土→粉土、粉质黏土→残积粉土、残积粉质黏土→全风化岩带→强风化岩带→中风化岩带→微风化岩带。

3.5.2.2　水文地质概况

(1)场地地下水区内地下水主要为第四系松散土层孔隙水和砂砾岩风化裂隙水,为潜水—承压水,均与地表水有较密切的水力联系。地下水补给来源主要为大气降水、侧向径流渗透补给。第四系松散土层中的中砂为强透水层,含水较丰富,其余黏性土层属弱透水层;全风化、强风化砂砾岩透水性弱,富水性弱。勘察期间测得地下水位为 0.20~5.50 m,水位随地形起伏。

(2)土的腐蚀性根据初步勘察资料的土腐蚀性分析:场地环境类别属Ⅱ类,砂层属中—强透水层,场地土对混凝土结构无腐蚀性,对钢筋混凝土结构中的钢筋无腐蚀性,对钢结构无腐蚀性。

3.5.3　土方开挖方案

3.5.3.1　开挖形式及开挖内容

本工程采用反铲挖掘机进行土方开挖、人工配合清土。首先根据项目总平面图投放出建筑物四周边框线,再根据项目的园林设计规划进行第一次土方开挖(又称大土开挖)。大土开挖包括的内容有:

(1)建筑物地下室部位基础的土方按照建筑物边线往外扩 2 500 mm 开挖至基础面及地梁顶标高处。

(2)建筑物车库一侧与路边之间土方开挖至路面标高。

(3)下沉庭院的土方开挖至地下室底板面标高。

然后进行第二次土方开挖(又称承台基础开挖)。承台基础开挖的主要内容是建筑物基础、承台的开挖(挖掘机开挖至基础底设计标高以上 200 mm,再人工挖至基础底设计标高)。

3.5.3.2　土方转运

本工程土方转运由反铲挖土机装车,并由自卸汽车将土方外运。对于下坡户型单体,由于单体场地平基面低于道路标高 3 m 左右,自卸汽车无法由路边进出运土。为保证自卸汽车可以进入单体场地平基面进行土方的转运,在下坡户型单体一侧道路端头处修建土斜坡以供自卸车的行驶,并于场地平基面用压路机及挖掘机平整一条临时土通道。临时道路设置及转运图如图 3-31 所示。单体开挖出的土方由挖土机装入驶入场地平基面内的自卸车运走。

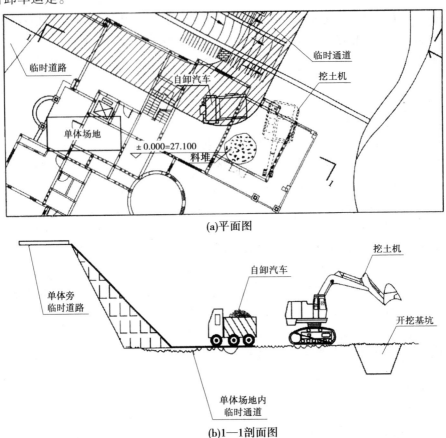

(a)平面图

(b)1—1剖面图

图 3-31　临时道路设置及转运图

　　因本工程单体施工恰处于雨季,为保证工期的按时完成,经与甲方工程师协商后决定雨停后亦进行土方的开挖及转运。但由于下坡户型单体多数为桩基础,场地表层均为回填土,其土质松软、泥泞,自卸汽车(15 t)无法进入单体平基面基坑开挖位置进行装土,因此自卸汽车只能停靠在下坡户型单体旁场内临时道路上,并由 2 台挖土机进入场地泥泞区域进行转土,并最终装入停靠在道路上的自卸汽车运走(见图 3-32)。转运土方中50%为淤泥质土,50% 为一、二类土,运距5 km。

3.5.3.3　开挖顺序及堆土点

　　本工程土方的开挖顺序必须严格遵守施工计划。先开挖第一阶段的户型,再开挖第二、三施工阶段的户型,具体开挖顺序应根据现场实际情况进行调整。

　　应根据施工段数安排足够数量的挖掘机,保证大土开挖与承台基础开挖流水作业。开挖出来的土方用反铲挖土机装车、由自卸汽车运输到甲方指定的位置堆放。为保证土方堆场的合理利用,采用推土机及挖土机对土方堆场进行土方推平及修整。

3.5.3.4　边坡防护的方案选择

　　本工程大土开挖的边坡防护采用自然放坡的形式。由于场内存在桩基础及天然基础

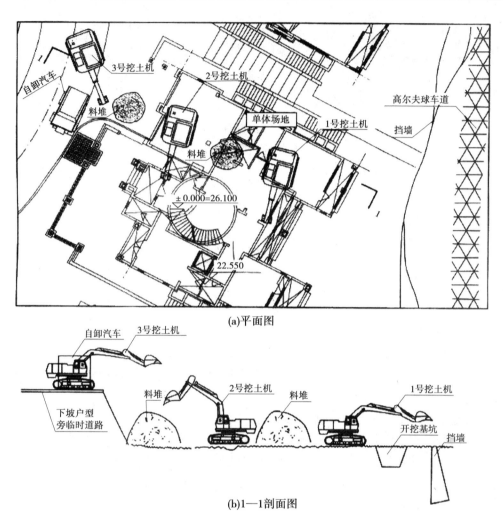

(a)平面图

(b)1—1剖面图

图 3-32 雨后单体土方转运示意图

多种土质,不同类型土质采用不同放坡系数,具体如下:

（1）对于桩基础,场地地表多为回填土或耕植土,稳定性较差,为保证边坡的安全,放坡系数考虑按 1:1 选取。

（2）对于天然基础,土质较好,考虑采用 1:0.5 的放坡系数进行开挖。

3.5.3.5 排水措施

施工现场排水主要采用自然明排水的方式（见图 3-33）。为了避免现场出现积水现象,可沿着道路两边修筑排水沟,使场地及马路上的积水迅速流入排水沟,并沿马路向地势低的位置汇集,流入场内已有排洪水井或经沉沙后排入水库。为了避免雨天雨水流入基础,在基坑的四周砌筑 300 mm 高的砌体挡水坎,并用彩条布对基坑的四周进行遮盖保护。基坑内设置 $0.5\ m\times0.5\ m\times0.5\ m$ 的集水井,用泵抽方式将坑内雨水排到附近的排水沟或者集水井。

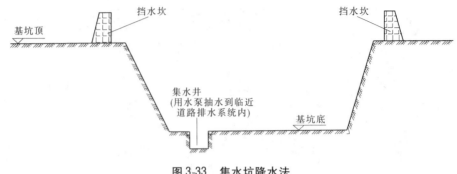

图 3-33　集水坑降水法

3.5.4　土方开挖施工

3.5.4.1　测量

根据南海独立坐标系、黄海高程系,按建筑物总平面要求引测到现场。在工程施工区域内设置好测量控制网,在各方格点上做控制桩,进行土方工程的测量定位放线,放出基础承台挖土灰线、地下室底板上部边线、底部边线和水准标志,灰线核实无误后进行基坑开挖。

3.5.4.2　现场准备

(1)土方开挖前,应将施工现场内的地下、地上障碍物清除和处理完毕;桩基应施工完毕且通过验收(部分单体)。

(2)地表面已清理平整,场内临时道路已接通。

(3)必须检查建筑物位置的标准轴线桩、定位控制桩、标准水平桩及灰线尺寸。

(4)施工场地应根据需要安设照明设施,在危险地段设置明显标志。

(5)安设施工用电、排水设备。

3.5.4.3　人员准备

挖土时需工人配合,如人工清运土方、砖胎模砌筑、混凝土垫层浇筑等。由于本工程为大面积土方开挖和多台机械同时开挖,为满足施工需要,现场管理人员配备不少于10名,现场测量人员配备10名,以便随时监控现场标高。

3.5.4.4　土方开挖施工机械配备

土方开挖施工机械配备见表3-6。

表 3-6　土方开挖机械配备

序号	名称	规格	数量(台)	说明
1	反铲挖土机	1 m^3	8	根据工程量随时调整,以满足挖土需要
2	小型挖土机	0.3 m^3	8	根据工程量随时调整,以满足挖土需要
3	潜水泵	5 kW	20	根据工程量随时调整
4	手推车	0.1 m^3	30	用于人工清运土方
5	自卸汽车	20 m^3	16	根据工程量随时调整,以满足挖土需要

3.5.4.5 土方开挖

1. 工艺流程

1）桩基础

桩基础工艺流程如下：

测量放线→土方开挖→承台、基础开挖→基坑验槽→浇筑基础混凝土垫层→砖胎膜砌筑→基础钢筋绑扎→基础混凝土浇筑→砌筑柱子、地梁砖胎膜→基础土方回填→地下室底板垫层浇筑→钢筋绑扎→剪力墙吊模支设→地下室底板混凝土浇筑→非地下室梁柱、地下室结构施工→地下室侧墙模板拆除、清理→上部结构施工。

2）天然基础

天然基础工艺流程如下：

测量放线→大土开挖→基础、地梁开挖→基坑验槽→浇筑基础、地梁混凝土垫层→砖胎膜砌筑→基础钢筋绑扎→基础混凝土浇筑→地下室范围短柱、矮墙模板支设及混凝土浇筑→地梁面砌砖至填土面→地下室范围内土方分层夯实（300 mm 一层）回填（至 $H-0.22$）（m）→搭设首层结构架体及模板支设→首层钢筋绑扎及混凝土浇筑→地下室侧墙模板拆除、清理→上部结构施工。

2. 施工要点

1）天然基础开挖要点

对于下坡户型,首先由单体场地标高整体（地下室范围外扩 2 500 mm）开挖至地下室基础底（相对底标高的基础）标高处,然后进行基础底标高低于大面开挖标高基础土方的单独开挖,如图 3-34 所示。

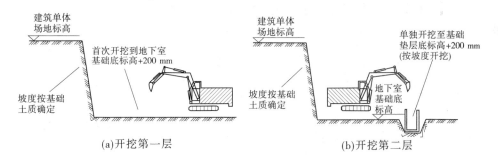

(a)开挖第一层   (b)开挖第二层

图 3-34 下坡户型开挖示意图

对于上坡户型,首先是整体（地下室范围外扩 2 500 mm）开挖至基础面标高,并根据园林景观图纸将下沉庭院范围及车库一侧与道路中土方开挖至基础面标高;其次是进行独立基础及条形基础的开挖。具体开挖工程如图 3-35 所示。

2）高低跨相邻承台基础开挖处理

对于地下室范围外首层基础,由于平基时超挖,因此若地下室范围外基础与地下室基础出现高低跨,开挖时不得挨着较高承台处进行开挖,以免造成该处基础持力层的破坏进而影响到结构安全,如图 3-36 所示。

3）各基础及侧墙操作面的规定

为满足施工操作的要求,考虑今后侧墙脚手架的搭设问题,从场地表面到地下室基坑

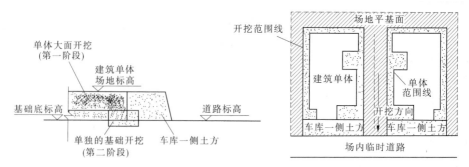

图 3-35　上坡户型开挖示意

的开挖宽度应为基础的宽度加脚手架操作空间(每边预留 1.6 m),如图 3-37 所示。

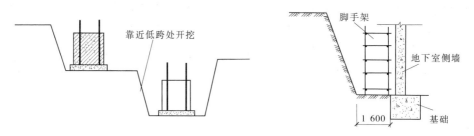

图 3-36　高低相邻跨承台基础开挖　　　　　图 3-37　基础宽度控制

对于从地下室基坑到承台基础的开挖部分,开挖宽度为基础宽度加砖胎模宽度及操作宽度(每边预留 1 000 mm)。另外,如果相邻两个(或更多)基础边线距离小于 1 m,该部分基础将被视为一个大基础进行整体开挖,如图 3-38 所示。

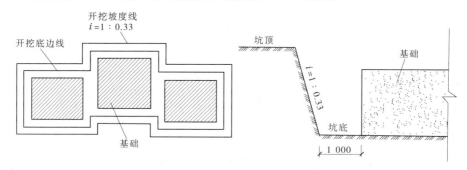

图 3-38　基坑坡度和宽度控制

为保证土方不超挖(超宽),开挖前需先对各个承台、地下室边线位置撒白灰线定位。

4)桩基开挖要点

为保证桩基基础部分单体的施工质量及进度,在场地移交时,桩基施工单位须提供"三图一要点":各栋桩位编号图、送桩记录、竣工桩位图、接桩标准。

由于本工程的桩基为 DN300(400)的预应力管桩,在开挖时容易被碰撞而出现桩身倾斜、桩身破裂、桩头破碎,所以在开挖时必须加强对基桩的保护,防止基桩被破坏。

根据以往分区的经验,开挖时可能会遇到一些原来基桩施工时已破裂或折断的桩,在此要求现场相关人员遇到此类桩时及时上报给甲方、监理,待处理后再进行开挖。

对于低桩(桩顶实际标高比设计标高低),需将施工方对桩顶标高的测量记录资料及时上报给监理签字确认。经甲方设计师及监理工程现场确认后协商解决办法,由设计院或甲方发出变更通知单或由施工方负责上报联系单确认施工措施,保证各单体基础不受影响。

桩基础的土方开挖必须在锯桩及时跟进的情况下,才能缩短开挖时间和保证桩基的安全(由于挖机的旋转半径很大)。桩基础土方开挖的顺序是先进行大土开挖,开挖至底板垫层处,再开始锯桩,然后进行桩基础开挖。挖掘机开挖至设计标高加 20 cm 处,再由人工清土至设计标高。为了保证桩的安全性,挖掘机的挖斗必须离桩有 20 cm 的间距。

由于本次开挖所用的挖掘机的挖斗均为 1 m 宽,为保护基桩不被碰坏,挖斗与桩身的距离不得小于 200 mm,所以承台开挖的宽度需大于或等于桩距加上 1.2 m(单边),如图 3-39 所示。

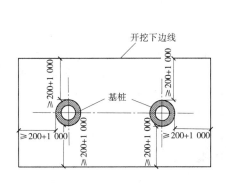 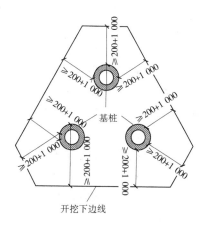

图 3-39　承台桩基布置

同时,为满足施工操作的要求,基坑底面的开挖宽度不得小于基础或地梁的宽度加工人操作空间(每边预留 1 m)。

为保证基坑的安全,开挖的边坡除严格按 1:1 要求放坡外,开挖时或基坑内作业时尚需密切监视基坑边坡情况,防止塌陷等情况的出现。

练习题

一、填空题

1. 推土机一般可开挖(　　)类土,运土时的最佳运距为(　　)m。

2. 反铲挖土机的开挖方式有(　　)开挖和(　　)开挖两种,其中(　　)开挖的挖土深度和宽度较大。

3. 铲运机工作的开行路线常采用(　　)和(　　)两种。

4. 机械开挖基坑时,基底以上应预留 200～300 mm 厚土层由人工清底,以避免

(　　　)。

5.基坑挖好后应紧接着进行下一工序;否则,基坑底部应保留(　　　)mm厚原土作为保护层。

6.土方边坡的坡度是指(　　　　　)与(　　　　　)之比。

7.铲运机适用于(　　)类土,且地形起伏不大的(　　　　)场地的平整施工。

二、单项选择题

1.在基坑的土方开挖时,不正确的说法是(　　　)。

　　A.当边坡陡、基坑深、地质条件不好时,应采取加固措施

　　B.当上质较差时,应采用"分层开挖,先挖后撑"的开挖原则

　　C.应采取措施,防止扰动地基土

　　D.在地下水位以下的土,应经降水后再开挖

2.场地平整前的首要工作是(　　　)。

　　A.计算挖方量和填方量　　　　　　　B.确定场地的设计标高

　　C.选择土方机械　　　　　　　　　　D.拟订调配方案

3.在场地平整的方格网上,各方格角点的施工高度为该角点的(　　　)。

　　A.自然地面标高与设计标高的差值　　B.设计标高与自然地面标高的差值

　　C.挖方高度与设计标高的差值　　　　D.自然地面标高与填方高度的差值

4.某场地平整工程,运距为100~400 m,土质为松软土和普通土,地形起伏坡度在15°以内,适宜使用的机械为(　　　)。

　　A.正铲挖土机配合自卸汽车　　　　　B.铲运机

　　C.推土机　　　　　　　　　　　　　D.装载机

5.正铲挖土机适宜开挖(　　　)。

　　A.停机面以上一至四类土的大型基坑　B.独立柱基础的基坑

　　C.停机面以下一至四类土的大型基坑　D.有地下水的基坑

6.反铲挖土机的挖土特点是(　　　)。

　　A.后退向下,强制切土　　　　　　　B.前进向上,强制切土

　　C.后退向下,自重切土　　　　　　　D.直上直下,自重切土

7.采用反铲挖土机开挖深度和宽度较大的基坑,宜采用的开挖方式为(　　　)。

　　A.正向挖土、侧向卸土　　　　　　　B.正向挖土、后方卸土

　　C.沟端开挖　　　　　　　　　　　　D.沟侧开挖

8.适用于河道清淤工程的机械是(　　　)。

　　A.正铲挖土机　　　　　　　　　　　B.反铲挖土机

　　C.拉铲挖土机　　　　　　　　　　　D.抓铲挖土机

9.抓铲挖土机适用于(　　　)。

　　A.大型基坑开挖　　　　　　　　　　B.山丘土方开挖

　　C.软土地区的沉井开挖　　　　　　　D.场地平整挖运土方

10.开挖20 m长、10 m宽、3 m深的基坑时,宜选用(　　　)。

　　A.反铲挖土机　　　　　　　　　　　B.正铲挖土机

C. 推土机   D. 铲运机

三、实践操作

1. 平面控制网测量、高程控制网测量、基础施工测量、基础结构施工测量。

2. 土方开挖施工仿真训练、施工方案编制。

学习项目 4　基坑工程施工

【学习目标】

(1)掌握集水井、轻型井点、喷射井点、深井井点、管井井点、电渗井点降水等降排水方法、适用范围、施工工艺。

(2)掌握土钉、锚杆施工等基坑支护施工工艺流程、质量检验以及安全措施编制技术。

(3)掌握常见坑槽验槽的内容、方法、工艺流程。

(4)结合实例学习掌握基坑支护施工方法、工艺过程、质量与安全措施编制技术。

4.1　基坑降排水施工

4.1.1　集水井降水法

集水井降水法如图 4-1 所示,它是利用基坑(槽)内的排水沟、集水井和抽水设备,将地下水从集水井中不断抽走的方法。排水沟、集水井一般在基坑两侧或四周布置。

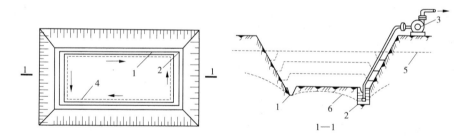

1—排水明沟;2—集水井;3—离心式水泵;4—设备基础或建筑物基础边线;
5—原地下水位线;6—降低后地下水位线

图 4-1　集水井降水法

排水沟、集水井应设在基础轮廓线外 0.4 m,沟边缘离开坡脚不宜小于 0.3 m;排水沟底宽不小于 0.3 m,沟底宜始终保持比挖土面低 0.3 ~ 0.5 m,沟底纵坡不宜小于 0.3%。

在基坑四角或每隔 30 ~ 50 m 设置一口集水井,集水井底面应比排水沟底低 0.5 m 以上,并随基坑的挖深而加深。集水井截面尺寸一般为 0.6 m × 0.6 m ~ 0.8 m × 0.8 m。当基坑挖至设计标高后,井底应低于坑底 1 ~ 2 m,并铺设 300 mm 碎石滤水层,以免在抽水时将泥沙抽出,并防止井底的土被搅动。

若基坑较深,当基坑开挖土层由多种土层组成,中部夹有透水性强的砂类土时,为防止上层地下水冲刷基坑下部边坡,宜在基坑边坡上分层设置明沟及相应的集水井,分层阻截地下水,如图4-2所示。

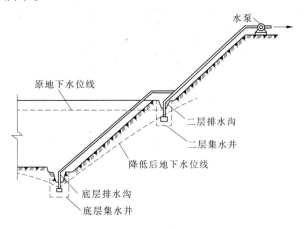

图4-2　分层明沟排水法

排水所用机具主要有离心泵、潜水泵和泥浆泵。选用水泵类型时,一般取水泵的排水量为基坑涌水量的1.5~2倍。一般的集水井设置口径50~200 mm的水泵即可。

集水井降水法施工方便,设备简单,降水费用低,管理维护较容易,应用最为广泛,适用于渗水量小的黏性土或碎石土、粗砂土。当土质为细砂或粉砂时,地下水在渗流时容易产生流砂现象,从而增加施工困难,此时可采用井点降水法施工。

4.1.2　井点降水法

井点降水法是指在基坑开挖前,预先在基坑四周竖向埋设一定数量的井点管伸入含水层内,与连接管、集水总管连接,再与真空泵和离心水泵相连进行抽水,使地下水位降低到基坑底以下。

井点降水一般有轻型井点、喷射井点、深井井点、管井井点、电渗井点等。各种井点降水方法可以根据水文地质条件、基坑面积、开挖深度、土的渗透系数、要求降水深度、设备条件以及工程特点等按表4-1适用条件选用。

表4-1　井点降水方法及适用条件

方法名称	适用土体种类	土的渗透系数(m/d)	降水深度(m)
轻型井点	黏性土、粉土、砂土	0.1~50	3~6
多级轻型井点			6~12
喷射井点	黏性土、粉土、砂土	0.1~2	8~20
深井井点	粉土、砂土、碎石土	10~250	>15
管井井点	各种土体	1~200	3~5
电渗井点	淤泥质土	<0.1	宜配合其他降水方法使用

4.1.2.1　轻型井点

1.轻型井点构造

轻型井点降水主要设备由井点管、弯联管、集水总管及抽水设备等组成,如图4-3所示。

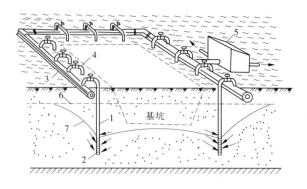

1—井点管;2—滤管;3—集水总管;4—弯联管;
5—水泵房;6—原有地下水位线;7—降低后地下水位线

图 4-3　轻型井点降低地下水位全貌图

井点管一般用直径 38 ~ 55 mm 的钢管(或镀锌钢管),长 5 ~ 7 m,管下端配有滤管和管尖。滤管通常采用长 1.0 ~ 1.5 m、直径 38 mm 或 50 mm 的无缝钢管,管壁钻有直径为 12 ~ 19 mm 的呈星棋状排列的滤孔,滤孔面积为滤管表面积的 20% ~ 25%。钢管外面包扎两层孔径不同的铜丝布或纤维布滤网,滤网外面再绕一层 8 号钢丝保护网,滤管下端为一锥形铸铁头。井点管距基坑顶边缘一般取 0.7 ~ 1.0 m,间距一般为 0.8 ~ 1.6 m,最大可达 2.0 m。

弯联管一般用塑料透明管、橡胶管或钢管制成,其上装有阀门,以便调节或检修井点。

集总管一般用直径为 75 ~ 110 mm 的无缝钢管分节连接而成,每节长 4 m,每隔 0.8 ~ 1.6 m 设一个与井点管连接的短接头,按 2.5‰ ~ 5‰ 坡度坡向泵房。

抽水设备宜布置在地下水的上游,并设在总管的中部,抽水泵可采用真空泵。

2. 轻型井点布置

1) 井点管平面布置

根据基坑平面形状与大小、地质和水文情况、工程性质、降水深度等而定。当基坑 (槽) 宽度小于 6 m,且降水深度不超过 6 m 时,宜采用单排线状井点(见图 4-4),布置在地下水上游一侧,两端延伸长度以不小于基坑宽为宜;当基坑(槽)宽度大于 6 m 或土质

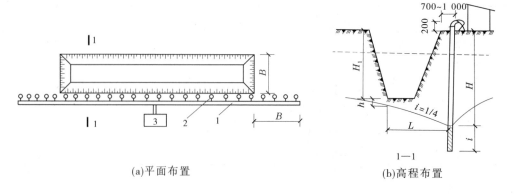

(a)平面布置　　　　　　　　　　　(b)高程布置

1—集水总管;2—井点管;3—抽水设备

图 4-4　单排线状井点布置简图

不良时,宜采用双排线状井点(见图 4-5),布置在基坑(槽)的两侧;当基坑面积较大时,宜采用环状井点(见图 4-6)。考虑到施工设备出入基坑,出入口可不封闭,做成 U 形,开口间距可达 4 m,开口宜在地下水下游方向。

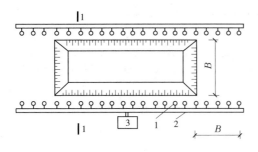

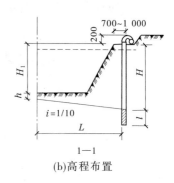

|（a）平面布置|（b）高程布置|

1—井点管;2—集水总管;3—抽水设备

图 4-5　双排线状井点布置简图

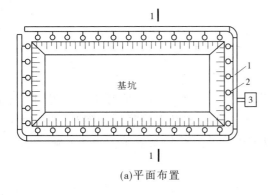

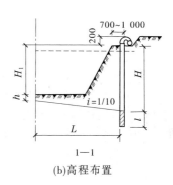

|（a）平面布置|（b）高程布置|

1—井点管;2—集水总管;3—抽水设备

图 4-6　环状井点布置简图

2)井点管竖向布置

井点管的埋置深度应根据降水深度及含水层所在位置决定,必须将滤水管埋入含水层内,如图 4-7(a)所示。井点管的埋置深度(不包括滤管)一般可按式(4-1)计算:

$$H \geqslant H_1 + h + iL \qquad (4\text{-}1)$$

式中　H——井点管的埋置深度,m;

　　　H_1——井点管埋设面至基坑底的距离,m;

　　　h——降低后地下水位至基坑中心点的距离,一般为 0.5 m;

　　　L——井点管中心至基坑中心短边距离,m;

　　　i——降水曲线坡度,双排线状或环状井点可取 1/15 ~ 1/10,单排线状井点可取 1/5 ~ 1/4。

此外,确定井点管埋设深度时,应注意计算得到的 H 应小于水泵的最大抽吸高度,还要考虑到井点管要露出地面 0.2 ~ 0.3 m。

根据上述计算出的 H,如果小于降水深度 6 m,则可用一级井点;H 值稍大于 6 m 时,如果设法降低井点总管的埋设面后可满足降水要求,仍可采用一级井点。当一级井点系统达不到降水深度要求时,可采用二级井点,即先挖去第一级井点所疏干的土,再在其底部装置第二级井点,如图 4-7(b)所示。

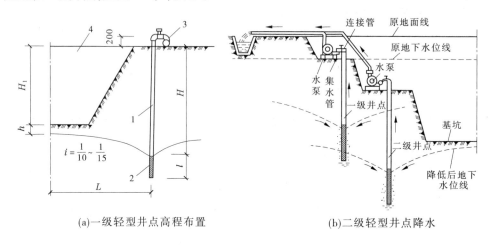

(a)一级轻型井点高程布置　　　　　　　　(b)二级轻型井点降水

1—井点管;2—滤水管;3—集水总管;4—基坑

图 4-7　轻型井点竖向布置

3. 轻型井点计算

轻型井点计算的主要内容包括:根据确定的井点系统的平面和竖向布置图计算井点系统涌水量,进行单根井点管的最大出水量计算,确定井点管数量和间距,选择抽水系统(抽水机组、管路)的类型、规格和数量以及进行井点管的布置等。由于不确定的因素较多,计算的数值为近似值。

1)涌水量计算

井点系统的涌水量计算是以水井理论为依据进行的。在计算系统涌水量时,首先要判定水井的类型。

根据井底是否达到不透水层,水井分为完整井和非完整井(井底达到不透水层的称为完整井,否则为非完整井)。根据地下水有无压力,水井分为承压井和无压井(水井布置在地下两层不透水层之间的含水层时,地下水面具有一定的水压,称为承压井;水井布置在具有潜水自由面的含水层时,地下水面为自由水面,称为无压井)。由此,水井可分为:无压完整井、无压非完整井和承压完整井、承压非完整井。

目前各类水井的计算方法都是以法国水力学家裴布依(Dupuit)的水井理论为基础的,其中无压完整井的理论较为完善。

(1)无压完整井环状井点系统涌水量计算。

无压完整井的环状井点系统(见图 4-8(a)),涌水量计算公式为

$$Q = 1.366K \frac{(2H - S)S}{\lg R - \lg x_0} \tag{4-2}$$

式中　Q——井点系统的涌水量,$\mathrm{m^3/d}$;

K——含水层土的渗透系数,m/d,可参考表2-2取值,最好通过现场抽水试验确定;

H——含水层的厚度,m;

S——水位降低值,m;

R——抽水影响半径,m,最好通过现场抽水试验确定,也可按式(4-3)计算;

x_0——环状井点降水的假想半径,m,可按式(4-4)计算。

$$R = 1.95S\sqrt{HK} \tag{4-3}$$

$$x_0 = \sqrt{\frac{F}{\pi}} \tag{4-4}$$

式中　F——环状井点系统所包围的面积,m^2。

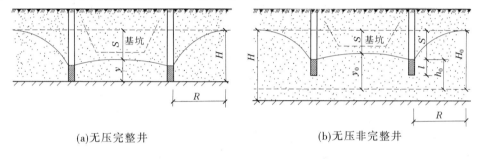

(a)无压完整井　　　　　　　　　　　　(b)无压非完整井

图4-8　无压环状井点涌水量计算简图

(2)无压非完整井环状井点系统涌水量计算。

在实际工程中,经常遇到无压非完整井的井点系统(图4-8(b)),这时地下水不仅从井的侧面流入,还从底部渗入,因此涌水量较完整井大。为了简化计算,对环状井点系统仍可采用式(4-2),但此时式中H应换算为有效含水深度(抽水影响深度)H_0,即

$$Q = 1.366K\frac{(2H_0 - S)S}{\lg R - \lg x_0} \tag{4-5}$$

式中,$R = 1.95S\sqrt{H_0 K}$;Q、K、S、x_0含义同式(4-2);H_0可按表4-2计算确定,当$H_0 \geqslant H$时,取$H_0 = H$。

表4-2　有效抽水影响深度H_0值

$S'/(S' + l)$	0.2	0.3	0.5	0.8
H_0	$1.3(S' + l)$	$1.5(S' + l)$	$1.7(S' + l)$	$1.85(S' + l)$

注:S'为井点管中水位降落值,l为滤管长度。

(3)承压完整井环状井点系统涌水量计算。

对于含水层为均质的承压完整井,其涌水量计算公式为

$$Q = 2.73K\frac{MS}{\lg R - \lg x_0} \tag{4-6}$$

式中　M——承压水含水层厚度,m;

　　　Q、K、S、R、x_0含义同式(4-2)。

(4)承压非完整井环状井点系统涌水量计算。

对于含水层为均质的承压非完整井,其涌水量计算公式为

$$Q = 2.73K \frac{MS}{\lg R - \lg x_0} \sqrt{\frac{M}{l_0 + 0.5x_0}} \sqrt{\frac{2M - l_0}{M}} \tag{4-7}$$

式中　l_0——井点进入承压水含水层的长度,m;

其他符号含义同前。

采用式(4-2)~式(4-7)计算轻型井点系统涌水量时,首先应确定井点系统布置方式和基坑计算图形面积。当矩形基坑的长宽比 >5 或基坑宽度大于抽水影响半径的 2 倍时,需将基坑划分为若干计算单元,然后分别计算各单元的涌水量和总涌水量。

2)单根井点管的最大出水量计算

单根井点管的最大出水量取决于滤管的构造、尺寸,以及滤管所在土层的渗透系数。其计算公式如下

$$q = 65\pi d l \sqrt[3]{K} \tag{4-8}$$

式中　q——单根井点管的最大出水量,m^3/d;

d——滤管直径(内径),m;

l——滤管长度,m;

K——土的渗透系数,m/d。

3)井点管数量和间距的确定

(1)井点管数量。根据井点系统涌水量 Q 和单根井点管的最大出水量 q,可求得井点管的最少根数 n,按式(4-9)计算:

$$n = mQ/q \tag{4-9}$$

式中　m——备用系数,考虑井点管堵塞等因素,取1.1。

(2)井点管间距 D。

$$D = L/n \tag{4-10}$$

式中　L——集水总管的长度,m;

n——井点管的最少根数,根。

井点管间距经计算确定后,布置时还应注意以下几点:

①井点管间距不能过小,否则彼此干扰大,出水量会显著减少,一般取滤管周长的 5~10倍。

②在基坑(槽)周围转角处和靠近地下水流方向一边的井点管应适当加密。

③采用多级井点降水时,下一级井点管间距应小于上一级井点管间距。

④井点管间距应与总管上短接头间距相适应(如0.8 m、1.2 m、1.6 m、2.0 m)。

4)抽水设备选择

轻型井点抽水设备的选择主要是真空泵和离心泵。

(1)真空泵的选用。轻型井点中常用干式真空泵,主要有 W5、W6 型,一般根据集水总管的长度选用。当总管长度≤100 m 时,选用 W5 型;当总管长度≤120 m 时,选用 W6 型。此外,还应满足抽水过程中所需的最低真空度要求。最低真空度 h_k 可由降水深度和水头损失计算得出,即

$$h_k = (h' + \Delta h)g \qquad (4-11)$$

式中　h_k——所需真空泵的最低真空度,Pa;

h'——降水深度,近似取井点管长度,m;

Δh——水头损失值,包括滤管的水头损失、管道阻力、漏气损失等,近似取 1.0 ~ 1.5 m。

（2）离心泵的选用。主要根据井点系统涌水量和吸水扬程而定。水泵的抽水流量应比井点系统的涌水量增大 10% ~ 20%;水泵的总扬程为吸水扬程与出水扬程之和,出水扬程包括实际出水扬程及水头损失（可近似取实际出水高度的 15% ~ 20%）。

一般情况下,一套抽水设备配备两台离心泵,既可轮换备用,又可在土的渗透系数及涌水量较大时同时使用。

4. 轻型井点施工

轻型井点的施工一般包括准备工作、井点系统的安装、轻型井点的使用及轻型井点系统的拆除。

1）准备工作

准备工作主要包括材料、井点设备和水、电设施的准备,排水沟的开挖,附近建筑物的标高观测以及防止沉降措施的实施。

2）轻型井点系统的安装

轻型井点系统的安装程序:排放总管→埋设井点管→用弯联管连接井点管与总管→安装抽水设备。

井点管的埋设是轻型井点系统安装的关键工作,埋设方法有:射水法、套管法、钻孔法和冲孔法等。

3）轻型井点的使用

轻型井点系统安装完毕后,应进行试抽水,以检查设备运转是否正常,有无漏气、堵塞等现象。如有异常情况,应检修好后方可使用。

轻型井点使用时,应保证连续抽水。若时抽时停,易造成滤网堵塞,出水浑浊,甚至引起附近建筑物由于土粒流失而沉降、开裂,同时可能使地下水回升,造成边坡塌方等事故。在抽水过程中,应调整离心泵出水阀以控制出水量,使抽吸排水均匀,细水长流。

抽水过程中,要做好检查工作。要经常检查真空泵的真空度,若真空度 < 55.3 kPa,说明漏气严重,应及时检查并采取措施。同时,应检查有无堵塞的"死井",可采用"一看二摸"的方法。一般正常的出水规律是"先大后小,先浑后清",工作正常的井管,手摸弯联管应无振动且井管有冬暖夏凉的感觉。若"死井"过多,影响降水效果,则应逐根用高压水反向冲洗或拔出重埋。

井点降水会引起附近地面沉降,甚至使土层产生不均匀沉降,可能造成附近建筑物的倾斜或开裂。所以,在采用轻型井点降水时,应对附近建筑物进行沉降观测,必要时可在降水区与建筑物之间设置止水帷幕或采用回灌井点等防护措施。

4）井点系统的拆除

在地下结构工程完工,且基坑回填土后,井点系统方可拆除。井点管可采用倒链或起重机拔出,所留孔洞必须用砂或黏土填实。当地基有防渗要求时,地面下 2 m 范围内必须用黏土填实。

5. 轻型井点降水设计实例

某厂房设备基础施工,基坑底宽 10 m、长 14 m、深 4.5 m,挖土边坡为 1∶0.5。基坑平、剖面示意图如图 4-9 所示。经地质勘测查明,天然地面以下为 1.5 m 的亚黏土层,其下为 7.5 m 厚的细砂层,再下面为不透水的黏土层。自然地面标高为 +0.500 m,地下水位标高为 -1.000 m。经现场实测细砂层的渗透系数 $K = 5$ m/d,决定采用轻型井点降低地下水位,试进行井点系统设计。

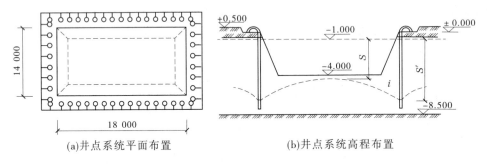

(a)井点系统平面布置   (b)井点系统高程布置

图 4-9   基坑平、剖面示意图

1)井点系统布置

(1)平面布置。

为使总管接近地下水位,将总管埋设在地面下 0.5 m 处,即先挖 0.5 m 的土层,在 ±0.000 标高处铺设总管,则基坑上口平面尺寸为 14 m×18 m,拟定井管距基坑边缘 1 m,井点管所围成的平面面积为 16 m×20 m。由于基坑长宽比小于 5,且基坑宽度小于 2 倍的抽水影响半径 R(见后面计算),故按环状井点布置。总管选用直径 100 mm,其长度为 $L = 2 \times (16 + 20) = 72 (\text{m})$。

(2)高程布置。

拟定采用一级轻型井点降水,井点管的要求埋设深度 $H_{\text{埋}}$ 为

$$H_{\text{埋}} \geqslant H_1 + h + iL = 4 + 0.5 + \frac{1}{10} \times \frac{16}{2} = 5.3 (\text{m})$$

选用长 6 m、直径 38 mm 的井点管和长 1 m、直径 38 mm 的滤管,井点管埋设露出地面 0.2 m。则井点管的埋设深度为 $6 - 0.2 = 5.8 (\text{m}) > H_{\text{埋}}$。基坑中心降水深度 $S = 4 - 1 + 0.5 = 3.5 (\text{m})$。因此,高程布置符合降水要求。

2)井点系统涌水量计算

由于井管埋入土层深度为 $6 - 0.2 + 1 = 6.8 (\text{m})$,滤管底距不透水层为 1.7 m,故该井点系统为无压非完整井环状井点系统,可按式(4-5)计算。

(1)确定有效深度 H_0,可根据表(4-5)计算。

由于 $\dfrac{S'}{S' + l} = \dfrac{4.8}{4.8 + 1} = 0.83$,则 $H_0 = 1.85 (S' + l) = 1.85 \times (4.8 + 1) = 10.73 (\text{m})$

由于实际含水层厚度 $H = 7.5$ m $< H_0$,则取 $H_0 = H = 7.5$ m。

(2)渗透系数 K:已由现场测定 $K = 5$ m/d。

（3）$R = 1.95S\sqrt{H_0 K} = 1.95 \times 3.5 \times \sqrt{7.5 \times 5} = 41.79$（m）。

（4）$x_0 = \sqrt{\dfrac{F}{\pi}} = \sqrt{\dfrac{16 \times 20}{3.14}} = 10.10$（m），则 $Q = 1.366K\dfrac{(2H_0 - S)S}{\lg R - \lg x_0} = 1.366 \times 5 \times$

$\dfrac{(2 \times 7.5 - 3.5) \times 3.5}{\lg 41.79 - \lg 10.10} = 445.73$（m³/d）。

3）计算单根井点管出水量

单根井点管出水量为

$$q = 65\pi d\, l\sqrt[3]{K} = 65 \times 3.14 \times 0.038 \times 1 \times \sqrt[3]{5} = 13.26 \ (\text{m}^3/\text{d})$$

4）计算井点管数量和间距

井点管数量：　　　　$n = 1.1\dfrac{Q}{q} = 1.1 \times \dfrac{445.73}{13.26} = 37$（根）

间距：　　　　　　　$D = \dfrac{L}{n} = \dfrac{72}{37} = 1.95$（m）

取 $D = 1.6$ m，故井点管实际根数 $n' = \dfrac{72}{1.6} = 45$（根）。

5）选择抽水设备

（1）真空泵。抽水设备所带动的总管长度为 72 m，可选用 W5 型干式真空泵，所需最低真空度为（水头损失 Δh 取 1.2 m）：$h_k = (h' + \Delta h)g = (6 + 1.2) \times 9.8 \times 10^3 = 70\,560$（Pa）。

（2）水泵。

水泵所需流量：
$$Q_1 \geqslant 1.1Q = 1.1 \times 445.73 = 490.3 \ (\text{m}^3/\text{d}) = 20.43 \ \text{m}^3/\text{h}$$

水泵的吸水扬程：　　　　$H_s \geqslant 6.0 + 1.0 = 7.0$（m）

由于本工程出水高度低，水泵总扬程可不考虑。根据水泵所需的 Q_1 和 H_s，查《建筑施工手册》可选择 2B–31 型离心泵。

4.1.2.2　喷射井点

当基坑（槽）开挖较深，降水深度超过 6 m 时，采用一级轻型井点不能满足要求，若采用多级轻型井点，需要增加设备数量，基坑（槽）开挖面积和土方量也会增大，工期拖长，不够经济。此时，宜采用喷射井点降水，特别是在渗透系数为 0.1～2.0 m/d 的淤泥质土、粉砂土层中比较合适。喷射井点的降水深度可达 20 m。

喷射井点根据工作时所用喷射材料不同，可分为喷水井点和喷气井点两种。一般采用喷水井点，其设备主要由喷射井管、高压水泵和管路系统组成。喷射井管由内管和外管组成，在内管下端有喷射扬水器与滤管相连。工作时，启动高压水泵，高压水（0.7～0.8 MPa）经内外管之间的环形空间，再经扬水器侧孔流入喷嘴喷出，由于喷嘴处截面突然缩小，压力水以极高的流速（30～60 m/s）喷入混合室，造成负压，形成一定真空。此时，地下水经滤管被吸入混合室与压力水混合，然后进入扩散管，由于截面扩大，水流速度变小，压力增大，将地下水连同压力水一起沿内管上升经总管排出。

喷射井点的平面布置有单排布置（基坑宽度 ≤10 m）、双排布置（基坑宽度 >10 m）及环状布置(基坑面积较大时)三种,通常采用环状布置。每套喷射井点系统井管数不宜超过 30 根,井管间距一般采用 2 ~ 3 m。总管直径宜为 150 mm,井管外管直径宜为 73 ~ 108 mm、内管直径宜为 50 ~ 73 mm,滤管直径宜为 89 ~ 127 mm,井孔直径不宜大于 400 mm,扬水装置(喷射器)的混合室直径可取 14 mm,喷嘴直径可取 6.5 mm,工作水箱不应小于 10 m³。井点使用时,水泵的启动泵压不宜大于 0.3 MPa,正常工作水压为 0.25 P_0(扬水高度)。

每套喷射井点的井点数不宜超过 30 根,总管直径宜为 150 mm,总长不宜超过 60 m。每套井点应配备相应的水泵和进、回水总管。如果由多套井点组成环圈布置,各套进水总管宜用阀门隔开,自成系统。

喷射井点降水施工要点如下:

(1)喷射井点管埋设方法与轻型井点相同,为保证埋设质量,宜用套管法冲孔加水及压缩空气排泥,当套管内含泥量经测定小于 5% 时下井点管及灌砂,然后拔套管。对于深度大于 10 m 的喷射井点管,宜用吊车下管。下井点管时,水泵应先开始运转,以便每下好一根井点管,立即与总管接通(暂不与回水总管连接),然后及时进行单井试抽,测定井点管内真空度。待井点管出水变清后地面测定真空度不宜小于 93.3 kPa。

(2)全部井点管埋设完毕后,将井点管与回水总管连接并进行全面试抽,然后使工作水循环,进行正式工作。各套进水总管均应用阀门隔开,各套回水管应分开。

(3)为防止喷射器损坏,安装前应对喷射井点管逐根冲洗,开泵压力不宜大于 0.3 MPa,以后逐步加大开泵压力。如发现井点管周围有翻砂、冒水现象,则应立即关闭井点管进行检修。

(4)工作水应保持清洁,试抽 2 d 后应更换清水,此后视水质污浊程度定期更换清水,以减轻对喷嘴及水泵叶轮的磨损。

(5)利用喷射井点降低地下水位,扬水装置的质量十分重要。如果喷嘴的直径加工不精确,尺寸加大,则工作水流量需要增加,否则真空度将降低,影响抽水效果。如果喷嘴、混合室和扩散室的轴线不重合,不但降低真空度,而且由于水力冲刷导致磨损较快,需经常更换,影响降水运行的正常顺利进行。

(6)为防止产生工作水反灌,在滤管下端最好增设逆止球阀。当喷射井点正常工作时,芯管内产生真空,出现负压,钢球托起,地下水吸入真空室;当喷射井点发生故障时,真空消失,钢球被工作水推压,堵塞芯管端部小孔,使工作水在井管内部循环,不致涌出滤管产生倒涌现象。

4.1.2.3 管井井点

当土的渗透系数大($K > 10$ m/d)、地下水丰富时,可用管井井点(又称大口径井点)降水。由于管井井点排水量大、降水深,较轻型井点的降水效果好,故可代替多组轻型井点。

管井埋设的深度和距离根据需降水面积、深度及渗透系数确定,一般间距 10 ~ 50 m,最大埋深可达 10 m,管井距基坑边缘距离不小于 1.5 m(冲击钻成孔)或 3 m(钻孔法成孔),适用于降水深度 3 ~ 5 m、渗透系数为 20 ~ 200 m/d 的基坑中施工降水。管井井点设备简单,排水量大,易于维护,经济实用。如需降水深度较大,可采用深井井点,适用于降

水深度>15 m、渗透系数为10～250 m/d的基坑。

1. 管井井点系统主要设备

管井井点由滤水井管、吸水管和水泵组成,如图4-10所示。

(1)滤水井管。是指井管部分用直径200 mm以上的钢管或竹、木、混凝土、塑料等材料制成的管。过滤部分可用钢筋焊接骨架,外缠镀锌铁丝,并包孔眼为1～2 mm的滤网,长2～3 m,可用无砂混凝土管。

(2)吸水管。可用直径50～100 mm的胶皮管或钢管,其底部装有逆止阀。吸水管插入滤水井管,长度应大于抽水机械抽吸高度。

(3)水泵。一般每个管井装置一台水泵,常用潜水泵。也可采用离心泵,但离心泵抽水深度小(一般只有6 m),开泵前须灌满水才能进行,施工不方便。

2. 管井布置及埋设

管井井点沿基坑外围每隔一定距离(10～50 m)设置一口井。井中心距地下构筑物边缘的距离依据所用钻机的钻孔方法而定:当采用泥浆护

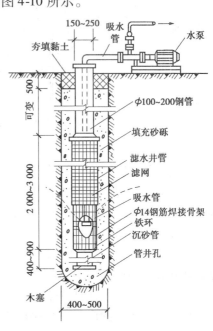

图4-10 管井井点构造

壁套管法时不小于3 m;当采用泥浆护壁冲击式钻机成孔法时为0.5～1.0 m。钻孔直径应比滤管外径大200 mm以上。管井下沉前应清洗,并保持滤网的通畅,滤水井管放于孔中心,下端用圆木堵塞管口。井壁与孔壁之间用3～15 mm砾石填充做过滤层,地面下0.5 m内用黏土填充压实。

3. 井管的拔出

井管使用完毕,滤水井管可拔出重复使用。拔出方法是在井口周围挖深0.3 m,用钢丝绳将管口套紧,然后用起重机械将井管徐徐拔出,孔洞用砂砾填实,上部0.5 m用黏土填充夯实,滤水井管洗去泥沙后储存备用。

4.1.2.4 电渗井点

电渗井点是以井点管做阴极,打入的钢筋做阳极,通入直流电后,土颗粒自阴极向阳极移动,水则自阳极向阴极移动而被集中排出,如图4-11所示。该法常与轻型井点或喷射井点结合使用,适用于渗透系数很小的饱和黏性土、淤泥或淤泥质土中的施工降水。电渗井点施工方法简述如下:

(1)电渗井点埋设程序一般是先埋设轻型井点管或喷射井点管,预留出布置电渗井点阳极的位置,待轻型井点降水不能满足降水要求时,再埋设电渗阳极,以改善降水性能。

(2)电渗井点(阴极)埋设与轻型井点、喷射井点埋设方法相同。阳极埋设可用75 mm旋叶式电钻钻孔埋设,钻进时加水和高压空气循环排泥,阳极就位后,利用下一钻孔排出泥浆倒灌填孔,使阳极与土接触良好,减小电阻,以利电渗。如深度不大,亦可用锤击法打入。钢筋埋设必须垂直,严禁与相邻阴极相碰,以免造成短路,损坏设备。

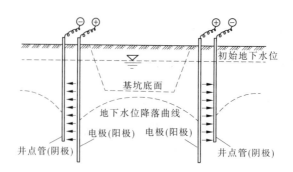

图 4-11　电渗井点降水示意图

（3）用直径 50～70 mm 钢管或直径 25 mm 以上钢筋或铝棒做阳极,埋设在井点管内侧,并呈平行交错排列。阴、阳极的数量宜相等,必要时阳极数量可多于阴极数量。

（4）井点管与金属棒,即阴、阳极之间的距离,对于轻型井点为 0.8～1.0 m;对于喷射井点为 1.2～1.5 m;阳极外露于地面的高度为 200～400 mm,入土深度比井点管深 500 mm,以保证水位能降到要求深度。

（5）阴、阳极分别用 BX 型钢芯橡皮线或扁钢、钢筋等连成通路,并分别接到直流发电机的相应电极上通电时,工作电压不宜大于 60 V。土中电流密度宜为 0.5～1.0 A/m²。为避免大部分电流从土表面通过、降低电渗效果,可在阳极上部涂以沥青绝缘。

（6）通电时,为消除由于电解作用产生的气体积聚于电极附近,使土体电阻增大、增加电能消耗,宜采用间隔通电法,每通电 24 h,停电 2～3 h。

（7）在降水过程中,应对电压、电流密度、耗电量及预设观测孔水位等进行量测、记录。

4.1.2.5　深井井点

深井井点是在深基坑的周围埋设深入基底的井管,通过设置在井管内的潜水泵将地下水抽出,使地下水位低于坑底,属非真空抽水。该方法设备简单,降水深度可达 50 m,对平面布置干扰小,不受土层控制,但一次性投资大,成孔质量要求严格。适用于渗透系数较大(K = 10～250 m/d),地下水丰富的砂类土层,以及降水深、面积大、时间长等情况。

深井井点系统主要由井管和水泵组成。井管由滤水管、吸水管和沉砂管三部分组成,可用钢管、塑料管或混凝土管制成,管径一般为 300 mm,内径宜大于潜水泵外径 50 mm;水泵多采用深井潜水泵,每个井点设置一台。井管的埋设通常采用钻孔或水冲成孔,孔径应比井管直径大 300 mm,成孔后立即安装井管。井管宜深入透水层 6～9 m,一般比设计降水深度深 6～8 m,间距相当于埋深,多为 15～30 m 埋设一个深井井点。

■　4.2　基坑支护施工

基坑施工时,随着开挖深度的增加,边坡土体的稳定性会愈来愈差,再加上基坑周边堆载、动载、雨水、地下水等外界因素对边坡土体的影响,极易产生基坑土体位移、塌方和基坑周围建筑物、构筑物、管线的变形等危害。另外,随着高层及超高层建筑大批兴建,为了保证建筑的整体稳定以及充分开发地下空间,基础的埋深大大增加,基坑的开挖深度也相应增加。而在建筑物密集的城市,土地紧张,场地狭窄,很难放坡施工,尤其为了保证相邻建筑物地基的稳定和安全,必须针对不同的地质条件选用合适的支护结构,才能保证安全地进行深基础施工。因而,深基坑支护技术是深基础施工的关键。

深基坑支护的基本要求包括:

(1)确保支护结构能起挡土作用,基坑边坡保持稳定。

(2)确保相邻的建(构)筑物、道路、地下管线的安全,不因土体的变形、塌陷受到危害。

(3)通过排水、降水等措施,确保基础施工在地下水位以上进行。

截至目前,对深基坑的深度还没有统一明确的标准。太沙基、派克于1967年提出20英尺(约6.1 m)为深浅基坑的分界深度。国内一般认为,深基坑支护工程是指开挖深度超过5 m的基坑(槽)支护工程;或基坑虽未超过5 m,但地质条件和周围环境复杂、地下水位在坑底以上等工程。

根据《危险性较大的分部分项工程安全管理办法的通知》规定,深度超过5 m的深基坑支护应做专项设计。同时,《建设工程安全生产管理条例》第二十六条也规定,施工单位应对达到一定规模、危险性较大的分部分项工程(其中包括基坑支护与降水工程)编制专项施工方案,并附具安全验算结果,经施工单位技术负责人、总监理工程师签字后实施,由专职安全生产管理人员进行现场监督,施工单位还要组织专家进行论证、审查。深基坑支护方案的选择应根据基坑周边环境、土层结构、工程地质、水文情况、基坑形状、开挖深度、施工拟采用的挖方、排水方法、施工作业设备条件、安全等级和工期要求以及技术经济效果等因素加以全面综合地考虑而定。

深基坑支护结构包括承受水、土压力的围护墙(桩)结构体系和支撑(或土层锚杆)体系。封闭的支撑体系(或土层锚杆)和围护体系组成一个整体,共同承受土体的约束及荷载的作用。其中,围护墙(桩)主要有排桩墙、水泥土桩墙、土钉墙、地下连续墙等;支撑体系类型,按材料分有钢管支撑、型钢支撑、钢筋混凝土支撑等,按布置形式分为水平支撑体系和竖向、斜向支撑体系。

4.2.1　排桩墙施工

排桩墙支护结构是指钢筋混凝土预制桩和灌注桩、板桩(可采用钢板桩、预制钢筋混凝土板桩)等,以一定的排列方式组成的基坑支护结构。按受力特点又可分为悬臂式、拉锚式和内撑式。

4.2.1.1　钢筋混凝土排桩墙

钢筋混凝土排桩支护结构常采用灌注桩,具有施工无噪声、无振动、无挤土、刚度大、抗弯能力强、变形较小等特点,应用范围较广。多用于基坑侧面安全等级为一级、二级、三级,基坑深7～15 m的工程。在土质较好地区已有8～9 m的悬臂桩,软土地区多加设内支撑(或锚杆)。

排桩的布置形式与土质情况、土压力大小、地下水位的高低等有关。常用的布置排列形式有:

（1）柱列式排桩支护。当边坡土质较好、地下水位较低时，可利用土拱作用，以稀疏的灌注桩支挡边坡，如图 4-12(a)所示。

（2）连续排桩支护。在软土中一般不能形成土拱，支护桩应当连续密排（见图 4-12(b)）。密排的灌注桩可以相互搭接，或在桩身混凝土强度尚未形成时，在相邻桩之间做素混凝土树根桩将灌注桩连排起来，如图 4-12(c)所示。

（3）组合式排桩支护。在地下水位较高的软土地区，常用钻孔灌注桩排桩与水泥土防渗墙组合的形式，如图 4-12(d)所示。

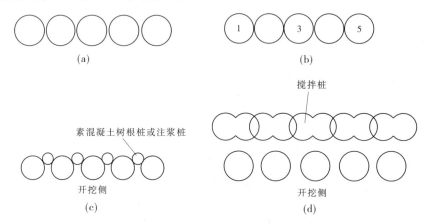

图 4-12　排桩围护的形式

钢筋混凝土灌注桩的间距一般为 1.0 ～ 2.0 m，桩径为 0.5 ～ 1.1 m，埋深为基坑深度的 50% ～ 100%。桩配筋由计算确定，当采用构造配筋时，每根桩不少于 8 根，箍筋采用 φ8@100 ～ 200。

对于开挖深度不大于 6 m 的基坑，在场地条件允许的情况下，采用重力式深层搅拌水泥土桩墙较为理想。当场地受限制时，也可先用 φ600 密排悬臂钻孔桩，桩与桩之间可采用混凝土树根桩封严。对于开挖深度 6 ～ 10 m 的基坑，常采用 φ800 ～ 1 000 的灌注桩，后面加深层搅拌桩或注浆防水，并加设 2 ～ 3 道支撑，支撑设置的道数视土质情况、周围环境及围护结构变形要求等情况而定。对于开挖深度大于 10 m 的基坑，以往常采用地下连续墙设置多道支撑，虽然安全可靠，但价格昂贵。近年来常采用 φ800 ～ 1 000 大直径钻孔灌注桩代替地下连续墙，利用深层搅拌水泥土桩防水，多道支撑或中心岛施工法，这种围护结构已成功应用于开挖深度达到 13 m 的基坑。

排桩顶部设钢筋混凝土冠梁连接，冠梁宽度（水平方向）不宜小于桩径，冠梁高度（竖直方向）不宜小于 400 mm，排桩与冠梁的混凝土强度等级不宜小于 C20。当冠梁作为连系梁时按构造配筋。

基坑开挖后，排桩的桩间土防护可采用钢丝网混凝土护面、砖砌等处理方法。当桩间渗水时，应在防护面设置泄水孔。当坑底在地下水位以上且土质较好、暴露时间较短时，可不对桩间土进行防护处理。

有关钢筋混凝土灌注桩的施工工艺将在第 6 章中重点讲解，这里不再赘述。排桩墙的支撑体系在第 4.2.3 节中详细介绍。

4.2.1.2 板桩墙

板桩墙支护结构中,常采用的类型有预制钢筋混凝土板桩和钢板桩。

预制钢筋混凝土板桩常用矩形槽榫结合形式,如图4-13所示。顶部浇筑钢筋混凝土圈梁,中间设置支撑或拉锚。预制钢筋混凝土板桩施工简易,造价低廉,工程结束后不再拔出,但打桩时应当充分考虑对附近建筑物地基土的影响。

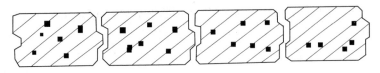

图4-13 钢筋混凝土板桩

钢板桩支护结构是将钢板桩打入土层构成一道连续的墙板,必要时设置支撑或拉锚,抵抗土压力和水压力以保持边坡的稳定。钢板桩承载力大,打设方便,施工速度快,可多次重复使用,综合成本较低,因而应用广泛。

常用钢板桩的类型有型钢桩加挡板、槽钢钢板桩和热轧锁口钢板桩。

(1)型钢桩加挡板的围护结构由工字钢(或H型钢)桩和横挡板组成,再加上围檩、支撑等形成支护体系。它适用于黏上、砂土等土质相对较好且地下水位较低的地基,水位高时要降水。施工时先按一定间距将型钢桩打入地基到预定深度,在挖土的过程中加插横挡板以挡土,施工结束后拔出型钢,在安全条件允许的情况下尽可能回收横挡板。

型钢桩加挡板的优点是桩可拔出,成本低,施工简便,但打、拔桩噪声大,拔桩后留下的孔洞要处理。

(2)槽钢钢板桩是一种简易的钢板桩围护墙,不能防渗,由槽钢并排或正反扣搭接组成,如图4-14所示。槽钢长6~8 m,多用于深度不超过4 m的基坑。

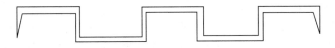

图4-14 槽钢钢板桩

(3)热轧锁口钢板桩由热轧型钢制成,用柴油机或震动打桩机(液压千斤顶)打(压)入地基,使其相互连接成钢板桩墙,用来挡土和挡水。常用的钢板桩截面形式有U形、Z形、一字形(直腹式),如图4-15所示。

(a)U形　　　　　　(b)Z形　　　　　　(c)一字形

图4-15 热轧锁口钢板桩截面形式

目前在基坑板桩支护中多采用钢板桩。

钢板桩的施工程序为:建筑物定位→板桩定位放线→挖沟槽→安装导向架→沉打钢

板桩→拆除导向架支架→在第一层支撑位置处开沟槽→安装第一层支架及围檩→挖第一层土→安装第二层支撑及围檩→挖第二层土→重复上述过程→安装最后一层支撑及围檩→挖最后一层土（至设计标高）→基础及地下室施工→逐层拆除支撑→回填土→拆除钢板桩。

1. 施工准备

（1）钢板桩的平面设置应便于基础施工，即在基础结构边缘外留有支、拆模板的余地。

（2）钢板桩的平面布置，应尽量平直整齐，避免不规则的转角，以便充分利用标准钢板桩和便于设置支撑。

（3）钢板桩施工前，应将桩尖处的凹槽底口封闭、锁口应涂油脂，用于永久性工程时应涂红丹防锈漆。

（4）施工前应对钢板桩进行检验。用于基坑临时支护的钢板桩，主要进行外观检验，包括表面缺陷、长度、宽度、厚度、高度、端头矩形比、平直度和锁口形状等必须符合钢板桩质量标准的要求，否则在打设前予以矫正。

（5）围檩支架安装。为保证钢板桩垂直打入和打入后的钢板桩墙面平直，应安装围檩支架。支架在平面上有单面和双面之分，在立面上有单层、双层和多层之分，一般常用的是单层双面围檩支架。支架材料可用 H 型钢、工字钢、槽钢和木材等，支架长度可根据需要和考虑周转而定。

2. 打桩机械的选择

钢板桩的打桩机械与其他桩施工类似，可用落锤、蒸汽锤、柴油锤或振动锤等，但以选用三支点导杆式履带打桩机较为适宜。锤重一般以钢板桩重量的 2 倍为宜，为保护桩顶免遭损坏，在桩锤和钢板桩之间应设桩帽。

3. 打桩方式的选择

（1）单桩打入法。是以一块或两块钢板为一组，从一角开始逐块（组）插打，直至工程结束。这种打入法施工简便，可不停地打，桩机行走路线短，速度快，但单块打入易向一边倾斜，误差积累不易纠正，墙面平直度难以控制。

（2）屏风式打入法。将 10～20 块钢板桩组成一个施工段，沿单层围檩插入土中一定深度形成较短的屏风墙，然后先将两端钢板桩打入预定深度作为定位桩，严格控制其垂直度，用电焊固定在围墙上，再将中间部分钢板桩按阶梯状打设，如此逐组进行，直至工程结束。这种方法能防止板桩过大的倾斜和扭转，能减少打入的累计倾斜误差，可实现封闭合拢，由于分段施打，不影响邻近钢板桩施工。但桩架要求高度大，施工速度较单桩打入法慢。

（3）双层围檩法。是在地面上一定高度处离轴线一定距离先筑起双层围檩架，而后将板桩依次在围檩中全部插好，待四角封闭合拢后，再逐渐按阶梯状将板桩逐块打至设计标高的方法。这种打入法能保证板桩墙的平面尺寸、垂直度和平整度，但施工复杂，不经济，施工速度慢，封闭合拢时需异型桩。

4. 打桩流水段的划分

打桩流水段的划分与桩的封闭合拢有关。流水段长度大，合拢点就少，相对累计误差大,轴线位移相应也大;流水段长度小,则合拢点多,累计误差小,但封闭合拢点增加。一般情况下,应采用后一种方法。另外,采取先边后角打设方法,可保证端面相对距离不影响墙内围檩支撑的安装精度,对于打桩累计偏差可在转角外作轴线修正。

5.钢板桩打设

将钢板桩吊至插点处进行插桩,插桩时锁口要对准,每插入一块即套上桩帽,轻轻加锤击。在打桩过程中,为保证钢板桩的垂直度,用两台经纬仪在两个方向加以控制。为防止锁口中心线平面位移,可在打桩方向的钢板桩锁口处设卡板,阻止板桩位移,同时在围檩上预先算出每块板桩的位置,以便随时检查校正。开始打设的一、二块钢板桩的位置和方向应确保精确,以便起到样板导向作用,故每打入1 m应测量一次,打至预定深度后应立即用钢筋或钢板与围檩支架焊接固定。

6.钢板桩的封闭合拢

由于板桩墙的设计长度有时不是钢板桩标准宽度的整数倍,或板桩墙的轴线较复杂,或钢板桩打入时的倾斜且锁口部有空隙,都会给板桩墙的最终封闭合拢带来困难,往往要采用异型板桩、轴线修正等方法来解决。

(1)异型板桩法。在板桩墙转角处为实现封闭合拢,往往要采用特殊形式的转角桩——异型板桩。它是将钢板桩从背面中心线处切开,再根据选定的断面进行组合而成。由于加工质量难以保证,打入和拔出也较困难,所以应尽量避免采用。

(2)轴线修正法。通过对板桩墙闭合轴线设计长度和位置的调整,实现封闭合拢的方法,如图4-16所示,封闭合拢处最好选在短边的角部。轴线调整的具体方法如下:

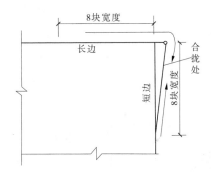

图4-16 轴线修正

①沿长边方向打至离转角桩约有8块钢板桩时暂时停止,量出至转角桩的总长度和增加的长度。

②在短边方向也照上述办法进行。

③根据长、短两边水平方向增加的长度和转角桩的尺寸,将短边方向的围檩与围檩桩分开,用千斤顶向外顶出,进行轴线外移,经核对无误后再将围檩和围檩桩重新焊接固定。

④在长边方向的围檩内插桩,继续打设,插打到转角桩后,再转过来接着沿短边方向插打两块钢板桩。

⑤根据修正后的轴线沿短边方向继续向前插打,最后一块封闭合拢的钢板桩设在短边方向从端部算起的第三块板桩的位置处。

7.钢板桩的拔除

在进行基坑回填时,要拔除钢板桩,以便修正后重复使用。拔除前要研究钢板桩拔除顺序、拔除时间以及桩孔处理办法。

(1)拔桩顺序对于封闭式钢板桩墙,拔桩的开始点离开桩角5根以上,必要时还可间隔拔除,拔桩顺序一般与打设顺序相反。

（2）拔桩方法拔除钢板桩宜用振动锤或起重机与振动锤共同拔除。当钢板桩拔不出时，可用振动锤或柴油锤再复打一次、可克服土的黏着力或将板桩上的铁锈等消除，以便顺利拔出。

（3）桩孔处理对拔桩产生的桩孔，需及时回填以减少对邻近建筑物的影响。处理方法有振动法、挤密法和填入法，也可采用在振拔时回灌水，边振边拔并回填砂子的方法。

4.2.1.3 质量检验

（1）灌注桩、预制桩的检验详见第 6.4 节。

（2）新的钢板桩可按出厂标准检验。

（3）重复使用的钢板桩检验标准应符合表 4-3 的规定。

（4）混凝土板桩制作标准应符合表 4-4 的规定。

表 4-3 重复使用的钢板桩检验标准

序号	检查项目	允许偏差或允许值	检查方法
1	桩垂直度	<1%	用钢尺量
2	桩身弯曲度	$0.2\%L$	用钢尺量，L 为桩长
3	齿槽平直光滑度	无电焊渣或毛刺	用 1 m 长的桩段做试验
4	桩长度	不小于设计长度	用钢尺量

表 4-4 混凝土板桩制作标准

项目	序号	检查项目	允许偏差或允许值		检查方法
			单位	数值	
主控项目	1	桩长度	mm	$+10$ 0	用钢尺量
	2	桩身弯曲度		$0.1\%L$	用钢尺量，L 为桩长
一般项目	1	保护层厚度	mm	±5	用钢尺量
	2	横截面相对两面之差	mm	5	用钢尺量
	3	桩尖对桩轴线的位移	mm	10	用钢尺量
	4	桩厚度	mm	$+10$ 0	用钢尺量
	5	凹凸槽尺寸	mm	±3	用钢尺量

4.2.2 水泥土桩墙施工

4.2.2.1 水泥土桩墙的概念、适用范围及分类

水泥土桩墙支护结构是利用水泥系材料为固化剂，通过特殊的拌和机械（深层搅拌机或高压旋喷机等）在地基土中就地将原状土和固化剂（粉体、浆液）强制拌和（包括机械搅拌和高压力切削拌和），经过土与固化剂或掺和料产生一系列物理化学反应，形成具有

一定强度、整体性和水稳定性的桩体(包括加筋水泥土搅拌桩)。施工时将桩相互搭接,连续成桩,形成具有一定强度和整体结构性的水泥土壁墙或格栅状墙,用以维持基坑边坡土体的稳定,保证地下室或地下工程的施工及周边环境的安全。

水泥土桩墙支护结构适用于加固淤泥、淤泥质土和含水量高的黏土、粉质黏土、粉土等土层。直接作为基坑开挖重力式围护结构,用于较软土的基坑支护时支护深度不宜大于6 m;对于非软土的基坑支护,支护深度不宜大于10 m。

按施工工艺可分为水泥土深层搅拌桩、水泥粉喷桩和高压喷射注浆桩三种。水泥土桩墙目前主要采用深层搅拌桩的工艺。这种工艺施工时注浆较易控制,成桩质量较为稳定,桩体均匀性好。

4.2.2.2 水泥土深层搅拌桩的结构形式

水泥土深层搅拌桩是使用水泥浆作为固化剂,用单轴或多轴深层搅拌机在土层中将原状土与水泥浆强制拌和形成的水泥土搅拌桩。

深层搅拌桩支护结构是将水泥土搅拌桩相互搭接而成,平面布置可采用壁状体,如图4-17所示。若壁状的挡墙宽度不够,可加大宽度,做成格栅状支护结构,即在支护宽度内不需整个土体都进行搅拌加固,可按一定间距将土体加固成相互平行的纵向壁,再沿纵向按一定间距加固肋体,用肋体将纵向壁连接起来。这种挡土结构目前常采用双头搅拌机进行施工,两个搅拌轴的距离为500 mm,搅拌桩之间的搭接距离为200 mm,如图4-18所示。

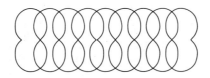

图4-17 壁状支护结构

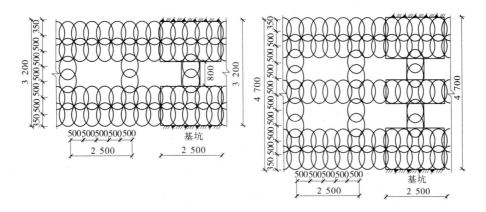

图4-18 格栅状水泥土围护墙支护结构

墙体宽度 B 和插入基坑深度 D 应根据基坑深度、土质情况及物理力学性能、周围环境、地面荷载等计算确定。在软土地区,当基坑开挖深度 $h \le 5$ m 时,可按经验 $B = (0.6 \sim 0.8)h$,尺寸以500 mm进位,$D = (0.8 \sim 1.2)h$。基坑深度一般控制在7 m以内,过深则

不经济。根据使用要求和受力特性,搅拌桩支护结构的竖向断面形式如图 4-19 所示。

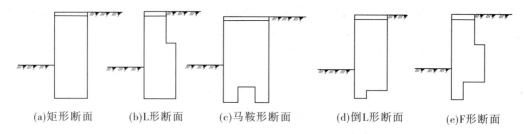

| (a)矩形断面 | (b)L形断面 | (c)马鞍形断面 | (d)倒L形断面 | (e)F形断面 |

图 4-19　搅拌桩支护结构的竖向断面形式

目前国内使用的深层搅拌桩施工专用机械有 SJB 系列深层搅拌机和 GZB – 600 型深层搅拌机。其中,SJB 系列是双搅拌轴、中心管轴浆式搅拌机,可以采用水泥浆,亦可用水泥砂浆或掺入粉煤灰等为固化剂。GZB 型为单轴、叶片喷浆式搅拌机,只能以纯水泥浆为固化剂。GPP – 5 型是粉体喷射搅拌机,主要以水泥粉或石灰粉为固化剂,也可和灰浆泵相连而用水泥浆搅拌。

水泥土深层搅拌桩成桩工艺流程如图 4-20 所示。

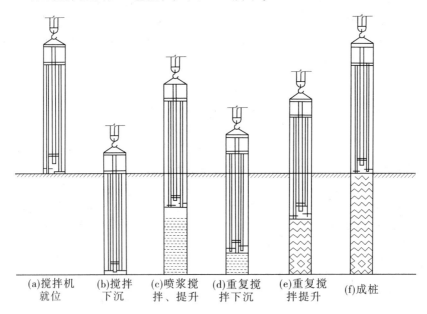

| (a)搅拌机就位 | (b)搅拌下沉 | (c)喷浆搅拌、提升 | (d)重复搅拌下沉 | (e)重复搅拌提升 | (f)成桩 |

图 4-20　水泥土深层搅拌桩成桩工艺流程

深层搅拌机就位→搅拌下沉→配制水泥浆(或水泥砂浆)→喷浆搅拌、提升→重复搅拌下沉→重复搅拌提升直至孔口→关闭搅拌机、清洗→移位。

(1)深层搅拌机就位。深层搅拌机就位时,应对准桩位,保证设备的平整度和导向的垂直度,在施工时不发生倾斜。

(2)搅拌下沉。搅拌机冷却水循环正常后,启动搅拌机电机,放松起重机或桩架的钢丝绳,使搅拌机沿导向架切土搅拌下沉、使土搅动。搅拌下沉时,不宜冲水,当遇到较硬土层下沉过慢时,方可由输浆系统补给适量清水冲水,但应考虑冲水成桩对桩身强度的影响。下沉速度由电机电流监测表控制。

（3）配置水泥浆（或水泥砂浆）。搅拌机下沉至一定深度后,即开始按预定掺入比和水灰比拌制水泥浆,并将水泥浆倒入集料斗备喷。施工中固化剂应严格按预定的配比拌制,所有使用的水泥都应过筛,制备好的浆液不得离析。

（4）喷浆搅拌、提升。待搅拌头下沉至设计深度后,即开启灰浆泵,使出口压力保持在规定值,水泥浆自动连续喷入地基。搅拌机不停地喷浆和旋转,并按确定的速度提升,直到设计要求的桩顶标高,即完成一次搅拌过程。拌制水泥浆液的罐数、水泥和外掺剂用量以及泵送浆液的时间等应由专人记录;喷浆量及搅拌深度必须采用经国家计量部门认证的监测仪器进行自动记录。成桩要控制搅拌机的提升速度和次数,使之连续均匀,以控制注浆量,保证搅拌均匀,同时泵送必须连续。

（5）清洗向集料斗中注入适量清水,开启灰浆泵,清洗全部管路中残存的水泥浆,直至基本干净,并将黏附在搅拌头上的软土清洗干净。

4.2.2.3　减少水泥土桩墙位移的措施

水泥土桩墙水平位移的大小与基坑开挖深度、坑底土的性质、基坑底部状况（有无桩基或加固等）、基坑边堆载及基坑尺寸等因素有关。实际工程中,水泥土桩墙的水平位移往往偏大,有时甚至会影响基坑工程的正常施工或给周围环境（如相邻建筑物、地下管线等）造成危害。因此,在水泥土桩墙围护结构设计中,采取一定的措施减小水泥土桩墙的位移十分必要。

1. 基坑降水

基坑开挖前进行坑内预降水,既可为地下结构施工提供干燥的作业环境,同时对坑内土的固结也十分有利。该方法施工简便、造价低、效果好,对于含水并适宜降水的土层,宜选用此法。

坑内降水井管的布置既要保证坑内地下水降至坑底以下一定的深度,又要防止坑内降水影响坑外地下水位过大变动,造成坑边土体的沉陷。降低地下水位面不宜低于水泥土桩墙嵌固深度 h_d 的 1/2,如图 4-21 所示。坑内预降水时间可按土的渗透性及降水深度确定,一般取 20～30 d。

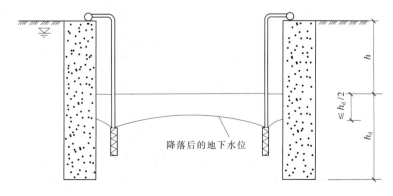

图 4-21　坑内降水

2. 墙顶插筋

水泥土墙体插筋对减小墙体位移有一定作用,特别是采用毛竹插筋或钢管插筋作用更明显。插筋的形式通常有:

(1)插入长 2 m 左右 HRB335 的钢筋,每根搅拌桩顶部插入一根,以后将其与墙顶压顶面板钢筋绑扎连接,如图 4-22(a)所示。

(2)水泥土墙后或墙前、后插入毛竹或钢管。毛竹长度一般取 6 m 左右,插入坑底以下不小于 1 m,毛竹竹梢直径不宜小于 40 mm。毛竹插入较为困难,可选用钢管插入(因钢管比较直,刚度大,易于插入),如图 4-22(b)、(c)所示。

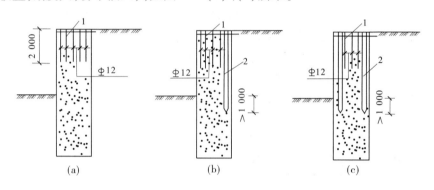

1—钢筋;2—毛竹或钢管

图 4-22　水泥土墙体插筋

3. 坑底加固

当坑底土较弱,采取上述措施不能控制水泥土墙的水平位移时,可采用基坑底板加固法,如水泥土搅拌桩、压密注浆等进行坑底加固,其中水泥土搅拌桩加固应用最为广泛。也有工程采用水泥土搅拌桩加桩间注浆的方法,效果也很好。

坑底加固可采用满堂布置的方法,也可采用坑底四周布置的方法。满堂布置一般适用于较小的基坑。对于大面积基坑,坑底满堂加固的工程量大大增加,显得不经济,此时可采用墙前坑底加固方法。墙前坑底加固宽度可取$(0.4 \sim 0.8)D$,加固深度可取$(0.5 \sim 1.0)D$,加固区段可以是局部区段,也可以是基坑四周全部加固,如图 4-23 所示,具体可视坑底土质、周围环境及经济性等决定。

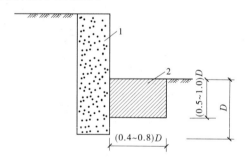

1—水泥土墙;2—坑底加固区

图 4-23　坑底加固剖面图

4. 水泥土墙加设支撑

水泥土墙属重力式支护结构,一般不设支撑,但为了减小墙体位移或在某些特殊情况下(如坑边有集中荷载)也可局部加设支撑(详见 4.2.3 节内容)。

4.2.2.4　质量检验

水泥土搅拌桩施工质量检验标准应符合表 4-5 的规定。

表 4-5　水泥土搅拌桩施工质量检验标准

项目	序号	检查项目	允许偏差或允许值		检查方法
			单位	数值	
主控项目	1	水泥及外掺剂质量	按设计要求		查产品合格证书或抽样送检
	2	水泥用量	参数指标		查看流量计
	3	桩体强度	按设计要求		按规定办法
	4	地基承载力	按设计要求		按规定办法
一般项目	1	机头提升速度	m/min	≤0.5	量机头上升距离及时间
	2	桩底标高	mm	±200	测机头深度
	3	桩顶标高	mm	+100 −50	水准仪(最上部500 mm不计入)
	4	桩位偏移	mm	<50	用钢尺量
	5	桩径		<0.04D	用钢尺量,D 为桩径
	6	垂直度	%	≤1.5	经纬仪
	7	搭接	mm	>200	用钢尺量

4.2.3　支撑工程施工

当基坑开挖深度较大,悬臂挡墙的强度和变形不能满足要求时,还要沿围护挡墙竖向增设支撑点,以减小跨度。如在基坑内对围护结构加设:支撑称为内支撑,如图 4-24(a)所示。而在基坑外对围护结构设拉支承则称为拉锚(土锚),如图 4-24(b)所示。

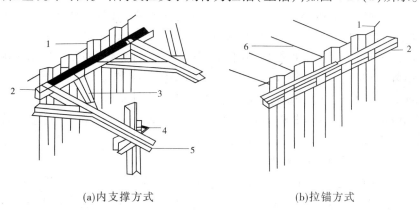

(a)内支撑方式　　　　　　　　　(b)拉锚方式

1—钢板桩;2—围檩;3—角撑;4—立柱与支撑;5—支撑;6—锚拉杆
图 4-24　钢板桩支护结构

内支撑可以直接平衡两端围护结构上所受的侧压力,构造简单,受力明确,安全可靠,易于控制围护结构的变形,但内支撑的设置给基坑内挖土和地下室结构的支模和混凝土的浇筑带来不便,需要通过换撑加以解决。而拉锚设置围护结构的背后为挖土和结构施工创造了空间,但位于软土地区的拉锚变形较难控制,且锚杆有一定长度,在建筑物密集地区如超出建筑红线需专门申请。因此,在软土地区为便于控制围护结构的变形,多以内支撑为主,这也是本节介绍的重点。

4.2.3.1　支撑材料

1. 钢结构支撑

钢结构支撑自重小、装拆方便、施工速度快,能尽快发挥支撑作用,减小围护结构因时间效应而增加的变形。由于钢支撑能够重复使用,多为租赁方式,便于专业化施工。同时,在开挖中可以做到随挖随撑,并可施加预紧力,还能根据围护结构变形情况及时调整预紧力值,以限制围护结构变形的发展。其缺点是整体刚度相对较弱,支撑的间距相对较小,安装节点相对较多,当节点构造不合理或施工方法不当时,往往容易造成因节点变形与钢支撑变形,进而造成基坑边坡过大的水平位移。

钢结构支撑常用钢管支撑(多用 ϕ 600 钢管)和型钢支撑(多用 H 型钢)两种类型,截面形式如图 4-25 所示。

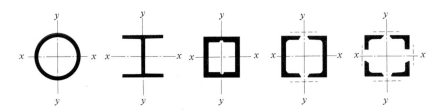

图 4-25　钢支撑截面形式

2. 现浇钢筋混凝土支撑

现浇钢筋混凝土支撑是随着挖土的加深,根据设计规定的位置现场支模浇筑而成。其优点是可根据基坑平面形状浇筑成直线、曲线等最优布置形式;支撑结构整体刚度大,安全可靠,可使围护墙变形小,有利于保护周围环境;能够方便地变化构件的截面和配筋,以适应其内力的变化。但其缺点是自重大,属于一次支护,不可重复使用;支撑成形和发挥作用的时间较长,因而使围护结构因时间效应而产生的变形增大;拆除相对困难,如用控制爆破拆除,有时周围环境不允许,如用人工拆除则时间较长、劳动强度大。

现浇钢筋混凝土支撑的混凝土强度等级多为 C30,截面(高×宽)常见尺寸有 600 mm ×800 mm、800 mm ×1 000 mm、800 mm ×1 200 mm、1 000 mm ×1 200 mm,腰梁截面(高×宽)常见尺寸有 600 mm ×800 mm、800 mm ×1 000 mm、1 000 mm ×1 200 mm,支撑的截面尺寸在高度方向要与腰梁高度相匹配。钢筋要经计算确定。

软土地区有时在同一基坑内会同时应用以上两种支撑。为了控制地面变形、保护好周围环境,上层支撑用混凝土支撑,基坑下部为加快支撑的装拆、加快施工速度,采用钢支撑。

4.2.3.2　支撑体系布置的基本形式

一般情况下,支撑布置的基本形式有水平支撑体系和竖向支撑体系两种。支撑体系布置不应妨碍地下结构的施工,内支撑的布置应尽可能扩大间距,以便挖掘机作业。

1. 水平支撑体系

水平支撑体系由围檩(布置在围护墙内侧,并沿水平方向四周连接的腰梁)、水平支撑和立柱组成。

水平支撑体系的布置形式如图4-26所示,有贯通基坑全长或全宽的对撑或对撑桁架;位于基坑角部两邻边之间的斜角撑或斜撑桁架;位于对撑或对撑桁架端部的八字撑;由围檩和靠近基坑边的对撑为弦杆的边桁架;支撑之间的边系杆等。有时在同一基坑中混合使用,如角撑加对撑、环梁加边桁(框)架、环梁加角撑等,主要根据基坑的平面形状和尺寸设置最合适的支撑。

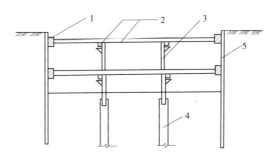

1—腰梁;2—支撑;3—立柱;4—桩(工程桩或专设桩);5—围护墙

图4-26 水平支撑体系

水平支撑体系整体性好,水平力传递可靠,平面刚度较大,适合大小、深浅不同的各种基坑,应用范围广泛。水平支撑体系在竖直方向的布置主要取决于基坑深度、围护墙种类、挖土方式、地下结构各层楼盖和底板的位置等。而随着基坑深度加大,水平支撑层数也相应增多,以确保围护墙受力合理,不易产生过大的弯矩和变形。支撑设置的标高要避开地下结构楼盖的位置,以便支模和浇筑地下结构时换撑。支撑多数布置在楼盖之下和底板之上,其净距 B 不小于600 mm。支撑竖向间距还与挖土方式有关,如人工挖土时竖向间距 A 不宜小于3 m,使用挖掘机挖土时 A 不宜小于4 m,特殊情况例外。

支模浇筑地下结构时,在拆除上面一道支撑前,先设换撑,换撑位置都在底板上表面和楼板标高处。当靠近地下室外墙附近楼板有缺失时,为便于传力,在楼板缺失处要临时增设钢支撑。换撑时需要在换撑(多为混凝土板带或间断的条块)达到设计规定的强度,起支撑作用后才能拆除上面一道支撑。

2. 竖向支撑体系

竖向支撑体系的布置形式如图4-27所示,由围檩(檩条)、竖向斜撑、斜撑基础、水平连系杆和立柱等组成。

竖向斜撑体系要求土方采取"盆式"开挖,即先开挖中部土方至设计标高,浇筑加厚垫层或承台,沿四周预留一定宽度和高度的土坡,分段间隔开挖出斜撑位置,待斜撑安装后,再挖除该斜撑所在段的四周土坡,浇筑垫层。基坑变形受到土坡和斜撑基础变形影响,一般适用于环境保护要求不高、开挖深度不大的基坑。对于平面尺寸较大、形状复杂的基坑,采用竖向支撑体系可以获得较好的经济效果。

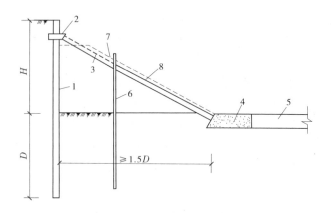

1—围护墙;2—檩条;3—斜撑;4—斜撑基础;
5—基础压杆;6—立柱;7—土坡;8—连系杆

图 4-27　竖向支撑体系

4.2.3.3　支撑体系施工

1. 钢结构支撑施工

钢结构支撑施工工艺为:根据支撑布置图在围护墙上定出围檩位置→在围护墙上设置围檩托架或吊杆→安装围檩→在基坑立柱上焊支撑托架→安装横向水平支撑→安装纵向水平支撑→对支撑预加压力→用夹具或电焊固定纵横支撑交叉处及支撑与立柱相交处→用细石混凝土填充围檩和围护墙的空隙。

钢结构支撑施工要点:围檩的作用一是将墙上承受的土压力、水压力等外荷载传递到支撑上,二是加强围护墙体的整体性。钢支撑用 H 型钢或双拼槽钢等做成,通过锚固于墙内的吊筋或设于围护墙上的钢牛腿加以固定。钢围檩分段长度不宜小于支撑间距的 2 倍,拼装点尽量靠近支撑点。围檩安装后与围护墙间的空隙要用细石混凝土填塞。钢支撑与围檩可用电焊等连接。

当基坑平面尺寸较大、支撑长度超过 15 m 时,在支撑交叉点处可设立柱,以防支撑弯曲或失稳破坏,施工时立柱桩应准确定位以防偏离支撑交叉部位。立柱可为四个角钢组成的格构式钢柱、圆钢管或型钢。由于基坑开挖结束、浇筑底板时支撑立柱不能拆除,因此基坑开挖面以上立柱宜做成格构式,以利于基础底板钢筋通过,同时便于和支撑构件连接。基坑开挖面以下可采用直径小于 650 mm 的钻孔桩,或采用与开挖面以上立柱截面相同的钢管或 H 型钢桩。当为钻孔灌注桩时,其上部钢立柱在桩内的埋入长度不应小于钢立柱长边的 4 倍,并与桩内钢筋笼焊接。

立柱设置时应先焊好立柱支撑托架,再依次安装角撑、横向水平支撑(短方向)、纵向水平支撑。支撑端头应设置厚度不小于 10 mm 的钢板做封头端板,端板与支撑杆件满焊,必要时增设加劲肋板。

为便于对钢支撑预加压力,端部可做成"活络头"。活络头应考虑千斤顶的安装及千斤顶顶压后钢楔的施工。

钢支撑的施工与使用过程中均应考虑气温变化对支撑工作状态的影响,应对钢支撑内力进行监控,随时调整钢楔或支撑头,使支撑与围檩保持紧密接触状态。

对钢支撑预加压力是钢支撑施工中很重要的措施之一,它可大大减少支护墙体的侧向位移,并可使支撑受力均匀。施加预压力的方法有两种:一种是用千斤顶在围檩与支撑交接处加压,在缝隙处塞进钢楔锚固,然后撤去千斤顶;另一种是用特制的千斤顶作为支撑的一个部件,安装在支撑上,预加压力后留在支撑上,待挖土结束支撑拆除前卸荷。

预加压力应分级施加,重复进行,加至设计值时,应再次检查各连接点的情况,必要时应对节点进行加固,待额定压力稳定后予以锁定。预加压力宜控制在支撑力设计值的40%～60%。当预压力取用支撑力设计值的80%以上时,应防止围护结构外倾、损坏和对坑外环境的影响。

根据场地条件、起重设备能力和具体的支撑布置,尽可能在地面把构件拼装成较长安装段,以减少基坑内的拼装节点。对多年使用的钢支撑,应通过认真检查确认其尺寸等符合使用要求方能使用。钢围檩的坑内安装段长度不宜小于相邻4个支撑点之间的距离。拼装点宜设置在主支撑点位置附近。

2. 现浇钢筋混凝土支撑结构施工

混凝土支撑也多采用钢立柱。腰梁与支撑整体浇筑,在同一平面内形成整体,位于围护墙顶部的冠梁,多与围护墙体整浇,位于桩身处的腰梁也通过桩身预埋筋和吊筋加以固定,如图4-28所示。混凝土腰梁的截面宽度要不小于支撑截面高度,腰梁截面高度(水平方向尺寸)由计算确定,一般不小于腰梁水平计算跨度的1/8。腰梁与围护墙间不留空隙,完全紧贴。

按设计工况,当基坑挖土至规定深度时,平整、压实支撑部位的地基,及时浇筑混凝土垫层或砌筑混凝土支撑的砖胎模,施工钢筋混凝土支撑(若考虑爆破拆除则宜预留药眼)和

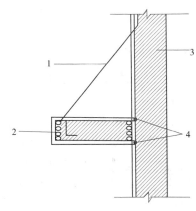

1—吊筋;2—钢筋混凝土腰梁;
3—围护墙体;4—与预埋筋连接

图4-28　钢筋混凝土腰梁的固定

腰梁,以减少实效作用,减少变形。养护至设计规定强度(一般不小于设计强度的80%),在对混凝土支撑妥善保护的条件下开挖至下一层混凝土支撑的垫层标高。重复工序,直至土方开挖完毕。支撑的受力钢筋在腰梁内锚固长度要不小于30d。支撑和腰梁浇筑时的底模在挖土开始后要及时去除,以防坠落伤人。支撑若穿越外墙,要设止水片。

在浇筑地下室结构时如要换撑,底板楼板的混凝土强度需要达到不小于设计强度的80%以后方可进行。

3. 质量检验

施工中应严格控制开挖及支撑程序和时间,对支撑的位置、每层开挖深度、预加顶力、围檩与围护、围檩与支撑的密贴度应做周密检查,并应满足表4-6的要求。

表 4-6　钢及钢筋混凝土支撑系统质量检验标准

项目	序号	检查项目	允许偏差或允许值		检查方法
			单位	数值	
主控项目	1	支撑位置:标高	mm	±30	用水准仪
		平面	mm	±100	用钢尺量
	2	预加顶力	kN	±50	油泵读数或传感器
一般项目	1	围檩标高	mm	±30	用水准仪
	2	立柱桩	按设计要求		按规定
	3	立柱位置:标高	mm	±30	用水准仪
		平面	mm	±50	用钢尺量
	4	开挖超深(开槽放支撑不在此范围)	mm	<200	用水准仪
	5	支撑安装时间	按设计要求		用钟表估测

4.2.4　土钉墙施工

4.2.4.1　土钉墙的特点及适用范围

土钉墙支护技术是一种原位土体加固技术。由被加固的原位土体、放置在土中的土钉体和喷射的钢筋网混凝土面层组成。天然土体通过土钉加固并与喷射混凝土面板相结合,形成一个类似重力式墙的挡土墙,如图 4-29 所示。

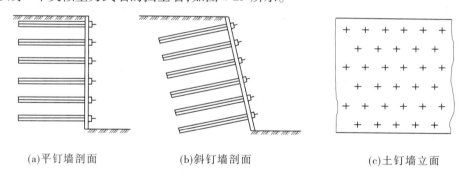

(a)平钉墙剖面　　　　　　　(b)斜钉墙剖面　　　　　　　(c)土钉墙立面

图 4-29　土钉墙支护简图

1. 土钉墙的特点

(1)土钉墙本身变形很小,对邻近建筑影响不大。施工不需单独占用场地,对于施工场地狭小、放坡困难、有相邻低层建筑或基坑边堆放材料的工程,尤其对于大型护坡施工机械不能进场时,该技术尤为重要。

(2)与原位土体形成土钉墙复合体,显著提高了边坡整体稳定性和承受坡顶超载的能力;施工成本费用比护坡桩、锚拉密排桩、喷锚网支护等明显降低。

(3)施工设备简单,施工噪声和振动小。

(4)随基坑开挖逐次分段实施作业,不占和少占单独作业时间,施工效率高,一旦开挖完成,土钉墙也就建好了,这一点对膨胀土的边坡尤其重要。

2. 土钉墙的适用范围

土钉墙适用于地下水位以上或经排水、降水措施后的杂填土、普通黏性土和弱胶结砂土的基坑支护或边坡加固。一般认为,土钉墙适用于开挖深度不超过12 m的基坑支护或边坡加固。当土钉墙与有限放坡、预应力锚杆联合作用时,深度可增加。土钉墙不宜用于含水丰富的粉细砂层、砂砾卵石层和淤泥质土,也不得用于没有自稳能力的淤泥及饱和软弱土层。

土钉墙不仅用于临时构筑物,而且用于永久性构筑物。当用于永久性构筑物时,宜增加喷射混凝土厚度,并有必要考虑其美观。目前,土钉墙的应用领域主要有托换基础、竖井或基坑的支挡、斜坡面的稳定、与锚杆相结合做斜面的防护。

4.2.4.2 土钉墙的构造要点

(1)土钉墙坡度宜为1:0.3~1:0.7;土钉必须和面层有效地连接在一起,通常在节点处设承压板和加强钢筋;土钉的长度宜为开挖深度的50%~120%,土钉间距宜为1.2~2 m,土钉与水平面夹角宜为10°~20°;土钉钢筋宜用HRB335以上螺纹钢筋,钢筋直径为16~32 mm,钻孔直径宜为70~120 mm。

(2)土钉孔的注浆材料可用素水泥浆或水泥砂浆。水泥采用不低于32.5级的普通硅酸盐水泥,水泥砂浆的强度等级不宜低于M10。

(3)喷射混凝土面层厚度宜为80~200 mm,以100 mm厚居多;喷射混凝土强度等级不宜小于C20;喷射混凝土面层中配置的钢筋网宜采用HPB300钢筋,其直径一般为6~10 mm,钢筋网间距为150~300 mm。

(4)土钉墙顶地面应做混凝土护面,坡顶与坡脚采取排水措施,严禁雨水等地表水渗入坡体。

(5)基坑开挖后暴露时间应尽可能缩短,尽快支护,地下室施工应及时分层回填墙外土方。

4.2.4.3 土钉墙的施工工艺

土钉墙的施工工艺:按线开挖工作面→按设计要求开挖、修整边坡→埋设喷射混凝土厚度控制标志→安设土钉(包括定位、钻孔、安设土钉、注浆、垫板等)→绑扎钢筋网→喷射混凝土面层→下一层施工→设置坡顶和坡脚排水措施。

1. 开挖、修整边坡

开挖高度一般与土钉竖向间距相匹配,便于土钉施工。每层开挖的纵向长度取决于交叉施工期间保持坡面稳定的坡面面积和施工流程的相互衔接,长度一般为10 m。使用的开挖施工设备必须能挖出光滑规则的斜坡面,最大限度地减少对支护土层的扰动。在用挖土机挖土时,应辅以人工修整。开挖深度由设计确定,一般为1~2 m,土质较差时应小于0.75 m。

2. 安设土钉

土钉施工包括定位、成孔、插置钢筋、注浆等工序。

(1)成孔。成孔应按设计规定的孔径、倾角等操作。成孔工艺和方法与上层条件、机具装备及施工单位的手段和经验有关。当前国内大多数采用螺旋钻、洛阳铲等成孔设备,也可使用土锚专用钻机成孔。

（2）插置钢筋。在置筋前，最好采用压缩空气将孔内残留及扰动的废土清除干净。放置的钢筋一般采用螺纹钢筋，为保证钢筋在孔中的位置，在钢筋上每隔一定间距焊置一个定位支架。

（3）注浆。土钉注浆可采用注浆泵或灰浆泵进行常压注浆或高压注浆。为保证土钉与周围土体紧密结合，在孔口处设置止浆塞并旋紧，使其与孔壁紧密贴合。在止浆塞上将注浆管插入注浆口，深入至孔底 250~500 mm 处，注浆管连接注浆泵，边注浆边向孔口方向拔管，直至注满，然后放松止浆塞，将注浆管与止浆塞拔出，用黏性土或水泥砂浆充填孔口。为防止水泥砂浆或水泥浆在硬化过程中产生干缩裂缝，提高其防腐性能，保证浆体与周围土壁的紧密结合，可掺入一定量的膨胀剂。

目前有一种打入注浆式土钉应用越来越多，它的施工速度快，适用范围广，尤其对于粉细砂层、回填土、软土等难以成孔的土层，更显示其优越性。另外，国外报道了一种高速的土钉施工专利方法——"喷栓"系统，它是利用高达 20 MPa 的压力，通过钉尖的小孔进行喷射，将土钉安装或打入土中，喷出的浆液如同润滑剂一样有利于土钉贯入，在其凝固后还可提供较高的钉土黏结力。

3. 绑扎钢筋网

层与层之间的竖筋用对焊连接，竖筋与横筋之间用铅丝绑扎牢固，土钉要与加强钢筋或垫板焊在一起。有的工程中使用成品钢丝网。

4. 喷射混凝土面层

一般情况下，为了防止土体松弛和崩解，必须尽快做第一层喷射混凝土。根据地层的性质，可以在安设土钉之前做，也可以在放置土钉之后做。对于临时性支护来说，面层可以做一层，而对于永久性支护则多用两层或三层，两次喷射作业应留一定的时间间隔，为使施工搭接方便，每层下部 300 mm 暂不喷射，并做成 45° 斜面形状。喷射混凝土面层应分段分片进行，同一段内喷射顺序应自下而上，一次喷射厚度为 40~70 mm；喷射时应控制好水灰比，保持混凝土表面平整、湿润光滑、无干斑或滑移流淌现象，喷射混凝土面层终凝 2 h 后应喷水养护，养护时间根据气温环境等条件，一般为 3~7 d。

为了使土钉同面层能很好地连接成整体，除配置一定数量的钢筋网（钢筋网能对面层起加强作用，并对调整面层应力有着重要的意义）外，一般还在面层与土钉交接处加设承压板，承压板后面一般放置加强钢筋。在喷射混凝土中，钢筋网通过用加强钢筋将各土钉相互连接起来，这样面层的整体作用得到进一步加强。

5. 排水、降水措施

当地下水位较高时，应采取人工降低地下水措施，采用管井井点降水法效果比较好。

在降水的同时，也要做好坡顶、坡面和坡底的排水，应提前沿坡顶挖设排水沟，并在坡顶一定范围内采用混凝土或砂浆护面，以排除地表水。坡面排水可在喷射混凝土面层中设置排水管，一般使用 300~500 mm 长的带孔塑料管，向上倾斜 5°~10°。

6. 土钉墙支护监测

土钉墙支护施工时，应及时对支护质量进行监测，防止产生塌方、临近建筑沉降位移等安全事故。必测项目有坡顶水平位移、坡顶沉降等，选测项目有土钉应力、墙体位移、喷层钢筋应力、土压力等。

监测数据应及时处理,并及时通知有关单位,达到信息化施工的目的。对于支护安全等级在二级以上的土钉墙,应进行土钉的基本抗拔试验,以确定土钉与土体之间的抗剪强度及有关施工参数。

4.2.4.4 土钉墙的质量检验

施工中应对土钉位置,钻孔深度、角度、直径,土钉插入长度,注浆配比、压力及注浆量,墙面厚度及强度,土钉应力等进行检查,见表4-7。

表4-7 土钉墙支护工程质量检验标准

项目	序号	检查项目	允许偏差或允许值		检查方法
			单位	数值	
主控项目	1	锚杆土钉长度	mm	±30	用钢尺检查
	2	锚杆锁定力	按设计要求		现场实测
一般项目	1	钻孔倾斜度	°	±1	测钻机倾角
	2	土钉位置	mm	±100	用钢尺检查
	3	浆体强度	设计要求		试样送检
	4	桩径	mm	<50	用钢尺量
	5	注浆量	大于理论计算注浆量		检查计算数据
	6	土钉墙厚度	mm	±10	用钢尺量
	7	墙体强度	按设计要求		试样送检

4.3 验 槽

验槽是建筑物施工第一阶段基槽开挖后的重要工序,也是一般岩土工程勘察工作的最后一个环节。无数的工程实践也充分证明,认真细致地进行验槽对保证建筑工程质量、防止事故发生都起着十分重要的作用。

4.3.1 验槽的目的

(1)检验勘察成果是否符合实际。通常勘探孔的数量有限,基槽全面开挖后,地基持力层土层完全暴露出来,首先检验勘察成果与实际情况是否一致,勘察成果报告的结论与建议是否正确和切实可行,地基土层与设计时由地质部门给出数据的土层是否有差别。如有不相符的情况,应协商解决,或修改设计方案,或采取对地基进行处理等措施。

(2)检验基础深度是否达到设计深度,持力层是否到位或超挖,基坑尺寸是否正确,轴线位置及偏差、基础尺寸是否符合设计要求,基坑是否积水,基底土层是否被扰动。

(3)解决遗留和新发现的问题。勘察成果报告遗留当时无法解决的问题,或出现特殊土情况,据此判断是否出现异常地基的局部处理,原基础设计是否需修正,设计是否需要补充等。

（4）检验有无其他影响基础施工质量的因素,如基坑放坡是否合适、有无塌方等不良现象。

4.3.2　验槽时必须具备的资料和条件

（1）勘察、设计、质监、监理、施工及建设方有关负责人员及技术人员到场。

（2）附有基础平面和结构总说明的施工图阶段的结构图。

（3）详细勘察阶段的岩土工程勘察报告。

（4）挖槽的相关技术资料。

（5）开挖完毕,槽底无浮土、松土(若分段开挖,则每段条件相同),基槽条件良好。

4.3.3　验槽内容

（1）一般情况下,检验基槽应从以下几方面进行:

①校核基槽开挖的平面位置、基坑尺寸、轴线位置与槽底标高是否符合勘察、设计要求。

②检验槽底持力层土质与勘察报告是否相同。参加验槽的各方负责人需下到槽底,依次逐段寻找可疑之处:场地内是否有填土和新近沉积土;槽壁、槽底岩土的颜色与周围土质颜色不同或有深浅变化;局部含水量与其他部位有无差异;场地内是否有条带状、圆形、弧形(槽壁)异常带;是否因雨、雪、天寒等情况使基底岩土的性质发生了变化;场地内是否有被扰动的岩土。

地基基础应尽量避免在雨季施工。无法避开时,应采取必要的措施防止地面水和雨水进入基槽,槽内水应及时排出,使基槽保持无水状态,水浸部分应全部清除。严禁局部超挖后用虚土回填。

③检验基槽平面土质是否均匀。根据开挖后基底和坑壁土质的实际情况及钎探记录,确定基槽底部土质是否存在局部过软或局部过弱的不良地基,或存在古井、砖窑、墓穴、河道等不良基土的范围、走向和深度,同时应随机抽查钎孔的钎入深度和准确度。

④检验基槽有无其他影响基础施工质量的因素,如基坑放坡是否合适、有无塌方等。

⑤与设计、勘察、施工、监理、建设单位共同研究对不良基土的处理措施,并形成文件,作为施工企业继续施工的依据。对不良基土的处理措施,要注明平面位置、与相邻轴线的关系、范围、深度和处理的方法以及材料的选用要求,要用文字和图样共同表示,以方便施工。

（2）对桩基的验槽,主要有以下两种情况:

①机械成孔桩应在施工中进行。在施工时,应判明桩端是否进入预定的桩端持力层;泥浆钻进时,应从井口返浆中获取新带上的岩屑,仔细判断,认真判明是否已达到预定的桩端持力层。人工成孔桩应在桩孔清理完毕后进行。

②对摩擦桩,应主要检验桩长;对端承桩,应主要查明桩端进入持力层长度、桩端直径。在混凝土浇灌之前,应清除桩底松散岩土和桩壁松动岩土,检验桩身的垂直度。对大直径桩,特别是以端承桩为主的大直径桩,必须做到每桩必验。检验的重点是桩端进入持力层的深度、桩端直径等。

（3）复合地基（人工地基）的验槽，应在地基处理之前或之间、之后进行，主要有以下几种情况：

①对换土垫层，应在进行垫层施工之前进行，根据基坑深度的不同分别按深、浅基础的验槽进行。经检验符合有关要求后，才能进行下一步施工。

②对各种复合桩基，应在施工之中进行，主要是查明桩端是否达到预定的地层。

③对各种采用预压法、压密、挤密、振密的复合地基，主要是用试验方法（室内土工试验、现场原位测试）来确定是否达到设计要求。

4.3.4 验槽方法

验槽的方法以肉眼观察为主，并辅以轻便触探、钎探等方法。观察时应重点关注柱基、墙角、承重墙下或其他受力较大的部位，观察槽底土的颜色是否均匀一致，土的坚硬程度是否一样，有无局部含水量异常现象等。

钎探是用Φ22～25的钢筋作钢钎，钎尖呈60°锥状，长1.8～2.0 m，每300 mm做一刻度。钎探时，用质量为4～5 kg的穿心锤以500～700 mm的落距将钢钎打入土中，记录每打入300 mm的锤击数，据此判断土质的软硬程度。

对于验槽前的槽底普遍钎探，许多地区已明文规定必须采用轻型圆锥动力触探（轻便触探）。这是因为该方法不仅可以探明地基土质的均匀性，而且可以校核持力层土的承载力，而后者是其他钎探方法做不到的。

槽底普遍钎探时，条形基槽宽度小于80 cm时，可沿中心线打一排钎探孔；槽宽大于80 cm，可打两排错开孔或采用梅花形布孔。探孔的间距视地基土质的复杂程度而定，一般为1.0～1.5 m，深度一般取1.8 m。钎探前应绘制基槽平面图，布置探孔并编号，形成钎探平面图；钎探时应固定人员和设备；钎探后应对探孔进行遮盖保护和编号标记，验槽完毕后妥善回填。

4.3.5 注意事项

验槽时间要抓紧，基槽挖好钎探后应立即组织验槽。尤其夏季要避免下雨泡槽，冬季要防冰冻，不可拖延时间而形成隐患。

验槽前合格钎探应全部完成，提供验槽的定量数据。验槽时应查看新鲜土面，清除超挖回填的虚土。槽底设计标高当位于地下水位以下较深时，必须做好基槽排水，保证槽底不泡水；当槽底标高在地下水位以下不深时，可先挖至地下水面验槽，验槽后应尽快进行下一道工序，减少槽底暴露时间。

验槽结果应填入验槽记录中，并由参加验槽的4方负责人签字，作为施工处理的依据，验槽记录存档长期保存。若工程发生事故，验槽记录是分析事故原因的重要线索。

4.3.6 基槽的局部处理

4.3.6.1 松土坑、基坑的处理

当坑在基槽中的范围较小时，将坑中松土杂物挖除，使坑底及四壁均见天然土为止，回填与天然土压缩性相近的材料。当天然土为砂土时，用砂或级配砂石回填；当天然土为

较密实的黏性土,用3:7灰土分层回填夯实;天然土为中密可塑的黏性土或新近沉积黏性土,可用1:9或2:8灰土分层回填夯实,每层厚度不大于20 cm。

当坑在基槽中的范围较大且超过基槽边沿,因条件限制,槽壁挖不到天然土层时,应将该范围内的基槽适当加宽。

当坑范围较大,且长度超过5 m时,如坑底土质与一般槽底土质相同,可将此部分基础加深,做2:2踏步与两端相接,每步高不大于50 cm,长度不小于100 cm。

当坑较深,且大于槽宽或1.5 m时,按以上要求处理后,还应适当考虑加强上部结构的强度,以防产生过大的局部不均匀沉降。

当松土坑地下水位较高,坑内无法夯实时,可将坑中软弱的松土挖去后,再用砂土、砂石或混凝土代替灰土回填。

4.3.6.2　砖井、土井的处理

当砖井、土井在室内基础附近时,将水位降低到最低可能限度,用中、粗砂及块石、卵石或碎砖等回填到地下水位以上50 cm。砖井应将四周砖圈拆至坑(槽)底以下1 m或更多些,然后用素土分层回填并夯实。

当砖井、土井在基础下或3倍条形基础宽度或2倍柱基宽度范围内时,先用素土分层回填夯实,至基础底下2 m处,将井壁四周松软部分挖去,有砖井圈时,将井圈拆至槽底以下1~1.5 m。当井内有水,应用中、粗砂及块石、卵石或碎砖回填至水位以上50 cm,然后按上述方法处理;当井内已填有土,但不密实,且挖除困难时,可在部分拆除后的砖石井圈上加钢筋混凝土盖封口,上面用素土或2:8灰土分层回填、夯实至槽底。

当砖井、土井在房屋转角处,且基础部分或全部压在井上,除用以上办法回填处理外,还应对基础加固处理。当基础压在井上部分较少时,可采用从基础中挑钢筋混凝土梁的办法处理。当基础压在井上部分较多,用挑梁的方法较困难或不经济时,可将基础沿墙长方向向外延长出去,使延长部分落在天然土上,落在天然土上基础总面积应等于或稍大于井圈范围内原有基础的面积,并在墙内配筋或用钢筋混凝土梁来加强。

4.3.6.3　基础下局部硬土或硬物的处理

当基底下有旧墙基、老灰土、化粪池、树根、路基、基岩、孤石等,应尽可能挖除或拆掉,然后分层回填与基底天然土压缩性相近的材料或3:7灰土,并分层夯实。如硬物挖除困难,可在其上设置钢筋混凝土过梁跨越,并与硬物间保留一定空隙,或在硬物上部设置一层软性褥垫(砂或土砂混合物)以调整沉降。

4.3.6.4　"橡皮土"的处理

当地基为黏性土且含水量很大,趋于饱和时,夯(拍)打后,地基土变成踩上去有一种颤动感觉的土,称为"橡皮土"。因此,对趋于饱和的黏性土应避免直接夯打,而应暂停一段时间施工,通过晾槽降低土的含水量,或将土层翻起并粉碎均匀,掺加石灰粉以吸收水分,同时改变原土结构成为灰土,使之具有一定强度和水稳性。如地基已成"橡皮土",则可在上面铺一层碎石或碎砖后再进行夯击,将表土层挤紧,或挖去"橡皮土",重新填好土或级配砂石夯实。

4.4　基坑支护实例学习

4.4.1　工程概况

拟建项目位于××市××中学院内,该项目由××设计院设计,地下二层,地上三至五层,框架结构。基础平面尺寸为93.85 m×40.80 m,基础埋深为 -8.31 m,局部集水坑深度达 -9.91 m,属中大型深基坑。

从拟建场区自然状况来看,场地原为闲置厂区楼,现已全部拆除,场地基本平坦,但地面房基、渣土较多。从总平面图纸来看,拟建建筑物东侧距离建筑红线较近,且紧贴小区围墙。西侧为一栋已经停工的楼房,南北两侧距离已建建筑较远,但均为施工主干道和施工材料堆放区,边界条件相对复杂。

由地质勘察报告可知,基坑开挖范围内存在上层滞水,且水量较大。根据现场踏勘,发现拟拆除建筑物地下室长期积水,由于场地原建筑物闲置时间较长,各种地下管线年久失修,极有可能长期渗漏,导致场区内土体浸泡软化,对边坡的稳定和安全极为不利。

综上所述,为满足基坑土方开挖及地下土建施工期间对边坡稳定性和地下水的要求,应在基坑四周采取有效的人工降水和护坡措施,方可保证基坑安全及地下结构施工的顺利进行。

4.4.2　工程地质概况

4.4.2.1　工程地层情况

根据勘察单位提供的《××中学教学楼岩土工程勘察报告》,按沉积年代、成因类型、岩性及工程特性,共划分为2个成因类型5个大层。各土层的基本岩性特征如下所述。

1.人工堆积层

黏质粉土、粉质黏土填土①层:黄褐色,湿(局部饱和),可塑。

房渣土①₁层:杂色,湿—饱和,中下密。

本大层层顶标高为39.83～41.15 m。

2.第四系沉积层

(1)黏质粉土、砂质粉土②层:褐黄—褐黄(暗),湿,可塑—硬塑,中—中低压缩性。

粉质黏土、重粉质黏土②₁层:褐黄色,湿—饱和,软塑—可塑,中高压缩性。

本大层层顶标高为34.60～39.67 m。

(2)砂质粉土、黏质粉土③层:褐黄—褐黄(暗),局部灰黄,湿—饱和,硬塑—可塑,低压缩性。

粉质黏土、重粉质黏土③₁层:褐黄—褐黄(暗),湿—饱和,可塑,中压缩性。

黏土、重粉质黏土③₂层:灰—灰黄(局部褐黄),湿—饱和,可塑—硬塑,中压缩性。

本大层层顶标高为33.65～34.57 m。

(3)粉砂、细砂④层:褐黄色,湿—饱和,密实,低压缩性。

本大层层顶标高为26.73～37.95 m。

（4）黏质粉土、粉质黏土⑤层：褐黄色，湿—饱和，硬塑—可塑，中压缩性。

重粉质黏土、黏土⑤$_1$层：褐黄色，湿—饱和，可塑，低压缩性。

砂质粉土⑤$_2$层：褐黄色，湿—饱和，硬塑，低压缩性。

4.4.2.2　地下水位情况

1. 地下水类型及实测地下水位

本次勘察期间于钻孔内实测到 2 层地下水。第 1 层地下水（上层滞水）静止水位标高为 32.17～37.97 m（埋深 1.90～8.90 m），第 2 层地下水（潜水）静止水位标高为 24.86～26.05 m（埋深 14.50～15.50 m）。

2. 拟建场区历年最高水位标高

拟建场区地下水历年最高水位标高：1959 年接近自然地面；第 2 层地下水（潜水）近 3～5 年的最高水位标高为 27.80 m 左右。

3. 地下水腐蚀性评价

本次钻探于 1$^\#$和 7$^\#$孔采取第 1 层地下水（上层滞水）试样各 1 份，并分别进行了水质分析试验，根据分析结果并依照《岩土工程勘察规范》（GB 50021—2001）（2009 年版）中的有关规定判定场区第 1 层地下水（上层滞水）水质对混凝土结构及钢筋混凝土结构中的钢筋均无腐蚀性。

4.4.3　本项目的重点和难点

根据甲方提供的相关资料，经过现场踏勘，并进行了仔细的分析研究，在本项目施工时存在如下技术难点。

4.4.3.1　地下水水量不确定、降水难度大

依据勘察报告，本次基坑人工降水的对象主要是上层滞水，水位埋深比较浅，在 1.9～8.9 m。但由于勘察时间距施工时间较长，且场地由于拆迁的问题，闲置时间较长，造成基坑开挖深度范围内地下水现状不明，且补给来源不确定是本场区滞水层的最大特点。基坑为长条形也是基坑降水的难点。同时依据在附近地区的降水施工经验来看，场区内很有可能存在各种地下管道的渗水、漏水现象，且含水层以黏土、粉土为主，渗透系数小，给人工降水的施工增加了一定的难度。为此，人工降水方案选择必须考虑到本工程的特殊性，先查明地下水的现状，才可能选择适合于本工程的降水方法，并达到经济高效的降水效果。

4.4.3.2　基坑支护难度较大

1. 基坑较大

本工程基础平面尺寸为 93.85 m×40.80 m，基础埋深为 –8.31 m，局部集水坑深度达 –9.91 m，属中大型深基坑。

2. 边界条件的制约

从甲方提供的总平面图上的位置来看，拟建基坑南北两侧有一定的场地，但均为施工干道及材料设备堆放区；东侧结构外皮距离建筑红线及围墙较近，同时基坑东侧南段距已有高层建筑物的水平距离仅 11 m 左右，其地下室限制了锚杆成孔深度；西侧则是一栋已经停工的楼房，距离拟建建筑约 7.5 m，其自重较大，均在基坑开挖影响范围内，且该建筑

地下结构及其原护坡面也必将会对本次支护施工产生一定的影响,从而使基坑支护设计参数的选定存在一定变数,增大了支护技术难度。

3. 土层含水量大

从地质地层条件来看,滞水层水位较高,同时由于场地原有建筑物闲置时间较长,各种地下管线年久失修,极有可能长期渗漏,造成土体软化,使得土体物理力学性质对基坑边坡稳定相当不利,因此要求支护结构设计时要认真分析考虑,同时增大了现场施工的难度。

4. 土层影响

依据甲方提供的地质勘察报告,场区土层上部存在大量杂填土,最厚处约 5.0 m,该土层土质较差,自稳性很低,导致成孔施工难度大为增加。同时场区局部还发现有空洞以及砖墙,这都为支护施工增加了很多不确定因素,增加了支护选型及施工的难度。

5. 地下障碍物影响

基坑东、西侧均为已建的高层楼房,其原有边坡支护结构必将会对本次支护施工造成一定影响,同时不排除地下不明障碍物的存在,从而增大了本工程支护选型的难度。

4.4.3.3 本项目各工序的管理水平要求高

由于本项目工程量大、工期紧、施工难度较大、工序较多、质量要求高,因此科学地选择施工工艺、机械设备和劳动队伍,合理地安排施工场地、施工顺序,周密地进行施工组织是本工程管理的重点和难点之一,也是确保本项目能否顺利施工的关键。

4.4.3.4 文明施工难度较大

由于本工程位于学校及居民区内,对环境保护要求较高,因此须严格控制作业时间。施工中应严格控制噪声、扬尘、废弃物、遗洒等,最大限度减少污染,减少施工现场工作区的影响。

4.4.4 方案的编制依据

(1)甲方提供的《××中学教学楼岩土工程勘察报告》(详勘)。

(2)甲方提供的本工程相关图纸。

(3)国家及行业颁布的施工规范及规程;①《工程测量规范》(GB 50026—2007);②《建筑地基基础设计规范》(GB 50007—2011);③《建筑基坑支护技术规程》(JGJ 120—2012);④《岩土锚杆与喷射混凝土支护工程技术规范》(GB 50086—2015);⑤《建筑边坡工程技术规范》(GB 50330—2013)。

(4)地方标准。

(5)类似工程经验及优势。

4.4.5 土方开挖方案

4.4.5.1 肥槽预留

基坑土方开挖须为结构施工预留肥槽(基础外皮至基坑坡脚线间距离)。基坑护坡支护南、北两侧预留肥槽宽度为 400 mm,东、西两侧预留肥槽宽度为 800 mm。

4.4.5.2 土方开挖机械选型

从易用、环保、高效的角度考虑,可选用 2 台日立 EX300 挖土机,直接进行铲挖和装载作业,运土车为斯太尔或其他同等性能的土方车。

4.4.5.3　开挖顺序

土方开挖前,首先平整地面,并以约 15 m×15 m 的网格控制基坑开挖前的标高。同时,探明开挖场区内不明的地下管线的位置及走向,以保证土方开挖的安全施工。

基坑开挖时,应首先开挖基坑周边土方,以尽快为基坑支护施工提供工作面,同时应根据喷锚支护设计排桩和预应力锚杆标高分步开挖,按该位置土钉、预应力锚杆长度并结合工作要求合理留置工作面宽度,基坑中部土方可分步开挖到底,每步开挖深度应以保证土钉墙可正常施工为前提,且不大于 2 m。总体来说,就是在配合基坑支护正常进行的情况下,采用分段、分步、分层的方法进行土方开挖施工。

4.4.5.4　马道收尾

由于场地条件限制,土方挖运只能在基坑南侧留置马道口,具体位置可依据现场实际情况酌定。

4.4.5.5　挖土进度安排

计划在约 28 个工作日内完成大部分土方挖运施工,在 4 个工作日内完成马道收尾。

4.4.5.6　环境保护措施

施工应注意加强对环境的保护。在现场出口设置冲洗车道,对黏泥比较严重的土方车轮冲洗。

4.4.6　护坡方案的选择及设计

4.4.6.1　基坑护坡方案的选择原则及要求

(1)满足深基坑护坡的稳定性要求。

(2)确保土方开挖及基础土建施工期间边坡的安全。

(3)确保基坑护坡后邻近建筑物和各类地下管线的安全。

(4)确保基坑边坡稳定前提下的方案优化,尽量缩短施工工期和降低工程造价。

4.4.6.2　本项目基坑护坡方案的分析与选择

本工程护坡区周边条件的不同造成各侧边坡的受力状况相对较为复杂,致使本基坑各段对护坡方式和支护体系强度的要求不同,所以在选择护坡方法时,应在充分利用原状土的自稳条件下实现基坑各侧的支护体系与周边条件相统一,受力状况的大小与支护体强度和刚度相匹配。为此,××公司在详细分析本基坑的地质条件和周边环境的基础上,通过理论分析并结合同类工程的经验,经技术、经济的对比,决定根据基坑位置和周边环境的不同而采用相应的支护强度和刚度结构,以达到在确保基坑边坡稳定的前提下进行方案优化。

1. 基坑东侧支护方案选择

依据建设方提供的相关图纸所表示的建筑物位置来看,结构东侧距离建筑红线及围墙很近,据我方现场量测,仅有约 1.5 m。现建设单位表示可将围墙向东外扩 2.0 m,为基坑支护施工提供更多的施工空间,然而由于基坑开挖相对较深,达到 8.31 m,因此该侧依旧不具备足够的放坡空间。围墙外侧即为高层住宅小区道路,拟建建筑物距住宅楼距离约 15 m,且北侧距离较远、南侧较近。同时,根据居民楼楼高推断,其地下室深度应不浅于本基坑。

综上所述,由于本侧场地条件的制约,从而无放坡量,且上部土层以杂填土为主,存在上层滞水,因此可首先排除土钉墙工艺。为了保证邻近小区道路的绝对安全与正常使用,确保基坑的绝对安全,必须严格控制边坡的水平位移和竖向沉降,故需采取支护强度及刚度均较高的支护形式。根据这种特殊的要求,大型混凝土桩锚支护及微型桩+复合土钉墙的方法较为适宜。同时,鉴于该侧围墙外扩提供了一定施工空间,不论从安全性或经济性方面分析,采用大型混凝土桩锚支护方法显然要比钢管桩+复合土钉墙方案更为合理。因此,我方决定在该侧采用桩锚支护方案。

其中,东侧南段局部距离居民楼较近,仅约11.0 m,因此锚杆必须通过增大角度来避开东侧高层住宅的地下室。而由于角度的增大,会导致锚杆水平方向的锚固分力有所降低,因此还需通过增加锚杆张拉力进行加固补强(详见附图A-5、附图A-6)。

2.基坑南、北两侧支护方案选择

依据甲方提供的总平面图及实地考察,基坑南侧与北侧距离周边的建筑物较远,边界条件相对简单,具备一定放坡的空间。但是鉴于基坑开挖深度较大,而场区土层受到上层滞水渗流的影响,也会出现稳定性下降的不利情况,因此从安全的角度出发,同时结合现场实际情况,本着经济高效的原则,基坑南侧与北侧采用复合土钉墙支护较为适宜,同时可利用场地条件适当增大放坡坡度,提高边坡的安全稳定性(详见附图A-8)。

3.基坑西侧支护方案选择

拟建建筑物西侧边线距用地红线约1 m左右,支护结构可利用空间狭小,距离拟建建筑物结构约7.5 m处是一栋已停工的高层建筑。由于对该建筑的地下情况信息不明确,考虑到该建筑物自重较大,对于开挖后的边坡势必产生较大的附加荷载,同时由于上层滞水的存在,长期的渗流也会使土层的自稳性降低。因此,无论从安全角度还是空间角度看,土钉墙工艺显然不可取,本侧应选用强度较高、无须放坡的支护形式,以控制边坡位移,提高边坡整体抗滑和抗倾覆能力。

基于上述周边条件,从安全和技术条件分析来看,适用的混凝土桩锚支护体系显然优于微型桩+复合土钉墙的方案,且更为经济。同时由于东侧采用桩锚支护,为了尽量保持支护选型的一致性,本侧亦采用同样的桩锚支护方法较为适宜,并能够减少工序数量,降低施工难度,从而有效地提高施工进度,缩短施工工期。

但由于西侧南段局部距已有建筑物距离较近,也需要适当增加锚杆的角度,以便避开其基础,并通过增加锚杆中钢绞线的根数和锚固力来进行加固(详见附图A-9、附图A-10)。

4.4.6.3 基坑支护设计参数

在充分考虑本工程特点的基础上,护坡方案确定后,依据基坑周边条件和土质情况及对应的力学参数,通过理论计算,按一级基坑考虑,确定的支护主要设计参数见表4-8~表4-12。

表 4-8　1—1 剖面桩锚支护主要设计参数（基坑东侧北段）

护坡桩及连梁			
桩径	600 mm	桩长	12.00 m
桩距	1.20 m	嵌固深度	3.69 m
桩顶标高	自然地面	桩体及连梁配筋	见配筋图
连梁尺寸	600 mm×500 mm	桩、连梁混凝土强度	C25
桩间土护壁	挂 2 mm 钢板网，喷 C20 混凝土，厚度为 50 mm		

预应力锚杆参数							
道数	长度	位置	水平布置	钢纹线根数	自由段长度	锚固段长度	设计锚固力
1#	18.0 m	−3.50 m	三桩两锚	2 根	5.0 m	13.0 m	280 kN

表 4-9　2—2 剖面桩锚支护主要设计参数（基坑东侧南段）

护坡桩及连梁			
桩径	600 mm	桩长	12.00 m
桩距	1.20 m	嵌固深度	3.69 m
桩顶标高	自然地面	桩体及连梁配筋	见配筋图
连梁尺寸	600 mm×500 mm	桩、连梁混凝土强度	C25
桩间土护壁	挂 2 mm 钢板网，喷 C20 混凝土，厚度为 50 mm		

预应力锚杆参数							
道数	长度	位置	水平布置	钢纹线根数	自由段长度	锚固段长度	设计锚固力
1#	18.0 m	−3.50 m	三桩两锚	3 根	5.0 m	13.0 m	330 kN

表 4-10　3—3 剖面复合土钉墙支护设计主要参数（基坑南、北侧）

排序	长度（m）	埋深（m）	排距（m）	间距（m）	喷射混凝土		坡度
					厚度（mm）	强度	
1	6.0	1.5		1.5	90±10	C20	
2#	12.0	3.0	1.5	2.0	90±10	C20	
3	9.0	4.5	1.5	1.5	90±10	C20	1:0.25
4	7.0	6.0	1.5	1.5	90±10	C20	
5	5.0	7.5	1.5	1.5	90±10	C20	
2#	锚索长度	钢绞线根数	锚索位置	锚孔直径	自由段长度	锚固段长度	设计锚固力
	12.0 m	2 根	−3.0 m	100 mm	5.0 m	7.0 m	120 kN

表4-11 4—4剖面桩锚支护主要设计参数（基坑西侧南段）

护坡桩及连梁			
桩径	600 mm	桩长	12.00 m
桩距	1.20 m	嵌固深度	3.69 m
桩顶标高	自然地面	桩体及连梁配筋	见配筋图
连梁尺寸	600 mm×500 mm	桩、连梁混凝土强度	C25
桩间土护壁	挂2 mm钢板网，喷C20混凝土，厚度为50 mm		

预应力锚杆参数							
道数	长度	位置	水平布置	钢纹线根数	自由段长度	锚固段长度	设计锚固力
1#	18.0 m	−4.00 m	三桩两锚	3根	5.0 m	13.0 m	330 kN

表4-12 5—5剖面桩锚支护主要设计参数（基坑西侧北段）

护坡桩及连梁			
桩径	600 mm	桩长	12.00 m
桩距	1.20 m	嵌固深度	3.69 m
桩顶标高	自然地面	桩体及连梁配筋	见配筋图
连梁尺寸	600 mm×500 mm	桩、连梁混凝土强度	C25
桩间土护壁	挂2 mm钢板网，喷C20混凝土，厚度为50 mm		

预应力锚杆参数							
道数	长度	位置	水平布置	钢纹线根数	自由段长度	锚固段长度	设计锚固力
1#	18.0 m	−4.00 m	三桩两锚	2根	5.0 m	13.0 m	280 kN

注：由于第一步土钉在杂填土层成孔，成孔难度较大，若人工成孔深度不能达到设计值，可采取本排土钉局部加密或下排土钉加密加长处理；参数调整应由现场技术负责人确定。

土钉杆体采用Φ20螺纹钢筋，钢筋网为Φ6.5@220×220，加强筋用Φ14螺纹钢筋，喷射混凝土强度为C20，厚度（90±10）mm。

4.4.7 护坡施工工艺及技术要求

4.4.7.1 土钉墙施工工艺及技术要求

1. 施工工艺流程

土钉墙施工工艺流程：分层开挖→边坡修整→成孔→安装土钉→注浆→编网喷射混凝土→进行下层土钉支护施工（视边坡土质情况，各工序可交叉施工；土方施工需与基坑支护施工相配合）。

2. 施工技术要求

1）土钉成孔

（1）钻孔前应根据施工设计图标定出孔位，孔距误差不大于100 mm，遇特殊情况时，可根据现场具体情况进行适当调整。

(2)孔径、孔深不应小于设计尺寸。

(3)孔内渣土应清理干净。

(4)钻孔时应注意观察,随时掌握土层情况。

2)土钉制作与注浆

(1)土钉由钢筋、水泥浆固结体共同组成,杆体钢筋长度应与设计相符。

(2)土钉钢筋的固定支架每隔 2.0 m 设一组,均匀分布。

(3)水泥浆水灰比为 0.45 ~ 0.55。

(4)水泥浆应注满钻孔,补浆次数不少于 2 次。

(5)土钉杆体直径 20 mm。

3)编钢筋网

按设计要求的间距和保护层进行编网、绑扎,搭接长度要符合设计要求,网片与土钉钢筋外上端焊接成一个整体。

4)喷射混凝土

(1)喷射混凝土的强度等级不低于 C20,并根据开挖时天气情况,加入适量的外加剂。

(2)喷浆气压应根据喷浆的距离进行调整。

(3)喷射混凝土之前可在坡面插入短钢筋头,在钢筋上标示出喷射混凝土厚度后施工,喷射混凝土的厚度应不小于设计要求。

4.4.7.2 护坡桩施工工艺及技术要求

鉴于本工程场区内存在地下水且杂填土较厚,因此排除采用人工挖孔桩的方法。决定采用先进的长螺旋成孔,中心压灌混凝土后振动沉入钢筋笼施工工艺,在地面施工。

1. 施工工艺流程

护坡桩施工工艺流程:桩位放线→钻机就位→成孔→压灌混凝土→振动沉入钢筋笼→土方开挖→剔桩头→连梁施工→土方开挖至锚杆位置下 500 mm→锚杆施工→锚杆张拉锁定→土方开挖→桩间土锚喷。

2. 施工方法

本工程护坡桩总体采用长螺旋钻机成孔,中心压灌混凝土后振动下笼成桩工艺。

3. 施工技术要求

(1)成孔前钻机调平,保证钻具中心线与桩位在同一铅垂线上,以确保钻孔倾斜度不大于 1%;对桩位时必须复核准确,开钻时要轻压慢进,防止开孔时钻具跑偏,以保证桩位的水平偏移不超过 5 cm。

(2)当钻进到设计深度后,应准确掌握提拔钻杆时间,混凝土泵送量应与拔管速度相配合,遇到饱和砂土或粉土层不得中途停止,须保证连续拔管供料。混凝土采用 C25 商品豆石混凝土,坍落度为 18 ~ 22 cm,粗骨料粒径 5 ~ 20 mm。

(3)振动沉入钢筋笼时,将钢筋笼振压到孔底,严禁直接压振钢筋笼顶部,防止钢筋笼变形,或贴一边孔壁,振动沉入钢筋笼时应注意钢筋笼配筋的方向性,避免在沉入过程中钢筋笼旋转。

(4)浇筑混凝土前,按施工规范要求制作混凝土试块送实验室养护,达到养护龄期后做抗压试验检验混凝土强度,评定混凝土质量。

4.钢筋笼加工及吊放技术要求

(1)提前做钢筋用料计划,用平板拖车将钢筋运至现场,用吊车进行吊运。钢筋按规格分别码放在指定位置,分类做好材料标识。

(2)钢筋笼在施工现场加工成型,钢筋笼的制作必须符合设计及规范要求。

(3)钢筋的连接采用电焊焊接工艺,单面焊搭接长度 $L \geq 10d$,双面焊搭接长度 $L \geq 5d$。

(4)同截面钢筋接头不得多于主筋总根数的50%,两个接头间的距离应 ≥ 1.3 倍搭接长度,且 ≥ 50 cm。

(5)焊接时应保证焊缝饱满,焊缝厚度 s 不小于 $0.3d$,宽度 b 不小于 $0.7d$。

(6)加强筋与主筋的连接采用点焊,应在加强筋上标出主筋焊接位置,焊接时应顺直主筋,焊点应牢固,但严禁"咬筋",焊接完毕后焊渣应及时清理干净。

(7)为保证混凝土保护层厚度,防止主筋接触孔壁,应设置保护筋,保护筋为 $\phi 14@2000$ 呈"弓"字形均匀点焊在主筋上,且每组保护筋应位于同一截面上。

(8)箍筋与主筋的连接采用22#火烧丝绑扎,相邻绑扎点火烧丝绑扎方向呈"8"字形,严禁顺绑,每个绑点用双股火烧丝"8"字扣绑扎牢固,丝头朝向钢筋笼内侧。箍筋开始与结束位置应水平绕钢筋笼半圈,箍筋搭接长度不小于30 cm并勾住主筋。

(9)钢筋笼制作允许偏差。

①笼径:±10 mm;

②笼长:±50 mm;

③主要间距:±10 mm;

④箍筋间距:±20 mm。

(10)钢筋笼起吊时,保证钢筋笼不弯曲、不扭曲;入孔时,要轻提慢放防止碰撞,钢筋笼下到预定孔深时必须验证纵筋内外侧方向,并校正笼顶标高。

4.4.7.3 连梁施工工艺及技术要求

1.施工工艺流程

连梁施工工艺流程:清理桩头、桩土→绑扎钢筋→支模板→进行钢筋隐蔽验收→进行模板预检→浇筑混凝土→振捣→养护。

2.施工技术要求

1)桩土、桩头处理

成桩后,清理桩顶泥土,凿除浮浆层至露出新鲜混凝土并清洗干净,保证连梁与桩混凝土连接紧密。

2)主筋绑扎

连梁主筋采用绑扎方式连接,搭接长度应满足规范要求,同一截面上接头数量不应大于50%。

3)连梁支模

在基坑内侧单面支模板,模板应连接牢固,模板下部采用木桩固定,上部采用铅丝固定在护坡桩主筋上,内侧加内撑定位。

4）混凝土浇筑

混凝土采用 C25 商品混凝土,坍落度为(200 ± 20)mm。混凝土直接浇筑入模,振捣棒及时振捣密实。

4.4.7.4 锚杆施工工艺

1. 锚杆材料

采用高强度低松弛的钢绞线作锚杆材料,单根钢绞线直径为 15.24 mm,由 7 股 ϕ5 钢绞丝构成。

2. 施工工艺流程

锚杆施工工艺流程:定孔位→成孔→制锚→下锚杆→压力注浆→补浆→养护(安装腰梁)→预应力张拉→预应力锁定。

3. 施工技术要求

(1)成孔护坡桩部位锚杆采用 MDL – 50 型锚杆钻机成孔,成孔直径均为 150 mm。土钉墙部位锚杆采用人工成孔,孔径为 100 mm。成孔前应定出孔位,其水平向误差 50 mm,垂直向误差 100 mm,倾角误差 ±2°。孔深不得小于设计长度,但也不宜大于设计长度的 1%。

(2)组装。

①钢绞线截取。截取长度 = 锚固段长度 + 自由段长度 + 张拉端长度,采取砂轮锯切割。

②钢绞线的除锈、防锈处理。用钢刷去除钢绞线表面浮锈,然后在自由段涂上防锈剂。

③套装隔离层。在自由段套聚乙烯软管,目的是使自由段钢绞线不与注孔水泥浆黏连,从而保证自由段的钢绞线能自由伸缩。

(3)锚杆安装与注浆安装前应检查成孔情况,保证孔深与锚杆长度相匹配。采用人工方法推进,使锚杆与钻孔顺直,安装到位即可利用对中支架进行临时固定。锚杆外露部分要保持清洁,必要时应包裹保护。

注浆采用轻型压力注浆工艺,施工时,为确保注浆饱满,注浆后及时拔出注浆管。注浆材料选用纯水泥浆,其水灰比为 0.50 ~ 0.55,并视天气情况加入适量外加剂。

(4)预应力张拉锚杆注浆体养护时间达到 5 ~ 7 d 后,方可进行预应力张拉锁定。张拉采用逐级换位加压法,张拉值至设计锚力的 90% ~ 100% 后,方可进行预应力锁定。

(5)封锚预应力张拉达到设计值后,做好记号。观察 3 d,没有异常情况即可用手提砂轮机或电焊切除多余钢绞线。

4.4.7.5 桩间土处理

1. 施工工艺流程

桩间土处理施工工艺流程:清桩间土→挂钢板网→喷射混凝土。

2. 施工技术要求

随着土方开挖,自上而下清理桩间土,将两护坡桩之间修成弧形,并且不允许出现过大凹凸。清土完毕后,挂规格为 2 mm 的钢板网,钢板网由插入土中的摩擦锚杆或 ϕ6.5 的 U 形卡固定,面层喷射 50 mm 厚 C20 细石混凝土;钢板网局部滞水丰富处,可采用插入导管引流并用长 2.0 ~ 4.0 m 土钉固定网片后再进行面层锚喷。

4.4.8 基坑支护质量保证措施

4.4.8.1 土钉墙

(1)土钉成孔。成孔所用的洛阳铲头的直径应为(90 ± 10)mm,角度控制在 5° ~ 10°。

(2)坡面修整。修整土坡面时每隔 5 m 左右设控制点,使坡面修整后的坡度达到设计要求。

(3)注浆。第一次注浆后封住孔口,补浆次数不少于 2 次,每次补浆的时间间隔为 10 ~ 30 min,孔口返出水泥浆时即代表孔内水泥浆饱满,此时停止注浆。

(4)钢筋网片绑扎。钢筋网片网格间距为 220 mm,绑扎时先用钢尺放线。绑扎后由专职质检员检查验收后方可进行下一道工序。

(5)喷射混凝土。配合比为水泥:砂:石 = 1:2:2,面层厚度控制可在土坡面上插入钢筋头,并在其上标出所要喷射的混凝土厚度(需做喷射混凝土试块,用标准养护试验检测其强度)。

4.4.8.2 护坡桩

(1)桩孔垂直度控制。用线坠双向测量钻杆的垂直度,满足要求后方可开钻。

(2)桩孔定位的水平偏差要符合要求,定位时钻尖与桩位偏移用圈尺测量。

(3)钢筋笼应经验收合格后方可使用。

(4)成孔后应经验收合格后,方可浇筑混凝土。

4.4.8.3 连梁

(1)开槽尺寸用卷尺测量。

(2)桩头清理干净后方可绑扎钢筋。

(3)绑扎钢筋时用圈尺测量钢筋、箍筋的间距。

(4)钢筋绑扎完成应经验收合格后方可进入下一道工序。

(5)支模时用圈尺测量支模空间尺寸,并经检查合格后方可进入下一道工序。

(6)浇筑混凝土时必须按技术要求进行,用振捣棒及时振捣密实。

4.4.8.4 锚杆

1. 成孔要求

(1)锚杆施工根据设计倾角进行调整,定准孔位后方可成孔,锚杆水平方向孔距误差不大于 50 mm,垂直方向孔距误差不大于 100 mm。

(2)锚杆孔深不小于设计长度,不宜大于设计长度的 1%。

2. 杆体加工及安装

(1)锚杆体制作前对进场材料进行复检,合格后方可使用,杆体制作应在平坦、坚实的地面上进行。

(2)根据设计杆体长度下料,下料尺寸误差不大于 10 cm,下好的料索必须顺直排列。

(3)沿杆体轴线方向每隔 2 m 设置一个隔离架,并用火烧丝将锚索与隔离架捆扎牢固。

(4)非锚固段套 ϕ20 软塑料管,两端用铅丝扎紧并密封。

（5）杆体下端用编织袋扎紧，以便锚杆体顺利下入孔底。

（6）杆体安放前，把注浆管（6#塑料管）插入隔离架中心孔距孔底 30～50 cm，中途遇阻时，可适当调整提动杆体再重新下入。当处理无效时，应将杆体提出孔外，重新清孔。

（7）插入杆体时，孔口预留长度≥0.80 m。

（8）如果锚杆施工遇到地下障碍，则不能强行钻进。当探明障碍物后，可调整锚杆孔位及角度避开管线等障碍。

3．注浆

（1）注浆是锚杆施工的一道重要工序，直接决定锚杆的质量，本次锚杆施工进行二次常压注浆，直至注满锚孔，孔口返出水泥浆。

（2）注浆材料选用水灰比为 0.45～0.55 的纯水泥浆，用 P·O32.5 水泥加水搅拌而成，施工前必须对进场材料进行原材试验，合格后方可使用。选用低压注浆泵进行注浆。

（3）浆液要搅拌均匀且搅拌时间不少于 2 min，浆液随用随搅，不得有灰水离析现象，浆液应在初凝前用完，严防石块、杂物混入浆液。

（4）注浆作业开始和中途停止较长时间后再作业时，宜用水或稀水泥浆润滑注浆泵及注浆管路。

（5）指定专人做好锚杆施工的详细记录。

4．锚杆张拉与锁定

（1）锚杆张拉前对张拉设备进行标定。

（2）锚杆正式张拉之前，取设计轴力值的 10%～20% 对锚杆预张拉 1～2 次，使其各部位的接触紧密，杆体完全平直。

（3）锚杆张拉至设计荷载的 90%～100% 后进行锁定作业，锁定值为锚杆设计锚固力的 75%。

5．钢腰梁的拆除

当基础施工回填至距腰梁约 1.0 m 时可拆除腰梁。拆除方法是用气焊割掉锚杆，用吊车将腰梁吊出。

4.4.8.5　特殊情况处理预案

（1）护坡桩桩身质量问题及处理措施如下：

①常见桩身质量问题主要有扩径、缩径、断径、蜂窝、离析、漏筋和桩短等。针对不同的情况应采取不同的措施。对较轻的缩径、蜂窝、离析、漏筋等缺陷部位的混凝土应剔除，用高一等级的混凝土抹平。

②截面受损严重时，可用锚杆腰梁加固。

③如果局部遇障碍物钻机无法成孔，则可采用人工引孔的方法处理。因地下管线导致桩位偏差较大者，在开挖过程中用土钉墙补强加固。

（2）施工过程中边坡出水而影响坡体稳定的处理措施如下：

①首先与甲方密切配合，了解施工场区周边地下管线（上水、下水、污水、雨水及消防等）是否有渗漏现象，及时切断水源并进行补漏和堵截。

②可采用在桩间设置导流花管的方法将土体中的水导出，基槽内设置盲沟和集水井，用水泵将水尽快排出基槽。必要时在桩间设置土钉墙封堵，防止水土流失。

③增加边坡监测次数,做好记录并及时上报。

(3)边坡位移发生突变,地面产生较大裂缝,位移未有收敛迹象时的处理措施如下:

①应立即停止施工,在第一时间撤离施工现场所有人员,封锁该区路面,禁止各种车辆及人员通行,并及时通知设计人员到场。

②尽快采用坡后卸荷,坡脚下堆土压重或内支撑等方法减缓边坡位移。

③缩短边坡监测周期,同时尽快分析事故原因,找出最有效的解决方案避免事故继续恶化,保证工程顺利进行。

4.4.8.6　基坑支护突发事件应急预案

1.接警与通知

深基坑施工发生安全事故以后,项目部必须立即报告到公司安监部,安监部在了解事故准确位置、事故性质及其他有关情况后,立即报告公司分管领导、主管领导和有关部门,全过程时间不得超过2 h。

2.指挥与控制

(1)基坑开挖引起地面不均匀沉降,引起附近建筑物倾斜时的指挥与控制。当发现附近建筑物倾斜达到警戒值2%时或沉降速度达到0.1 mm/d时,采取的措施如下:

①立即停止基坑开挖,加强基坑支护,措施为增加锚杆数量。

②地面加强措施:在基坑周边5.0 m范围内采用注浆进行加固土体,地面注浆材料采用纯水泥浆,注浆压力为0.5~1.0 MPa,土体加固深度为8.0 m。

③邀请有关专家共同制订建筑物的纠偏方案并组织实施。

(2)突降大雨或暴雨时,立即起动备用水泵抽水,并安排专人不间断地观察基坑的稳定情况。

(3)基坑坍塌事故的指挥控制。发生坍塌事故后,由项目经理负责现场总指挥。发现事故发生人员首先高声呼喊,通知现场安全员,由安全员打抢救电话"120",向上级有关部门或医院打电话抢救,同时通知项目副经理组织紧急应变小组进行现场抢救。工长组织有关人员进行清理土方或杂物,如有人员被埋,应首先按部位进行抢救人员,其他组员采取有效措施,防止事故发展扩大。现场安全负责人随时监测边坡状况,组织人员及时清理边坡上堆放的材料,防止造成再次事故的发生。在向有关部门通知的同时,对轻伤人员在现场采取可行的应急抢救措施,如现场包扎止血等。防止受伤人员流血过多造成死亡事故发生。预先成立的应急小组按人员分工,各负其责,重伤人员由水、电工协助送外抢救,门卫人员在大门口迎接救护车辆,有程序地处理事故、事件,最大限度地减少人员和财产损失。

紧急救援的一般原则:以确保人员的安全为第一,其次是控制材料的损失。紧急救援关键是速度,因为大多数坍塌死亡是窒息死亡,因此救援时间就是生命。此外要培养施工人员正确的处理危险的意识,凡发现险情要立刻使用事故报警系统进行通报,紧急救援响应者必须是紧急工作组成员,其他人员应该撤离至安全区域,并服从紧急工作组成员的指挥。

3.通信

项目部必须将110、120、项目部应急领导小组成员的手机号码、企业应急领导组织成员手机号码、当地安全监督部门电话号码明示于工地显要位置。

4. 警戒与治安

应在事故现场周围建立警戒区域实施交通管制,维护现场治安秩序。

5. 人群疏散与安置

疏散人员工作要有秩序,工作人员要按照指挥人员的疏导要求疏散,做到不惊慌失措,勿混乱、拥挤,减少人员伤亡。

4.4.8.7　施工监测

(1)监控目的:确保基坑施工及基础施工全过程中,基坑边坡、周边建筑物、道路及管线的安全,必须对基坑进行监测,采用信息化施工。

(2)监测项目及范围:坡顶的沉降观测、水平位移观测。

(3)坡顶沉降观测仪器采用 DS_1 精密水准仪,满足国家三级水准测量精度要求。于基坑坡顶处设置若干观测点,在基坑土方开挖前对坡顶观测 3 次,取其平均值作为初始值。

在开挖面开挖时间内每天至少观测 2 次,开挖完成以后 7 d 内每一天至少观测 1 次,8 ~ 15 d 内每两天观测 1 次;若坡顶沉降发展收敛,可每 4 ~ 7 d 观测 1 次。雨水天或有异常情况发生时应增加观测频率。基坑回填至一半时,观测停止。

(4)水平位移观测仪器采用经纬仪,采用视准线法(在基坑开挖面以上的边坡上口延长线上设置基准点,基准点应位于基坑变形影响范围之外。在另一方向上打一个固定目标为后视方向,用带有刻度的标尺放在观测点上,读取数值)。

在土方开挖前,须记录各观测点的初始数据。基坑开挖过程中,每一步土方开挖均须进行基坑变形观测;观测时间 1 d 一次(如变形值较大或有突变时须缩短观测时间间隔),基坑开挖到底 7 d 后,改为每周观测一次,基坑回填完毕后可停止观测。我方基坑支护施工结束后,监测工作由主体施工单位负责。

(5)观测点布置:在坡顶每隔 10 ~ 15 m 布置一个观测点,观测基坑边坡变形。

(6)观测记录及信息反馈:施工前对原场地周围地面、围墙及相邻建筑物等进行全面调查,查清有无原始裂缝和异常,并做记录、拍照存档。施工期间应经常检查基坑周围地面及建筑物有无裂缝出现。将每次边坡位移、建筑物变形观测结果详细记入汇总表并绘制位移曲线,发现变形值较大或发生突变时,除增加观测次数外,须及时分析原因并向上级汇报。当坡顶位移达到监控报警值时(东、西两侧桩锚支护结构的基坑报警值取基坑开挖深度的 1% ,南、北两侧复合土钉墙的报警值取基坑开挖深度的 3% ,分别取 8 mm 及 24 mm),必须立即停止土方开挖,及时汇报,分析位移原因,并采取相应措施,同时与甲方协商,保证工程的继续施工。

(7)每次观测应采用相同的观测方法和观测路线。观测期间使用同一种仪器,一个人操作,不能更换;加强对基坑四周的变形观测,特别是对埋有地下管线的边坡进行重点观测。

4.4.9　主要分项工程及施工进度计划

4.4.9.1　主要分项工程工程量

依据甲方提供的有关图纸及招标文件,可计算各主要分项工程的工程量,见表 4-13。

表4-13 基坑降水、支护工程量统计

基坑降水面积 （m²）	土方量 （m³）	护坡桩 （m³）	桩间土支护 （m²）	土钉墙 （m²）	土钉 （m）	锚杆 （m）	连梁 （m³）	钢腰梁 （m）
4 050.10	32 000	261.12	365.51	1 710.96	3 780	2 478	29.04	296.55

4.4.9.2 施工进度计划

根据本工程各分项工程的施工工艺和施工顺序合理安排施工工期。工期安排的总原则为尽可能将各工序交叉平行作业,以缩短整个项目的工期。

4.4.10 项目部主要劳动力、机械设备及材料计划构成

4.4.10.1 项目管理机构

为了确保工程各项目标的实现,成立专业基坑工程项目部,配备强有力的管理班子,施工管理人员选用政治素质高,技术业务强,有着丰富的施工和管理经验的人员。在管理上制定严格的岗位责任制,做到责任到人,各负其责。

4.4.10.2 劳动力及机械设备、材料构成

本项目的劳动力及机械设备以各分项的工程内容、工期及工程量大小合理安排,项目部主要劳动力及机械设备、材料构成见表4-14～表4-19。

表4-14 劳动力构成及分工

序号	名称	人数	说明
1	项目经理	1	负责整个项目的管理与实施
2	总工程师	1	负责项目施工中的主要技术问题和相应技术措施的编制
3	项目副经理	1	负责现场管理和协调
4	工长	2	负责施工任务的落实
5	质检员	1	负责各分项工程质量检查和质量管理
6	安全员	1	负责施工过程中的安全检查
7	测量员	1	测量、放线
8	资料员	1	施工资料报验及归档
9	材料员	1	材料采购
10	桩机人员	5	护坡桩施工
11	锚杆钻机人员	10	锚杆施工
12	护坡人员	30	土钉墙施工

续表 4-14

序号	名称	人数	说明
13	降水人员	5	降水
14	修理人员	1	设备修理
15	壮工	2	现场清理
16	钢筋工	5	钢筋加工
17	后勤人员	2	食宿安排

表 4-15　主要施工机械计划表

序号	机械、设备名称	规格型号	数量	产地	功率(kW)	施工用途
1	正反循环钻机		2 台	安徽	22	降水井成孔
2	锚杆钻机	MDL – 50	1 台	河南	45	锚杆成孔施工
3	锚杆张拉机	YC – 60	1 台	安徽	1.5	锚杆张拉
4	锚喷机	PZB – 5	1 台	安徽	5.5	喷射混凝土面层
5	搅浆机		1 台	安徽	3	制浆
6	注浆机	BW – 200	1 台	上海	3	土钉、锚杆注浆
7	电焊机	BX400	2 台	河北	22	焊接加工
8	空压机		1 套	河北		喷锚
9	振捣棒		1 套	江苏		振捣混凝土
10	钢筋调直机		1 台	河南		钢筋调直
11	手推车		10 辆	安徽		倒运材料
12	水泵		30 台	浙江		抽水
13	长螺旋钻机		1 台	河北	110	护坡桩施工
14	地泵		1 台	上海	30	护坡桩施工
15	挖掘机	EX300	2 台	江苏		土方开挖

表 4-16　主要施工仪器计划表

序号	仪器名称	型号	数量	产地	制造年份	施工用途
1	数码相机	1200 万相素	1 部	武汉	2015	施工拍照
2	电子经纬仪	DJ_2	1 台	武汉	2015	测量及观测
3	普通水准仪	DS_3	1 台	武汉	2012	水准测量
4	钢卷尺	50 m	2 把	武汉	2015	测量
5	钢卷尺	7.5 m	15 把	武汉	2015	测量、质检
6	磅秤	1 000 kg	3 台	武汉	2012	喷混凝土计量
7	坍落度筒		2 只	武汉	2012	坍落度检测
8	试模	100 mm	9 只	武汉	2012	试块制作

表 4-17　降水工程主要材料计划表

序号	材料名称	规格	序号	材料名称	规格
1	井管	$\phi 380 \sim \phi 400$	3	铁丝	$10^{\#}$
2	砾料	0.3 cm	4	竹片	3.0 m

表 4-18　喷锚工程主要材料计划表

序号	材料名称	规格	序号	材料名称	规格
1	钢筋	$\phi 6.5 \sim 20$	4	石子	$5 \sim 15$ mm
2	水泥	P · O32.5	5	槽钢	$18^{\#}$
3	砂子	中、细砂			

表 4-19　桩锚支护工程主要材料计划表

序号	材料名称	规格	序号	材料名称	规格
1	混凝土	C25	4	工字钢	20b
2	钢筋	$\phi 6.5 \, 、 \phi 14 \, 、 \phi 20$	5	钢绞线	1 860 级
3	垫板	250 mm × 250 mm × 25mm, 120 mm × 120 mm × 10mm	6	锚头	$2 \sim 3$ 孔

4.4.11　质量保证体系及措施

4.4.11.1　质量保证体系

（1）为满足本工程的降水、护坡施工，应制订可靠、可行、先进的设计与施工方案，以保证施工的顺利进行；利用完善的管理结构和质量保证体系，确保各项质量目标的实现。贯彻质量第一、预防为主的方针，执行"谁施工谁负责"的原则，坚持"三检制"的方法，进一步提高工程质量，确保工程安全、顺利进行。

（2）严格按照公司质量体系文件进行施工过程管理，建立本项目的质量保证体系，树立以质量为核心的指导思想。采取可行、有效的措施，确保达到预期的质量目标，最终实现对用户的承诺。

（3）质量保证体系中各级管理部门逐级负责，责权分明。各级质量管理人员对工程质量验收实行自检、交接检查和专职检验员检查"三检制"。做到无计划、无设计不安排施工，没有达到质量标准不交接，没有质量签字不予决算承包合同。质检员、技术主管、监理、甲方四级检查把关。

（4）针对本工程的质量目标，建立一个由高素质人员构成，以科学化管理为体制，全面推行标准化、程序化、制度化管理的质量保证体系。这个体系将以一流的管理、一流的技术、一流的施工和一流的服务以及严谨的工作作风，精心组织、精心施工，履行对业主的承诺。

4.4.11.2　质量保证措施

1.按程序办事,落实施工组织设计、施工方案的措施

(1)严格按程序办事,从各个方面实施控制,防止出现管理死角。设计方案、施工组织设计、施工方案是施工的主要依据。工程管理人员及技术人员要认真熟悉图纸;施工前要进行施工组织设计交底和分项工程技术交底。

(2)要严格按图纸施工,认真地落实施工方案和各项管理措施;要根据现场实际情况,积极采用先进的施工工艺;按施工进度合理调配劳动力;对每道工序都要建立严格的质量检验系统,并起到监督上道工序、保证本道工序、服务下道工序的作用。落实施工方案不得打折扣,经有关方面研究确定后方可修改图纸设计和施工方案。

2.严格落实技术质量管理工作需坚持的原则

(1)全过程控制原则:本工程设立项目技术负责人负责制,对所管理分项全部技术质量工作负责,对进场材料、订货半成品质量、施工质量有否决权。主要材料质量的控制方式为:主渠道、定点厂家和国家认证产品。必须有产品合格证和现场取样复试双项控制。

(2)样板引路原则:对各分项工程,都实行样板制度。统一操作要求,明确质量目标,经监理、甲方认可后再大面积展开,以消除各种通病。

(3)对劳务队实行优质优价原则:加大优良与合格工日的价差,严格验收手续和验收标准。

3.施工过程中的质量控制

(1)三检制。自检:班级完成施工工序后,组织自检;交接检:工长自检完成后,对已完成工序进行检查;专检:项目经理部质检员对班组完成的工序进行检查。

(2)"三检"完成后,由工长填写相关检验批质量验收记录,专职质检员核定,最后请工程监理或甲方核查。

(3)隐蔽工程验收制度。隐蔽工程由项目技术负责人组织,质量检查员、工长、班组长参加检查,并做出较详细的文字记录,所有隐蔽项目,及时请甲方、监理、设计认可并签字。

(4)不定期抽查和定期检查制度。班组在工序施工中进行自检,质检员随时进行抽查;总工程师、项目工程师带领各级工程技术人员定期对工地进行检查,发现问题及时处理。

4.质量通病的防治

由项目经理部主任工程师及各施工项目技术负责人组成防治机构,对于常发生的质量通病给予修治,确保工程顺利开展、进行。

5.物资采购进场

(1)器材部门把好材料、专业设备采购的质量关,按计划分批分期组织好施工所需物资的进场,通过对供货厂家的评审及到场后的复验,保证材料的质量,并做详细的材料标识。

(2)对到场商品混凝土严格按技术要求进行验收。

4.4.11.3　施工试验管理

(1)本工程设置实验室和试验员,合理配置施工试验设备和施工试验设施,保证施工

试验满足施工需求和施工规范中对施工试验的规定。

（2）依照本单位质量体系的规定，对试验工作进行管理，切实保证现场施工中人员操作的真实可靠性，加强器材与试验间的合作，使原材试验工作及时准确、可追溯性强。建立原材及各施工试验的分项台账，按时准确地反映试验结果，保证施工需求。

（3）积极适时地做好施工试验的准备工作，提前完成混凝土配比申请、砂浆配比申请、原材试验等工作。

（4）积极配合监督检验部门的检查，认真及时地做好施工试验的见证取样工作。

4.4.11.4 施工技术资料管理

（1）项目经理部设专职资料员进行施工技术资料的管理工作。资料员按照最新资料管理规程执行，并符合质量监督站的有关规定。资料员全面负责技术资料的收集、整理、注册、归档等日常工作，并了解施工质量及进度情况，及时督促资料到位，保证资料与工程同步。

（2）现场技术负责人负责协调相关部门，疏通好各部门业务工作，确保原始资料的准确及时，并督促资料编制人员的完成情况，定期检查资料的达标情况，确保资料优质。质检员负责质量审核，严把质量关，按验收标准核定等级，签证齐全。

（3）对文字难以叙述的，应随工程进度同步摄制工程照片，并具有连续性。

4.4.12 施工现场安全管理措施

4.4.12.1 安全目标与制度

（1）项目经理部将本着"安全第一、预防为主"的安全方针，严抓施工安全，确保基坑施工期间无重大工伤事故，并杜绝死亡事故。项目经理部负责整个现场的安全生产工作，严格按照施工组织设计和施工技术措施规定的有关安全措施组织施工。

（2）由于该工程的规模较大，地理位置重要，决定了现场施工安全的重要性，因此项目部进场后成立以项目经理任组长的安全文明施工领导小组。

（3）根据住房和城乡建设部、市建委制定的文件和规定建立健全各项现场安全管理制度，并将各项制度落实到人，实行安全生产奖罚制度。

（4）实行安全技术交底制。项目经理部进场后，立即由项目经理组织召开工作安排会，并由现场生产经理根据安全措施要求和现场实际情况，对管理人员进行安全交底，由各级管理人员再分别对作业人员进行书面交底。

（5）实行班前检查制。班组施工前，要由分项负责人对作业面进行安全检查，发现问题及时通知现场生产经理，进行协调整改。

（6）实行定期安全活动制。经理部每周进行一次对全体员工的安全教育，针对上一周安全方面存在的问题进行总结，并对本周的安全重点和注意事项做必要的交底，使广大员工能够心中有数，从意识上时刻绷紧安全这根弦。

（7）实行危急情况停工制。一旦出现危及职工生命安全的危险情况，要立即停工，并分析原因，采取措施排除险情。

（8）全面开展三级安全教育。要求由各专业负责人编制并实施安全交底，交底要落实到人，并要以文字的形式记录，被交底人要签字认可，工长以上人员经考核合格后才能

上岗。

4.4.12.2　施工安全措施

（1）施工过程中严格遵守"先防护、后施工"的规定,严禁在没有任何防护的情况下违章作业。

（2）现场的各项安全管理制度以标牌形式设置在操作地点,以便管理人员和作业人员随时看到,牢记在心。

（3）安排专人负责管理现场安全内业资料,要求收集齐全。

（4）进场施工人员必须戴安全帽,项目管理人员和作业人员佩戴不同色的安全帽,便于管理。

（5）土方开挖深度超过 5 m 时,设置位移观测点。间距 20 m 设置一个观测点,土方开挖后每天观测一次,支护施工完毕,当位移稳定后每周观测一次,观测记录报甲方与监理部门。如观测值有异常突变,应立即会同技术人员分析原因,采取紧急措施。

（6）组织人力对周围建筑物进行监测,重点进行土方开挖后的变形调查及裂缝跟踪观测。

（7）土方开挖时,按选定地点留置马道位置。基坑四周 3 m 范围内,严禁堆放重物,并设 1.2 m 高防护栏,护栏刷红白相间警示色,夜间设红色警示灯。

（8）边坡支护时,进行喷射混凝土操作的人员,均佩戴防护目镜,以防飞溅的石子伤害眼睛。

4.4.12.3　临时用电管理措施

（1）施工现场临时用电执行国家建设部制定的《施工现场临时用电安全技术规范》（JGJ 46—2005）。

（2）电工持证上岗,检修电路及接电由两人进行,符合"一干一看"要求,作业时佩戴齐全有效的防护用具。

（3）严格按施工平面图的要求布置临电系统,线缆及配电箱的布设安装要符合 JGJ 46—2005 的有关要求,经测试验收合格后正式投入使用,办理相关的验收手续,并记录存档。

（4）现场均采用标准的成品配电箱。箱内贴有配电箱电路系统图,且每个电气配件边均有标识。配电箱的接线均采用下进线,安装就位后还应设防护栏杆。

（5）现场一律采用"三级配电"制及"一机一闸"制,严禁乱接电线,严禁使用多处龟裂和严重破损的电缆。

（6）每天临时水电负责人要对现场的情况进行检查,发现问题及时整改,如不能立即整改应通知作业人员注意操作,或令其停止作业。

4.4.12.4　机械管理措施

（1）现场机械安置必须符合施工平面布置图的要求。

（2）施工机械需有使用、检测记录,并有定期检查方案。

（3）钢筋加工区整洁,防护设备齐全。钢筋调直机、切断机定人定机负责管理,随机有安全操作规程。加工下脚料要及时清理干净,机械部位润滑良好、固定、接地可靠。

(4)电焊机、切割机等机电设备,要求开关灵敏,接地可靠,电源线必须绝缘良好,无漏电。

4.4.12.5　现场文明施工

1.料具管理措施

(1)严格按施工平面图建立仓库和料场,设置地点尽量方便施工,避免或减少二次搬运。

(2)水泥库室内地面高出室外20 cm。

(3)露天堆放材料时要码放整齐,符合要求,不妨碍交通。堆放材料时设围挡,围挡高度不低于0.5 m。

(4)现场材料保管必须执行总公司质量体系文件,材料储藏要统一规格,合理布局,分类码放,采取有效的保管措施。

(5)现场材料出库发放要依据“材料需用计划”或“任务书”发料。对露天存放的不易控制的材料,按工程实际耗用量,并经预算、分项负责人、项目经理签字确认,尽量少露天堆放。

(6)砂石和其他散料应随用随清,不留料底;现场作业面做到活完、料清、场地清。

2.防止扰民措施

(1)控制作业时间,对施工中产生较大噪声的施工项目,特别是喷锚施工等尽可能安排在白天施工,较小噪声的施工项目尽可能安排在夜间施工,以减少施工对周围居民的影响。

(2)夜晚现场的探照灯避免射向周围居民生活区,尽量将探照灯灯光向施工中心区投射,以减少对周围居民的影响。

3.消防保卫措施

(1)现场设置消防栓。

(2)每天对现场防火情况及消防设施进行检查,确保消防设施完好有效,及时消除火灾隐患。

(3)坚持现场用火审批制度,电气焊作业面上要有灭火器材。电焊要双线到位,不得以钢筋、铁件做回路电线。

(4)进场的易燃、易爆物品,设专人负责保管;严格履行出入库手续,防止各种不安全隐患及事故的发生。

4.4.13　冬期施工技术措施

由于本工程施工有可能进入冬季,为确保冬期施工的质量和安全,提出如下冬期施工技术措施。

4.4.13.1　冬期施工准备

(1)准备冬期施工保温材料,施工机械设备应采取防冻措施。

（2）组织冬期施工培训,学习冬期施工有关规范、规定和冬期施工的理论、技术操作,进行冬期施工防火、防冻、防煤气中毒等思想和安全教育,提高职工冬期施工意识,建立有效的冬期施工各项规章、责任和值班制度。

4.4.13.2　冬期施工具体技术措施

（1）施工现场有专人负责测温,测温人员要经常与供热、保暖人员联系,如发现异常情况立即处理。

（2）材料的存放保管、配制由专人负责,认真做好记录。对有毒物品,操作人员采取安全措施。

（3）成孔施工。

①机械施工时,在低温度下电缆、电线等其他橡胶材料易发生脆化和绝缘性能降低等现象,不得磕碰、硬折、碾压,防止漏电伤人,必要时对其浅埋处理。

②水泥浆输送管应采取必要的保温措施,防止其受冻。

③施工现场所有的阀门在负温下用保温材料包好,以防受冻。

（4）注浆。

①成孔后及时浇筑水泥浆并应做好水泥浆浇筑的准备工作。

②桩体所用水泥浆进入冬期施工后应按照冬期施工要求进行搅拌,必要时适当添加防冻剂或早强剂。

③浇筑前应有专人测量浆体的入孔温度,混凝土的浇筑温度不得低于 5 ℃;浇筑时要一气呵成,间歇时间不得过长。

④桩顶连梁浇筑完毕后即采取必要的保温措施,防止其受冻。

（5）喷射混凝土。

喷射时间应安排在白天 9:00～16:00 进行,喷射混凝土完毕后应及时用保温草被盖好,以防受冻。喷射混凝土时,应在混合料中加入适量防冻剂。

4.4.14　附图

（1）附图 A-1　拟建建筑物与已有临近建筑物平面位置图。

（2）附图 A-2　基坑支护平面布置图。

（3）附图 A-3　基坑位移观测点平面布置图。

（4）附图 A-4　基坑支护剖面图 1—1。

（5）附图 A-5　基坑支护剖面图 2—2。

（6）附图 A-6　基坑支护立面图 1—1、2—2。

（7）附图 A-7　基坑支护剖面图 3—3。

（8）附图 A-8　基坑支护剖面图 4—4。

（9）附图 A-9　基坑支护剖面图 5—5。

（10）附图 A-10　基坑支护立面图 4—4、5—5。

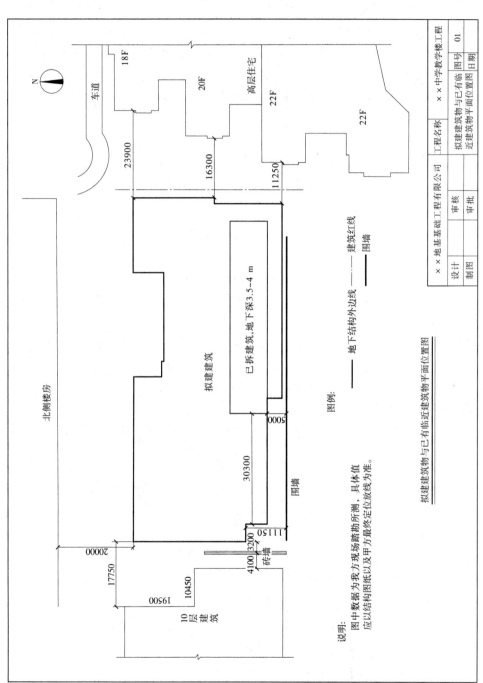

附图 A-1 拟建建筑物与已有临近建筑物平面位置图

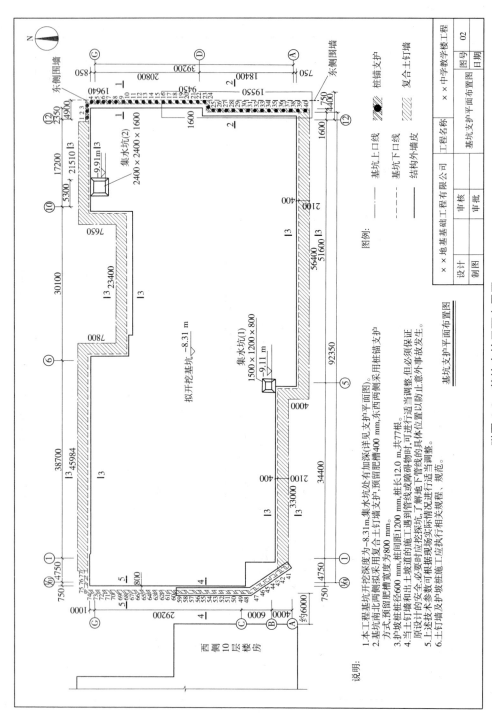

附图 A-2　基坑支护平面布置图

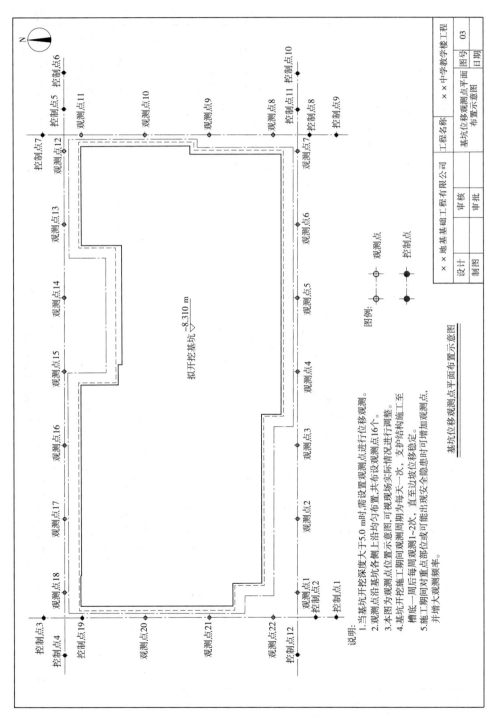

附图 A-3 基坑位移观测点平面布置图

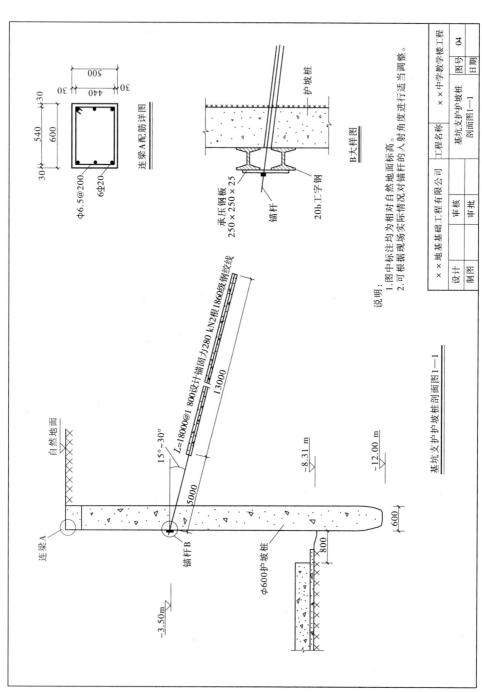

附图 A-4　基坑支护护坡桩剖面图 1—1

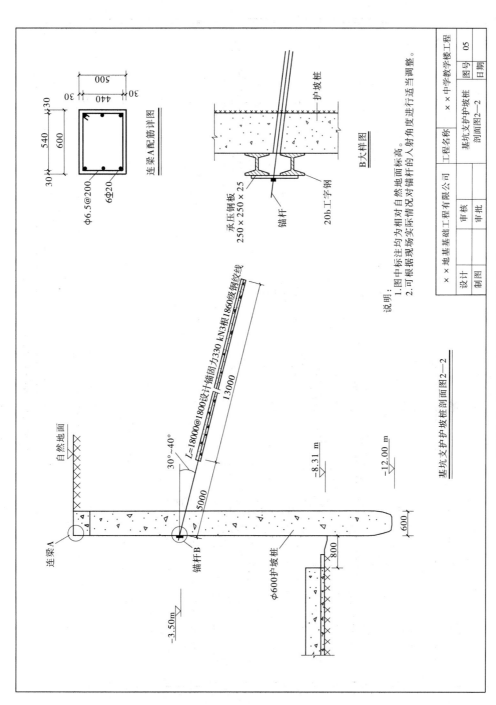

附图 A-5　基坑支护护坡桩剖面图 2—2

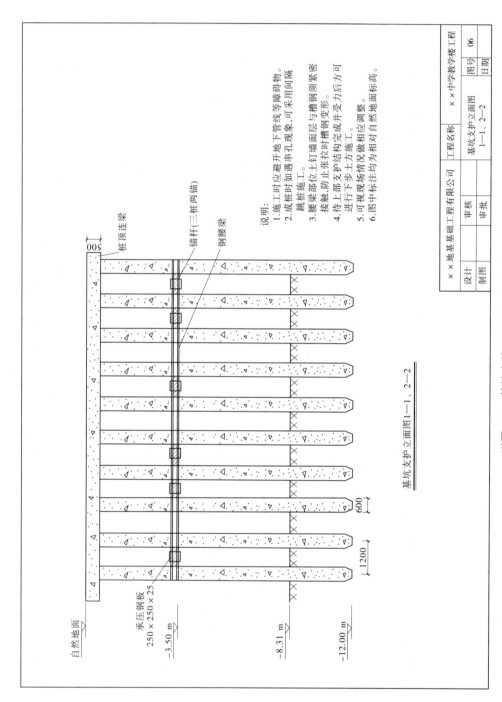

附图 A-6　基坑支护立面图 1—1,2—2

基坑支护立面图 1—1、2—2

说明:
1. 施工时应避开地下管线等障碍物。
2. 成桩时如遇串孔现象,可采用间隔跳桩施工。
3. 腰梁部位土钉端面与槽须紧密接触,防止张拉时槽钢变形。
4. 待上部支护结构完成并受力后方可进行下步土方施工。
5. 可视现场情况做相应调整。
6. 图中标注均为相对自然地面标高。

桩顶连梁

锚杆(三桩两锚)

钢腰梁

承压钢板
250×250×25

自然地面

−3.50 m

−8.31 m

−12.00 m

500

600

1200

× × 地基基础工程有限公司		工程名称	× × 中学教学楼工程	
设计		审核	基坑支护立面图 1—1、2—2	图号	06
制图		审批		日期	

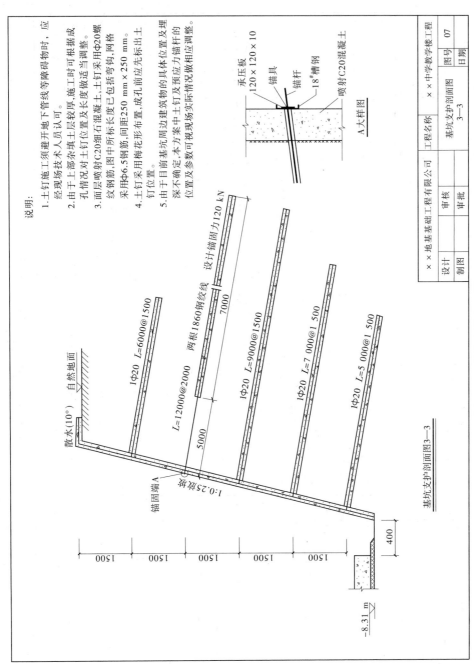

附图A-7 基坑支护剖面图3—3

说明：

1. 土钉施工须避开地下管线等障碍物时，应经现场技术人员认可。

2. 由于上部杂填土层较厚，施工时可根据成孔情况对土钉位置及长度做适当调整。

3. 面层喷射C20细石混凝土。土钉采用Φ20螺纹钢筋，图中所标长度已包括弯钩。网格采用Φ6.5钢筋，间距250 mm×250 mm。

4. 土钉采用梅花形布置。成孔前应先标出土钉位置。

5. 由于目前基坑周边建筑物的具体位置及埋深不确定，本方案可视现场实际情况对锚杆的位置及参数做相应调整。

基坑支护剖面图3—3

自然地面

散水(10°)

锚固端A

1:0.25放坡

1Φ20 L=6000@1500

L=12000@2000

设计锚固力120 kN

两根1860钢绞线

7000

5000

1Φ20 L=9000@1500

1Φ20 L=7 000@1 500

1Φ20 L=5 000@1 500

1500 1500 1500 1500 1500

400

−8.31 m

承压板
120×120×10

锚具

锚杆

18#槽钢

喷射C20混凝土

A大样图

××地基基础工程有限公司		工程名称	××中学教学楼工程
设计		基坑支护剖面图	图号 07
制图	审核	3—3	
	审批	日期	

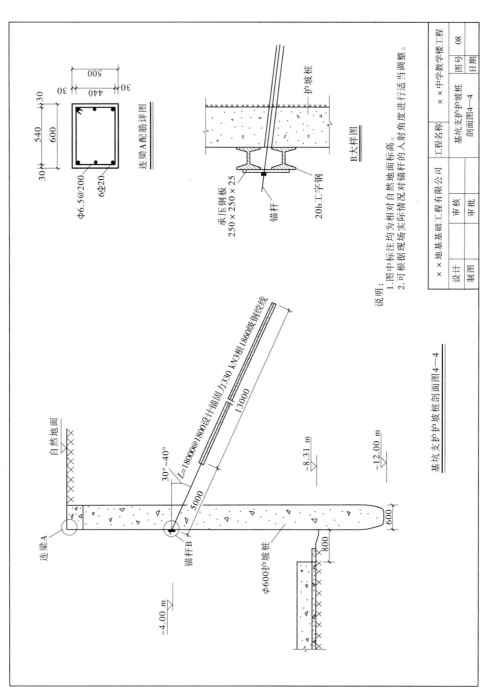

连梁A配筋详图

Φ6.5@200
6Φ20

B大样图

承压钢板
250×250×25
锚杆
20b工字钢

护坡桩

说明：
1. 图中标注均为相对自然地面标高。
2. 可根据现场实际情况对锚杆的入射角度进行适当调整。

基坑支护护坡桩剖面图4—4

连梁A

自然地面

30°~40°
L=18000@1800设计锚固力330 kN3根1860级预应线

13000

5000

−4.00 m

−8.31 m

−12.00 m

600

锚杆B

Φ600护坡桩

800

××地基基础工程有限公司		工程名称	××中学教学楼工程
设计		基坑支护护坡桩 剖面图4—4	图号 08
制图			日期
审核			
审批			

附图 A-8　基坑支护护坡桩剖面图 4—4

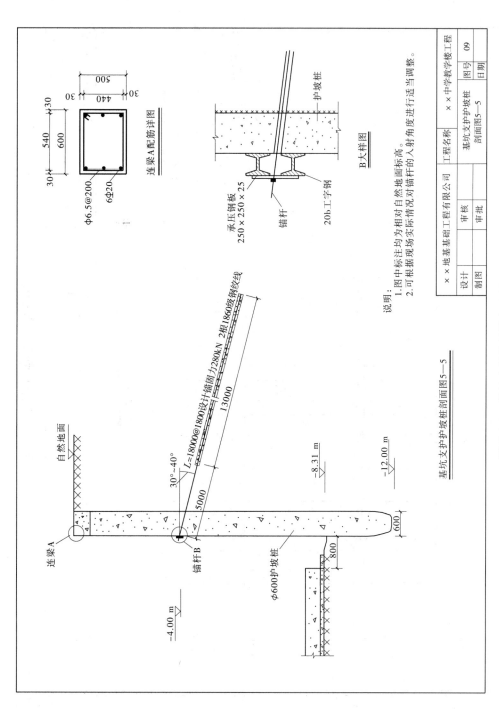

附图 A-9 基坑支护护坡桩剖面图 5—5

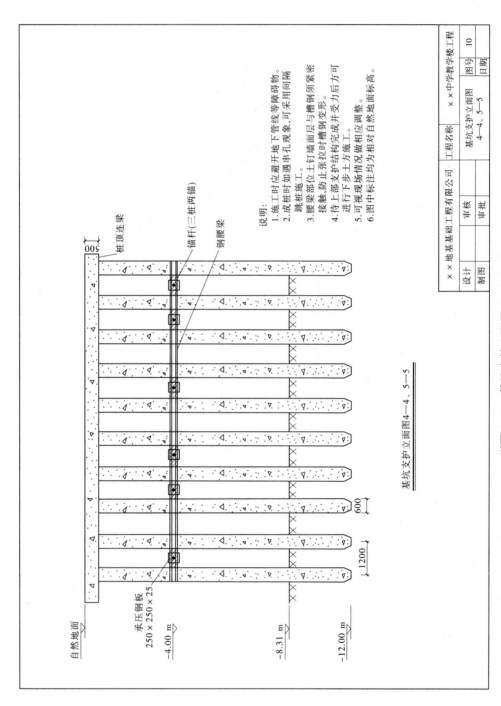

说明:
1. 施工时应避开地下管线等障碍物。
2. 成桩时如遇串孔现象,可采用间隔跳桩施工。
3. 腰梁部位土钉墙面层与槽钢须紧密接触,防止张拉时槽钢变形。
4. 待上部支护结构完成并受力后方可进行下步土方施工。
5. 可视现场情况做相应调整。
6. 图中标注均为相对自然地面标高。

基坑支护立面图 4—4、5—5

附图 A-10　基坑支护立面图 4—4,5—5

桩顶连梁

锚杆(三桩两锚)

钢腰梁

500

自然地面

承压钢板
250×250×25

−4.00 m

−8.31 m

−12.00 m

600

1200

××地基基础工程有限公司		工程名称	××中学教学楼工程
设计		基坑支护立面图	图号	10
制图	审核	4—4、5—5	日期	
	审批			

练习题

一、填空题

1. 基坑支护结构极限状态分为(　　　)和(　　　)。

2. 基坑开挖深度小于7 m,且周围环境无特别要求的基坑为(　　　)级基坑。

3. 基坑边缘堆置土方和建筑材料,或沿挖方边缘移动运输工具和机械,一般应离基坑上部边缘不少于(　　　)m,弃土高度不大于(　　　)m。

4. 作用在支护结构上的荷载主要有(　　)压力和(　　)压力。

5. 排桩、地下连续墙支护结构施工主要包括排桩、(　　　)、(　　　)、(　　　)、锚杆等施工内容。

二、单项选择题

1. 下列支护结构可以用于基坑侧壁支护等级为一级的是(　　　)。

　A.排桩和地下连续墙　　B.逆作拱墙　　C.土钉墙　　　　D.水泥土墙

2. 基坑侧壁安全等级和重要性系数对应正确的是(　　　)。

　A.二级为1.10　　　　　B.特级为1.20　C.三级为1.0　　　D.一级为1.10

三、实践操作

1. 基坑降排水施工仿真训练。

2. 基坑边坡与支护施工仿真训练、施工方案编制。

学习项目 5　地基处理与垫层施工

【学习目标】

(1)掌握换填法、排水固结法、强夯法、灰土挤密桩法、CFG 桩复合地基施工等地基处理方法、安全要求以及质量验收标准。

(2)掌握混凝土垫层、砂土和灰土垫层施工工艺流程、质量验评方法以及安全技术措施编制技术。

(3)结合实例训练掌握地基处理施工方法、工艺过程、质量与安全措施编制技术。

5.1　地基处理

在建筑工程中遇到工程结构的荷载较大,地基土质又较软弱(强度不足或压缩性大),不能作为天然地基时,可针对不同情况,采用各种人工加固处理的方法,以改善地基性质、提高承载力、增加稳定性、减少地基变形和基础埋置深度。

地基加固的原理是:"将土质由松变实"和"将土的含水量由高变低",即可达到地基加固的目的。但需指出,在拟订地基加固处理方案时,应充分考虑地基与上部结构共同工作的原则,从地基处理、建筑、结构设计和施工方面均应采取相应的措施进行综合治理,绝不能单纯对地基进行加固处理,否则不仅会增加工程费用,还难以达到理想的效果。其具体的措施有:

(1)改变建筑体形,简化建筑平面。

(2)调整荷载差异。

(3)合理设置沉降缝。沉降缝位置宜设在地基不同土层的交接处,或地基同一土层厚薄不一处;建筑平面的转折处;荷载或高度差异处;建筑结构或基础类型不同处;分期建筑的交界处,局部地下室的边缘;过长房屋的适当部位。

(4)采用轻型结构、柔性结构。

(5)加强房屋的整体刚度。如在混合结构房屋中增设圈梁、构造柱;减小房屋的长高比;采用筏式基础、箱形基础等。

(6)对基础进行移轴处理。当偏心荷载较大时,可使基础轴线偏离柱的柱线。

(7)施工中正确安排施工顺序和施工进度。如对相邻的建筑,应先施工重、高(荷载重、高度大)的建筑,后施工轻、低(荷载轻、高度小)的建筑;对软土地基则应放慢施工速度,以便使地基排水固结,提高承载力。

地基处理技术发展迅速,地基加固方法很多,且工程技术人员还在不断地创造性出一些新的处理方法。表 5-1 是按照其原理进行分类的,在选择地基处理方案时,应考虑上部结构、基础和地基的共同作用,并经过技术经济比较,选用地基处理方案或加强上部结构和处理地基相结合的方案。

表 5-1　地基处理方法分类

编号	分类	处理方法	原理及作用	适用范围
1	换土垫层	砂垫层,素土垫层,灰土垫层,矿渣垫层	以砂石、素土、灰土和矿渣等强度较高的材料置换地基表层软弱土,提高持力层的承载力,扩散应力,减少沉降量	适用于处理暗沟、暗塘等软弱土地基
2	排水固结	天然地基预压,砂井预压,塑料排水带预压,真空预压,降水预压	在地基中增设竖向排水体,加速地基的固结和强度增长,提高地基的稳定性,加速沉降发展,使基础沉降提前完成	适用于处理饱和软弱土层,对于渗透性极低的泥碳土,必须慎重对待
3	振密挤密	振冲挤密,灰土挤密桩,砂桩,石灰桩,爆破挤密	采取一定的技术措施,通过振动或挤密,使土体的孔隙减少、强度提高,必要时,在振动挤密过程中,回填砂、砾石、灰土、素土等,与地基土组成复合地基,从而提高地基的承载力,减少沉降量	适用于处理松砂、粉土、杂填土及湿陷性黄土
4	置换及拌入	振冲置换,深层搅拌,高压喷射注浆,石灰桩等	采取专门的技术措施,以砂、碎石等置换软弱土地基中部分软弱土,或在部分软弱土地基中掺入水泥、石灰或砂浆等形成加固体,与未处理部分土组成复合地基,从而提高地基承载力,减少沉降量	适用于处理黏性土、冲填土、粉砂、细砂等土层。振冲置换法对于不排水抗剪强度小于 20 kPa 时慎用
5	碾压及夯实	重锤夯实,机械碾压,振动压实,强夯(动力固结)	利用压实原理,通过机械碾压夯击,把各层地基土压实,强夯则利用强大的夯击能,在地基中产生强烈的冲击波和动应力,迫使土动力固结密实	适用于处理碎石土、砂土、粉土、低饱和度的黏性土、杂填土等土层,对饱和黏性土应慎重采用
6	加筋	土工合成材料加筋,锚固,树根桩,加筋土	在地基或土体中埋设强度较大的土工合成材料、钢片等加筋材料,使地基或土体能承受抗拉力,防止断裂,保持整体性,提高刚度,改变地基土体的应力场和应变场,从而提高地基的承载力,改善变形特性	适用于处理软弱土地基、填土及陡坡填土、砂土等
7	其他	灌浆,冻结,托换技术,纠偏技术	通过独特的技术措施处理软弱土地基	根据实际情况确定

5.1.1　换填法施工

换填法也称换土垫层法,是将在基础底面以下处理范围内的软弱土层部分或全部挖去,然后分层换填密度大、强度高、水稳定性好的砂、碎石或灰土等材料及其他性能稳定和无侵蚀性的材料,并碾压、夯实或振实至要求的密实度。

换土垫层按其回填材料的不同可分为砂垫层和砂砾石垫层、碎石垫层、素土垫层、灰土垫层、矿渣垫层、粉煤灰垫层等。垫层的作用一是提高浅基础下地基的承载力,满足地基稳定要求;二是减少沉降量;三是加速软弱土层的排水固结;防止持力层的冻胀或液化。

(1)砂垫层和砂砾石垫层是采用砂或砂砾石混合物,经分层夯实而成的。砂垫层和砂砾石垫层替换了基础下一定厚度的软弱土层,提高地基承载力,并通过垫层的压力扩散作用,降低对地基的压应力,减少沉降量,而且由于砂石材料透水性大,可作为良好的排水层,加速软弱土层的排水固结。

(2)素土垫层是先挖去基础底面下的部分或全部软弱土层,然后分层回填较好的素土夯实而成。素土垫层所用的土料一般为黏土或粉质黏土,有机物含量不得超过5%,亦不得含有冰土或膨胀土。

(3)灰土垫层是将基础底面下要求范围内的软弱土层挖去,用石灰与土按一定体积比(石灰与土的体积配合比宜为2:8或3:7)配合而成的灰土,在最优含水量的情况下,分层回填夯实或压实。

换土垫层法适用于淤泥、淤泥质土、湿陷性黄土、素填土、杂填土地基及暗沟、暗塘等的浅层处理或不均匀地基处理。当在建筑物范围内上层软弱土较薄时,可采用全部置换处理;对于建筑物范围内局部存在古井、古墓、暗塘、暗沟或拆除旧基础的坑穴等,可采用局部换填法处理。换填法的处理深度通常控制在3 m以内较为经济合理。

目前,国内常用的垫层施工方法主要有机械碾压法、重锤夯实法和平板振动法。

5.1.1.1　机械碾压法

机械碾压法是采用压路机、推土机、羊足碾或其他压实机械来压实地基土。施工时先将拟建建筑物范围一定深度内的软弱土挖去,开挖的深度和宽度应先根据换土垫层设计的具体要求确定,然后在基坑底部碾压,最后将砂石、素土或灰土等垫层材料分层铺垫在基坑内,逐层压实。

5.1.1.2　重锤夯实法

重锤夯实法是用起重机械将夯锤提升到一定高度,然后自由落锤,不断重复夯击以加固地基。重锤夯实法一般适用于地下水位距地表0.8 m以上,有效夯实深度内土的饱和度小于并接近0.6时。当夯击振动对邻近建筑物或设备产生有害影响时,不得采用重锤夯实。

采用重锤夯实法施工时,应控制土的最优含水量,使土粒间有适当的水分润滑,夯击时易于互相滑动挤压密实,同时应防止土的含水量过大,避免夯击成"橡皮土"。

5.1.1.3　平板振动法

平板振动法是利用振动压实机(见图5-1)来压实非黏性土或黏粒含量少、透水性较好的松散杂填土地基的方法。

振动压实的效果与填土成分、振动时间等因素有关。振动时间越长,效果越好,但振动超过一定时间后,振动引起的下沉基本稳定,再继续振动也不能进一步压实。因此,施工前应进行试振,确定振动时间。振动压实施工时,先振基槽两边,后振中间,其振实的标准是以振动压实机原地振实不再继续下沉为合格,并以轻便触探试验检验其均匀性及影响深度。

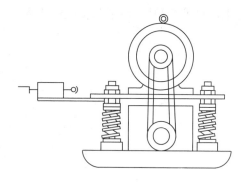

图 5-1　振动压实机示意图

5.1.2　排水固结法施工

排水固结法是对天然地基,或先在地基中设置砂井(袋装砂井或塑料排水带)等竖向排水体,然后利用建筑物本身重量分级逐渐加载;或在建筑物建造前在场地上先行加载预压,使土体中的孔隙水排出,逐渐固结,地基发生沉降,同时强度逐步提高的方法。

排水固结的原理是地基在荷载作用下,通过布置竖向排水井(袋装砂井或塑料排水带等),使土中的孔隙水被慢慢排出,孔隙比减小,地基发生固结变形,地基土的强度逐渐增大。

排水固结法主要用于解决地基的沉降和稳定问题。为了加速固结,最有效的办法就是在天然土层中增加排水途径,缩短排水距离,设置竖向排水井(袋装砂井或塑料排水带),以加速地基的固结,缩短预压工程的预压期,使其在短时期内达到较好的固结效果,使沉降提前完成,并加速地基土抗剪强度的增长,使地基承载力提高的速率始终大于施工荷载增长的速率,以保证地基的稳定性。

按照采取的各种排水技术措施的不同,排水固结法可分为堆载预压、真空预压、真空和堆载联合预压几种方法。

5.1.2.1　砂井堆载预压地基

对深厚软黏土地基,应设置塑料排水带或袋装砂井等排水竖井。排水竖井分为普通砂井、袋装砂井和塑料排水带。竖向排水通道设置原理如图 5-2 所示。

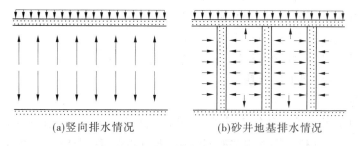

(a)竖向排水情况　　　　　(b)砂井地基排水情况

图 5-2　竖向排水通道设置原理

砂井堆载预压地基(见图 5-3)是在软弱地基中用钢管成孔,孔中灌砂并振实形成砂井作为竖向排水通道(可缩短排水距离),并在砂井顶部设置水平排水的砂垫层,在砂垫层上部再堆载预压,使地基土固结压密。

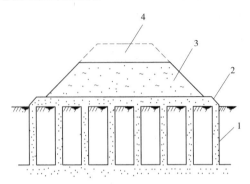

1—砂井;2—砂垫层;3—永久性填土;4—临时超载填土

图 5-3　砂井堆载预压地基剖面示意图

1. 特点及适用范围

砂井堆载预压地基可加速饱和软黏土的排水固结,使沉降及早完成(下沉速度可加快 2.0 ~ 2.5 倍),同时可大大提高地基的抗剪强度和承载力,防止地基土滑动破坏,而且施工机具、方法简单,就地取材,可缩短施工期限,降低造价。

适用于透水性低的饱和软弱黏性土加固,用于机场跑道、油罐、冷藏库、水池、水工结构、道路、路堤、堤坝、码头、岸坡等工程地基处理。对于泥炭等有机沉积地基则不适用。

2. 施工要点

(1)在地表铺设与排水竖井相连的砂垫层,其厚度不应小于 500 mm,砂垫层砂料宜用中粗砂,黏粒含量不宜大于 3%,砂料中可混有少量粒径小于 50 mm 的砾石。

(2)普通砂井直径可取 300 ~ 500 mm。根据我国的工程实践,竖井的间距可按井径比 $n = 6 ~ 8$ 选用($n = d_e/d_w$, d_e 为竖井的有效排水直径, d_w 为竖井直径)。

(3)砂井的灌砂量应按井孔的体积和砂在中密状态时的干密度计算,其实际灌砂量不得小于计算值的 95%。

(4)堆载预压的预压荷载应分级施加,保证每级荷载下地基的稳定性,预压荷载一般宜取等于或大于设计荷载,堆载的顶面宽度应小于建筑物的底面宽度,底面应适当放大,作用于地基上的荷载不得超过地基的极限荷载。

用普通砂井法处理软土地基,如地基土变形较大或施工质量稍差常会出现砂井被挤压截断,不能保持砂井在软土中排水通道的畅通,影响加固效果。近年来,在普通砂井的基础上,出现了以袋装砂井和塑料排水带代替普通砂井的方法。

5.1.2.2　袋装砂井堆载预压地基

1. 特点及适用范围

袋装砂井堆载预压地基的特点是:所用设备实现了轻型化,成孔时对软土扰动小,有利于地基土的稳定,有利于保证砂井的连续性,不易混入泥沙,或使透水性减弱;采用小截面砂井,用砂量少;其间距较小,排水固结效率高;工程造价降低,每平方米地基的袋装砂井费用仅为普通砂井的 50% 左右。采用袋装砂井使砂井的设计和施工更趋合理和科学化,是一种比较理想的竖向排水体系。

其适用范围同砂井堆载预压地基。

2. 施工要点

(1)袋装砂井的施工程序是:定位→沉入导管,将砂袋放入导管→往管内灌水(减小砂袋与管壁的摩擦力)→拔管,将砂袋充填在孔中形成砂井。

(2)定位要准确,砂井要有较好的垂直度,以确保排水距离与理论计算一致。

(3)袋装砂井直径可取 70~120 mm,间距可按井径比 $n = 15~22$ 选用。

(4)砂袋一般采用聚丙烯编织布、玻璃丝纤维布等,应具有良好的透水性、透气性,具有足够的抗拉强度、耐腐蚀、对人体无害等特点。

(5)灌入砂袋中的砂宜用风干砂,并应灌制密实。不宜采用湿砂,避免干燥后,体积减小,造成袋装砂井缩短与排水垫层不搭接等质量事故。

(6)确定袋装砂井施工长度时,应考虑袋内砂的体积减小、袋装砂井在井内的弯曲、超深以及伸入水平排水垫层内的长度等因素,防止砂井全部沉入孔内,造成顶部与排水垫层不连接,影响排水效果。

5.1.2.3　塑料排水带堆载预压地基

塑料排水带堆载预压地基(见图 5-4),是将塑料排水带用插板机将其插入软弱土层中,组成垂直和水平排水体系,然后在地基表面堆载预压,使土中水沿塑料排水带的沟槽上升溢出,经砂垫层排出,使地基得到加固。

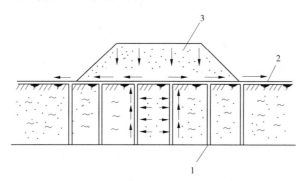

1—塑料排水带;2—土工织物;3—堆载

图 5-4　塑料排水带堆载预压地基

1. 特点及适用范围

塑料排水带堆载预压地基的特点是:塑料排水带质量轻,强度高,耐久性好,便于施工操作;施工机械轻便,效率高,运输省,管理简单,能在超软弱地基上施工;加固效果与袋装砂井相同,承载力可提高 70%~100%,经 100 d,固结度可达到 80%;加固费用比袋装砂井节省 10% 左右。

适用范围与砂井堆载预压、袋装砂井堆载预压相同。

2. 施工要点

(1)塑料排水带打设程序:定位→将塑料排水带通过导管从管下端穿出→将塑料排水带与桩尖连接贴紧管下端并对准桩位→打设桩管插入塑料排水带→拔管、剪断塑料排水带。其工艺流程如图 5-5 所示。

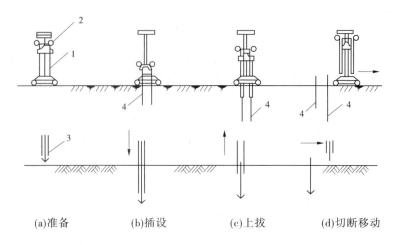

(a)准备　　　　　(b)插设　　　　　(c)上拔　　　　(d)切断移动

1—套杆;2—塑料带卷筒;3—钢靴;4—塑料排水带
图 5-5　塑料排水带插带工艺流程

(2)塑料排水带的性能指标必须符合设计要求。塑料排水带在现场应妥加保护,防止阳光照射、破损或污染,破损或污染的塑料排水带不得用于工程中。

(3)塑料排水带需接长时,为减小带与导管的阻力,应采用滤膜内芯带平搭接的连接方法,搭接长度宜大于 200 mm,以保证输水畅通和搭接强度。

(4)塑料排水带和袋装砂井施工时,平面井距偏差不应大于井径,垂直度偏差不应大于 1.5% ,深度不得小于设计要求。

(5)塑料排水带和袋装井砂袋埋入砂垫层中的长度不应小于 500 mm。

5.1.2.4　真空预压地基

真空预压地基(见图 5-6)是以大气压力作为预压荷载,它是先在需加固的软黏土地基表面铺设砂垫层或砂砾层,用不透气薄膜覆盖且四周密封,在砂垫层内埋设渗水管道,然后与真空泵连通进行抽气,使薄膜下的地基土固结压密的地基处理方法。

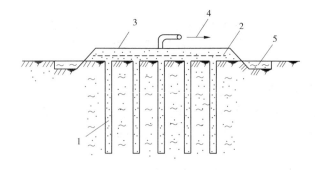

1—砂井;2—砂垫层;3—薄膜;4—抽水、气;5—黏土
图 5-6　真空预压地基

1.特点及适用范围

真空预压的特点是:不需要大量堆载,可省去加载和卸载工序,缩短预压时间;所用设备和施工工艺比较简单,无须大量的大型设备,便于大面积使用;无噪声、无振动、无污染,

可做到文明施工;技术经济效果显著。根据国内在天津新港区的大面积实践,当真空度达到600 mmHg时,经60 d抽气,不少井区土的固结度都达到80%以上,地面沉降量达570 mm,同时能耗降低1/3,工期缩短2/3,比一般堆载预压降低造价1/3。

真空预压适用于处理以黏性土为主的软弱地基。对塑性指数大于25且含水量大于85%的淤泥,应通过现场试验确定其适用性;当加固土层上覆盖有厚度大于5 m以上的回填土或承载力较高的黏性土层时,不宜采用。

2. 施工要点

(1)先设置竖向排水系统,竖向排水通道的深度至少应超过最危险滑动面3.0 m。水平向分布滤水管可采用条状、梳齿状及羽毛状等形式(见图5-7),铺设距离要适当,使真空度分布均匀,滤水管布置宜形成回路。滤水管应设在砂垫层中,其上覆盖厚度100～200 mm的砂层。

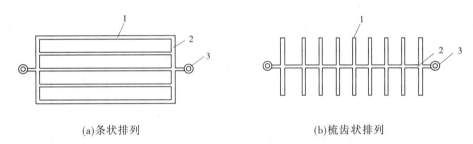

　　　　(a)条状排列　　　　　　　　　　　　　　　　(b)梳齿状排列

1—真空压力分布管;2—集水管;3—出膜口

图5-7　水平向分布滤水管排列示意图

(2)砂垫层上的密封膜采用抗老化性能好、韧性好、抗穿刺性能强的不透气材料。密封膜宜铺设3层,膜周边可采用挖沟埋膜,平铺并用黏土覆盖压边、围堤沟内及膜上覆水等方法进行密封。膜上全面覆水最好,既密封好又减缓薄膜的老化。

(3)当存在粉土和砂土等透水、透气层时,加固区周边应采取密封措施,确保薄膜下真空压力满足设计要求。

(4)真空预压工程采用一次连续抽真空至最大压力的加载方式。

(5)预压工程对相邻建筑物、地下管线等产生附加沉降,真空预压地基加固区边线与相邻建筑物、地下管线等的距离不宜小于20 m。当距离较近时,应采取相应保护措施。

(6)真空预压竖向排水通道宜穿透软土层,但不应进入下卧透水层。软土层厚度较大且以地基抗滑稳定性控制的工程,竖向排水通道的深度不应小于最危险滑动面下2.0 m。

(7)为了使预压区加固效果比较均匀,真空预压区边缘应大于建筑物基础轮廓线,每边增加量不得小于3.0 m。

5.1.2.5　真空和堆载联合预压地基

1. 特点及适用范围

当设计地基预压荷载大于80 kPa,且真空预压处理地基不能满足竖井要求时,可采用真空和堆载联合预压地基处理,即先进行抽真空,当真空压力达到设计要求并稳定后,再进行堆载,并继续抽真空。两种加固效果可叠加,合理协调后可取得良好效果。

当建筑物的荷载超过真空预压的压力,或建筑物对地基变形有严格要求时,可采用真空和堆载联合预压,其总压力宜超过建筑物的竖向荷载。

2.施工要点

(1)当堆载较大时,真空和堆载联合预压应采用分级施加荷载,分级数应根据地基土稳定计算确定。当分级逐渐加载,应待前期预压荷载下地基的承载力增长满足下一级荷载下地基的稳定性要求时,方可增加堆载。

(2)堆载前,应在膜上铺设编织布或无纺布等土工编织布保护层,其上铺设 100~300 mm 厚的砂垫层。

(3)上部堆载施工时,应监测膜下真空度的变化,发现漏气应及时处理。

5.1.3　强夯法施工

强夯法是利用起重机械将夯锤(锤重一般为 10~60 t)吊起,夯锤从高处自由落下(落距一般为 10~40 m)对土体进行强力夯实夯击并反复多次,从而达到提高地基土的强度并降低其压缩性的一种有效的地基加固方法。强夯法又称动力固结法或动力压实法。当需要时,可在夯坑内回填块石、碎石等粗颗粒材料,用夯锤夯击形成连续的强夯置换墩,称为强夯置换法。

强夯法的作用机制是用很大的冲击能(一般为 500~800 kJ),使土体中出现冲击波和很大的应力,迫使土中孔隙压缩,土体局部液化,夯击点周围产生裂隙形成良好的排水通道,使土中的孔隙水(气)顺利溢出,土体迅速固结,从而降低此深度范围内土体的压缩性,提高地基承载力。同时,强夯技术可显著减少地基土的不均匀性,降低地基差异沉降。

5.1.3.1　特点及适用范围

优点:强夯地基适用土质范围广,其效果好、速度快(较换填地基缩短一半工期)、节省材料、施工费用低(比换填地基节省 60%)、施工简便。

缺点:施工时噪声和振动很大,对邻近建筑物的安全和居民的正常生活有一定影响,所以在市区或居民密集的地段不宜采用。

适用范围:适用于碎石土、砂土、低饱和度的粉土与黏性土、湿陷性黄土及杂填土等地基的深层加固。

5.1.3.2　施工要点

(1)强夯前应平整场地,场地应做好排水、降水工作。施工前应在现场有代表性的场地选取一个或几个试验区,进行试夯或实验室施工,试夯面积不宜小于 20 m×20 m。

(2)按夯点布置测量放线确定夯位。夯点的布置是否合理与夯实效果有直接关系,应根据基础底面形状确定,为便于施工,一般采用等边三角形、等腰三角形或正方形布置。第一遍夯击点间距可取夯锤直径的 2.5~3.5 倍,第二遍夯击点位于第一遍夯击点之间,以后各遍夯击点间距可适当缩短。对处理深度较大或单击夯击能较大的工程,第一遍夯击点间距宜适当增大。

(3)当夯坑过深出现提锤困难,又无明显隆起,而尚未达到控制标准时,宜将夯坑回填至与坑顶平齐后,继续夯击。

(4)每夯击一遍完成后,用推土机将夯坑填平,并测量场地标高,方可进行下一遍夯击。两遍夯击之间应有一定的时间间隔,间隔时间取决于土中超静孔隙水压力的消散时间。当缺少实测资料时,可根据地基土的渗透性确定,对于渗透性较差的黏性土地基,间隔时间不应少于2~3周;对于渗透性好的地基可连续夯击。

(5)完成全部夯击遍数,最后用低能量满夯,将场地表层松土夯实,并测量夯后场地高程。

(6)当强夯施工引起的振动和侧向挤压对邻近建(构)筑物产生不利影响时,应设置监测点,并采取挖隔振沟等隔振或防振措施。

5.1.4　灰土挤密桩法施工

5.1.4.1　概述及适用范围

灰土挤密桩法和土挤密桩法大都利用成孔过程中的横向挤压作用,将桩孔内土挤向周围,使桩间土挤密,然后将灰土或素土(黏性土)分层填入桩孔内,并分层夯填密实至设计标高。前者称为灰土挤密桩法,后者称为土挤密桩法。夯填密实的土挤密桩或灰土挤密桩,与挤密的桩间土形成复合地基,上部荷载由桩体和桩间土共同承担。对土挤密桩法,当桩体和桩间土密实度相同时,形成均质地基。

灰土挤密桩法和土挤密桩法适用于处理地下水位以上的湿陷性黄土、素填土、杂填土等地基,不适用于地下水位以下。当地基土的含水量大于24%、饱和度超过65%时,成孔及拔管过程中,桩孔容易缩颈,桩孔周围容易隆起,挤密效果差,此时不宜采用。灰土挤密桩法和土挤密桩法处理地基深度一般为5~15 m。若用于处理5 m以内土层,其综合效果不如强夯法、重锤夯实法和换填垫层法。对大于15 m的土层,若地下水位较深,采用螺旋钻取土成孔,分层回填灰土,并强力夯实,近年来有加固深度超过20 m的黄土地基加固实例。

当以消除地基的湿陷性为主要目的时宜采用土挤密桩法,当以提高地基土的承载力或增强其水稳性为主要目的时宜采用灰土挤密桩法。灰土挤密桩法除用石灰和土制备成灰土挤密桩外,近年来发展了用石灰、粉煤灰和土制备成二灰土挤密桩,以及用建筑垃圾(如颗粒尺寸较大时应粉碎)掺入少量水泥或石制备成渣土挤密桩等。

灰土挤密桩法和土挤密桩法具有原位处理、深层挤密和以土治土的特点,在我国西北和华北地区广泛用于处理深厚湿陷性黄土、素填土和杂填土地基时,具有较好的经济效益和社会效益。

5.1.4.2　施工工艺

灰土挤密桩和土挤密桩的施工应按设计要求和现场条件选用沉管(振动或锤击)、冲击或爆扩等方法进行成孔,使土向孔的周围挤密。

1.工艺流程

工艺流程为:基坑开挖→桩成孔→清底夯→桩孔夯填土→夯实。

2.操作工艺

(1)桩施工一般先将基坑挖好,预留0.5~0.7 m土层,冲击成孔,桩间距宜为1.20~1.50 m,然后在坑内施工土桩。桩的成孔方法可根据现场机具条件选用沉管(振动、锤击)法、爆扩法、冲击法等。

沉管法是用振动或锤击沉桩机将与桩孔同直径钢管打入土中拔管成孔。桩管顶设桩帽,下端做成锥形约成60°角,桩尖可上下活动。本法简单易行,孔壁光滑平整,挤密效果良好,但处理深度受桩架限制,一般不超过 8 m。

爆扩法是用钢钎打入土中形成 25 ~ 40 mm 孔或用洛阳铲打成 60 ~ 80 mm 孔,然后在孔中装入条形炸药卷和 2 ~ 3 个雷管,爆扩成 15 ~ 18d 的孔(d 为桩孔或炸药卷直径)。本法成孔简单,但孔径不易控制。

冲击法是使用简易冲击孔机将 0.6 ~ 3.2 t 重锥形锤头提升 0.5 ~ 20 m 高后,落下反复冲击成孔,直径可达 50 ~ 60 cm,深度可达 15 m 以上,适用于处理湿陷性较大深度的土层。

(2)桩施工顺序应先外排后里排,同排内应间隔 1 ~ 2 孔进行,对大型工程可采取分段施工,以免因振动挤压造成相邻孔缩孔成塌孔。成孔后应夯实孔底,夯实时不少于 8 击,并立即夯填灰土。

(3)桩孔应分层回填夯实,每次回填厚度为 250 ~ 400 mm,或采用电动卷场机提升式夯实机,夯实时一般落锤高度不小于 2 m,每层夯实不少于 10 锤。施打时,逐层以量斗向孔内下料,逐层夯实。若采用偏心轮夹杆式连续夯实机,则将灰土用铁锹随夯击不断下料,每下两锹夯两击,均匀地向桩孔下料、夯实。桩顶应高出设计标高不小于 0.5 cm,挖土时将高出部分铲除。

(4)当孔底出现饱和软弱土层时,可加大成孔间距,以防由于振动而造成已打好的桩孔内挤塞。当孔底有地下水流入时,可采用井点降水后再回填填料或向桩孔内填入一定数量的干砖渣和石灰,经夯实后再分层填入填料。

3.成孔和回填夯实施工应符合的要求

(1)成孔施工时,地基土宜接近最优含水量。当含水量小于12%时,宜加水增湿至最优含水量。

(2)桩孔中心点的偏差不宜超过桩距设计值的5%。

(3)桩孔垂直度偏差不宜大于1.5%。

(4)对于沉管法,其直径和深度应与设计值相同;对于冲击法或爆扩法,桩孔直径的误差不得超过设计值 ±70 mm,桩孔深度不应小于设计深度 ±0.5 m。

(5)向孔内填料前,孔底必须夯实,然后用素土或灰土在最优含水量状态下分层回填夯实。回填土料一般采用过筛(筛孔不大于 20 mm)的粉质黏土,并不得含有有机质;粉煤灰采用含水量为30% ~50%的湿粉煤灰;石灰用块灰消解(闷透)3 ~4 d并过筛后的熟石灰,其粗颗粒粒径不大于 5 mm。灰土应拌和均匀至颜色一致后及时回填夯实。

桩孔填料夯实机目前有两种:一种是偏心轮夹杆式夯实机;另一种是电动卷扬机提升式夯实机。前者可上、下自动夯实,后者需人工操作。

夯锤形状一般采用下端呈抛物线锤体形的梨形锤或长形锤。两者质量均不小于 0.1 t。夯锤直径应小于桩孔直径 100 mm 左右,使夯锤自由下落时将填料夯实。填料时每一锹料夯击一次或两次。夯锤落距一般为 600 ~ 700 mm,每分钟夯击 25 ~ 30 次,长 6 m 的桩可在 15 ~ 20 min 内夯击完成。

(6)成孔和回填夯实的施工顺序宜间隔进行,当整片处理时,宜从里(或中间)向外间隔1~2孔进行,对大型工程可采用分段施工;当局部处理时,宜从外向里间隔1~2孔进行。基础底面以上应预留0.7~1.0 m厚的土层,待施工结束后,将表层挤松的土挖除或分层夯击密实。

5.1.4.3　施工质量标准

1.主控项目

灰土挤密桩的桩数、排列尺寸、孔径、深度、填料质量及配合比必须符合设计要求或施工规范的规定。

2.一般项目

(1)施工前应对土及灰土的质量、桩孔放样位置等做检查。

(2)施工中应对桩孔直径、桩孔深度、夯击次数、填料的含水量等做检查。

(3)施工结束后,应检查成桩的质量及地基承载力。

(4)灰土挤密桩工程质量检验标准应符合表5-2的规定。

表5-2　灰土挤密桩工程质量检验标准

项目	序号	检查项目	允许偏差或允许值		检查方法
			单位	数值	
主控项目	1	桩长	mm	±500	测桩管长度或垂球测孔深
	2	地基承载力	按设计要求		按规范方法
	3	桩体及桩间土干密度	按设计要求		现场取样检查
	4	桩径	mm	−20	用钢尺量
一般项目	1	土料有机质含量	%	<5	实验室焙烧法
	2	石灰粒径	mm	<5	筛分法
	3	桩位偏差	满堂布桩≤0.4d;条基布桩≤0.25d		用钢尺量
	4	垂直度	%	<1.5	用经纬仪测桩管
	5	桩径	mm	−20	用钢尺量

注:桩径允许偏差是指个别断面。

5.1.4.4　施工中可能出现的问题和处理方法

(1)夯填时,若桩孔内有渗水、涌水、积水现象,可将孔内水排出地表,或将水下部分改为混凝土桩或碎石桩,水上部分仍为土挤密桩。

(2)沉管成孔过程中遇障碍物时可采取以下处理措施:

①用洛阳铲探查并挖除障碍物,也可在其上面或四周适当增加桩数,以弥补局部处理深度的不足,或从结构上采取适当措施进行弥补。

②对未填实的墓穴、坑洞、地道等,当面积不大、挖除不便时,可将桩打穿通过,并在此范围内增加桩数,或从结构上采取适当措施进行弥补。

(3)回填夯实时造成缩颈、堵塞、挤密成孔困难、孔壁坍塌等情况,可采取以下措施处理:

①当含水量过大、缩颈比较严重时,可向孔内填干砂、生石灰块、碎砖渣、干水泥、粉煤灰;当含水量过小时,可预先浸水,使之达到或接近最优含水量。

②遵守成孔顺序,由外向里间隔进行(硬土由里向外)。

③施工中宜打一孔填一孔,或隔几个桩位跳打夯实。

④合理控制桩的有效挤密范围。

5.1.5　CFG 桩复合地基施工

5.1.5.1　特点及适用范围

CFG 桩又称水泥粉煤灰碎石桩(见图 5-8),是指由水泥、粉煤灰、碎石等混合料加水拌和形成的高黏结强度桩(竖向增强体),并由桩、桩间土和褥垫层一起组成复合地基的地基处理方法。

近年来逐渐开始在高层建筑中应用,工艺简单,无场地污染,振动影响也较小,所用材料仅需少量水泥,便于就地取材。

CFG 桩复合地基具有承载力提高幅度大、地基变形小等特点,适用于处理黏性土、粉土、砂土和已自重固结的素填土等地基。对淤泥质土应按地区经验或通过现场试验确定其适用性。

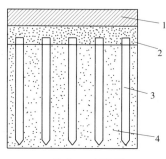

1—基础;2—褥垫层;
3—桩体;4—桩间土

图 5-8　CFG 桩示意图

5.1.5.2　施工要点

(1)水泥粉煤灰碎石桩应选择承载力和压缩模量相对较高的土层作为桩端持力层。对一般黏性土、粉土或砂土,桩端具有好的持力层,经水泥粉煤灰碎石桩处理后可作为高层建筑地基。

(2)水泥粉煤灰碎石桩可只在基础内布桩,根据建筑物荷载分布、基础形式、地基土性质,合理确定布桩参数。

(3)桩头处理。CFG 桩施工完毕待桩体达到一定强度后方可进行基坑(槽)开挖。在基坑(槽)开挖中,如果设计桩顶标高距地面不深,则宜考虑采用人工开挖,不仅可防止对桩体和桩间土产生不良影响,而且经济可行;如果基槽开挖较深,开挖面积大,则采用人工开挖不经济,可考虑采用机械和人工联合开挖,但人工开挖留置厚度一般不宜小于 700 mm;桩头凿平,并适当高出桩间土 10～20 mm。清土和截桩时,应采取措施防止桩顶标高以下桩身断裂和扰动桩间土。

(4)褥垫层铺设。桩顶和基础之间应设置褥垫层,褥垫层厚度宜取桩径的 40%～60%。垫层材料宜用中砂、粗砂、级配砂石和碎石等,碎石粒径宜为 5～16 mm,最大粒径不宜大于 30 mm。褥垫层是桩体复合地基形成的必要条件,减少基础底面的应力集中,使桩间土充分发挥其承载能力。其厚度一般为 300 mm,特殊情况为 500 mm,其构造如图 5-9 所示。夯填度(夯实后的褥垫层厚度与虚铺厚度的比值)不应大于 0.9。

(5)冬期施工时,混合料入孔温度不得低于 5 ℃,对桩头和桩间土应采取保温措施,避免混合料在初凝前受冻。

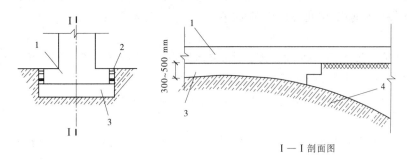

I—I 剖面图

1—基础;2—沥青层;3—褥垫层;4—基岩

图5-9　褥垫层构造

5.1.6　地基处理案例分析

1.工程概况

某九层框架结构建筑物,建成不久后即发现墙身开裂,建筑物沉降最大达58 cm,沉降中间大、两端小。进一步了解发现,该建筑物是一箱形基础上的框架结构,原场地中有厚达9.5~18.4 m的软土层,软土层表面为3~8 m的细砂层。设计者先在细砂层面上回填砂石碾压密实,然后把碾压层作为箱基的持力层。在开始基础施工到装饰竣工完成的一年半中,由于沉降差较大,造成了上部结构产生裂缝。沉降曲线如图5-10所示。

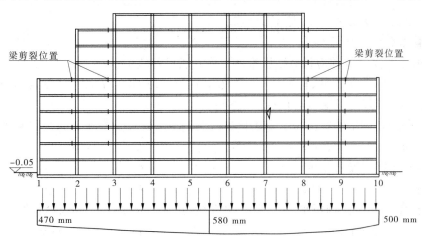

图5-10　沉降曲线

2.原因

分析得知,主要原因是对地基承载力的认识不够完整。地基承载力是取决于基础应力所影响到的受力范围,不仅仅是基础底面附近的土体承载力,同时应包含两层内容:一是地基强度稳定,二是地基变形。本工程基础为60 m×20 m(长×宽),其应力影响到地基下部的软土层,在上部结构荷载作用下软土产生固结沉降,随着时间的增长,沉降逐步发展,预计总沉降量会达约 100 cm。由于沉降量过大,沉降不均匀,同时上部结构刚度也不均匀,从而在结构刚度突变处产生了裂缝。

3. 处理

该工程必须对地基进行加固处理,加固采用静压预制混凝土桩方案。但设计时要考虑桩土的共同作用,同时充分考虑目前地基已承担了部分荷载,加固桩只需承担部分荷载即可,而不必设计成由加固桩承担全部荷载,从而达到节省费用的目的。

4. 启示

(1)地基的承载力要考虑下卧软土层的承载力,地基设计应进行沉降计算,尤其是场地存在软弱土层的地基,必须进行沉降验算。

(2)这种地基的加固设计应考虑已有土体先发挥作用,已承担了部分荷载的特点,设计的加固桩与地基共同作用承担部分荷载,从而使得设计更为经济合理。

5.2　垫层施工

5.2.1　混凝土垫层施工

5.2.1.1　施工准备及工艺流程

混凝土垫层在基础工程中的作用主要表现在对地基土封底和找平方面,便于钢筋混凝土筏形基础、箱形基础做地下室防水层,也便于各种基础在垫层上弹中轴线、柱钢筋安装位置线、模板安装线、绑扎钢筋、浇筑混凝土。

1. 准备工作

在混凝土垫层浇筑前应检查以下准备工作是否已经完成:

(1)基坑(槽)开挖尺寸、标高检查,对放坡开挖的还应检查放坡坡度是否达到要求。

(2)垫层支模尺寸是否符合设计图纸要求。

(3)对条形基础垫层在模板上是否已做厚度标线,对大面积施工的筏形基础是否已设厚度控制桩。

(4)混凝土振捣设备是否已到位。

2. 工艺流程

工艺流程为:基底验槽、抄平→测放中心线、边线→支侧模(原槽浇筑则不需要支模)→浇筑混凝土→养护。

(1)基底验槽、抄平。在基础土方挖至设计标高后,经钎探地基地质条件符合设计要求后,检查基底尺寸、平整度、标高是否符合设计要求,对不符合设计要求的部位进行修整,对超挖部分用垫层混凝土填平。

(2)从引测的龙门板或定位桩引测垫层中心线,以此作为垫层支模控制线。

(3)用 100 × 1 500 钢模支侧模并用短木桩或短钢筋固定。

(4)用 C15 混凝土进行垫层浇筑,边浇边用平板振动器进行振捣并随之用木撑子抹平。

(5)夏季在垫层浇筑后 12 h 内浇水养护,在混凝土强度未达到 1.2 MPa 前不能上人进行后续工作。

5.2.1.2 质量验评

垫层施工质量验评应分段分批进行。垫层分项工程一般划分为一个检验批,若分阶段施工或地基标高不同,也可划分成若干个检验批,但不宜过多。

1. 地基承载力或地基强度

地基承载力或地基强度必须达到设计要求的标准,可以用不同的质量检验指标,如静力触探、钎探、十字板剪切强度和承载力检验,但应由设计要求而定。检验数量,每单位工程不应少于3点,1 000 m² 以上工程,每100 m² 至少应有1点;3 000 m² 以上工程,每300 m² 至少应有1点;每一独立基础下至少应有1点;桩基每20延米应有1点。

2. 混凝土

(1)混凝土垫层采用不低于C15的混凝土铺设而成,其厚度不应小于100 mm。

(2)混凝土的配合比应经试验决定,并采用重量比。

(3)混凝土应拌和均匀。

(4)浇筑混凝土垫层前,如基土为干燥的非黏性土,应用水湿润。

(5)捣实混凝土宜采用平板振动器。

(6)在大面积垫层施工时,应采用区段(分仓)进行浇筑,其宽度一般为3~4 m,并应结合变形缝位置划分。

(7)混凝土垫层浇筑完毕后,应及时浇水养护,待强度达到1.2 MPa后,才能进行弹线、扎筋、砌筑等工作。

3. 垫层质量要求

垫层质量要求见表5-3。

表5-3 垫层质量要求

项目	允许偏差(mm)	检查方法
轴线位置	15	钢尺检查
表面平整度	5	水准仪抄平

5.2.1.3 安全技术措施

(1)在施工组织设计中,编制切实可行、行之有效的防止边坡塌方安全技术措施报告,并严格履行审批手续,送安全部门备案,及时供应质量合格的安全防护用品(安全帽),并满足施工需要。

(2)深度超过2 m的基坑施工,其临边应设置防止人及物体滚落基坑的安全防护措施,必要时应设置警告标志,配备监护人员。

(3)基坑周边搭设的防护栏杆,杆件的规格、防护栏杆的连接、搭设方式必须符合《建筑施工高处作业安全技术规范》(JGJ 80—2016)的规定。

(4)人员上下基槽、基坑作业,不得攀登固壁支撑上下。人员上下基槽作业,应配备梯子,作为上下安全通道。在基坑内作业,可根据基坑的大小,设置专用上下通道。

(5)夜间施工时,施工现场应根据需要安设照明设施,在危险地段应设置红灯警示。

（6）基坑较深，施工垫层时需要上下垂直同时作业的，应根据垂直作业层搭设作业架，各层用钢、木、竹板隔开，或采取其他有效的隔离防护措施，防止上层作业人员、土块或其他工具坠落伤害下层作业人员。

5.2.2　砂土和灰土垫层施工

5.2.2.1　砂土垫层施工

砂土垫层适用于处理透水性强的软弱黏性土地基。

1. 材料要求

宜采用颗粒级配良好、质地坚硬的中砂、粗砂、砾砂、碎（卵）石、石屑或其他工业废粒料。缺少中砂、粗砂和砾砂的地区，也可采用细砂，但宜同时掺入一定数量的碎石或卵石，其掺量应符合设计规定（含石量不应大于 50%）。所用砂石料不得含有草根、垃圾等有机杂物。兼起排水固结作用时，含泥量不宜超过 3%，碎石或卵石最大粒径不宜大于 50 mm。

2. 施工要点

砂土垫层施工一般采用分层振实法，压实机械宜采用 1.55～2.20 kW 的平板振动器。这种方法要求先在基坑内分层铺砂，然后逐层振实。第一分层（底层）松砂铺设厚度宜为 150～200 mm，应仔细夯实并防止扰动坑底原状土，其余分层铺设厚度可取 200～250 mm。在下层密实度经检验合格后方可进行上层施工。

（1）施工前应验槽，先将浮土清除。基槽（坑）的边坡必须稳定，防止塌方，槽底和两侧如有孔洞、沟、井和墓穴等，应在施工前加以处理。

（2）人工级配的砂、石材料，应按级配拌和均匀，再铺填捣实。

（3）砂地基和砂石地基的底面宜铺设在同一标高上，当深度不同时，施工应按先深后浅的程序进行，土面应挖成台阶或斜坡搭接，搭接处应注意捣实。

（4）分段施工时，接头处应做成斜坡，每层错开 0.5～1.0 m，并应充分捣实。

（5）采用碎石换填时，为防止基坑底面的表层软土发生局部破坏，应先在基坑底部及四侧先铺一层砂，再铺碎石垫层。

（6）换填应分层铺垫，分层夯（压）实，每层的铺设厚度不宜超过表 5-4 规定数值。分层厚度可用样桩控制，垫层的捣实方法可视施工条件按表 5-4 选用。捣实砂层应注意不要扰动基坑底部和四侧的土，以免影响和降低地基强度。每铺好一层垫层，经密实度检验合格后方可进行上一层施工。

（7）冬季施工时，不得采用夹有冰块的砂石做垫层，并应采取措施防止砂石内水分冻结。

5.2.2.2　灰土垫层施工

灰土垫层是先用石灰和黏性土拌和均匀，然后分层夯实而成。采用的体积配合比一般为 2:8 或 3:7（石灰:土），其承载能力可达 300 kPa。其适用于一般黏性土地基加固，施工简单，取材方便，费用较低。

表5-4 砂土垫层每层铺设厚度及最佳含水量

捣实方法	每层铺设厚度（mm）	施工时最佳含水量（%）	施工说明	说明
平振法	200～250	15～20	①用平板振动器往复振捣，往复次数以简易测定密实度合格为准；②平板振动器移动时，每行应搭接1/3，以防振动面积不搭接	不宜用于细砂或含泥量较大的砂铺筑砂垫层
夯实法	150～200	8～12	①用木夯或机械夯；②木夯重40 kg，落距为400～500 mm；③一夯压半夯，全面夯实	适用于砂石垫层
碾压法	150～350	8～12	6～10 t压路机往复碾压，碾压次数以达到要求密实度为准	适用于大面积的砂石垫层，不宜用于地下水位以下的砂垫层

1. 材料要求

灰土的土料可采用基槽挖出的土，凡有机质含量不大的黏性土都可用作灰土的土料，表面耕植土不宜采用。土料应过筛，粒径不宜大于15 mm。用作灰土的熟石灰应过筛，粒径不宜大于5 mm，并不得夹有未熟化的生石灰块和含有过多的水分。灰土垫层施工的材料含水量宜控制在最优含水量 w_{op} ±2% 范围内。灰土垫层最大虚铺厚度见表5-5。

表5-5 灰土垫层最大虚铺厚度

夯实机具	质量(t)	虚铺厚度(mm)	说明
石夯、木夯	0.04～0.08	200～250	人力送夯，落距为400～500 mm，一夯压半夯，夯实为80～100 mm厚
轻型夯实机械	0.12～0.4	200～250	蛙式夯机、柴油打夯机，夯实后为100～150 mm
压路机	6～10	200～300	双轮

2. 施工要点

（1）施工前应验槽，将积水、淤泥清除干净，待干燥后再铺灰土。

（2）灰土施工时，应适当控制其含水量，土料以用手紧握成团，两指轻捏能碎为宜，当土料水分过多或不足时可以晾干或洒水润湿。灰土应拌和均匀，颜色一致，拌好后应及时铺好夯实铺土，夯实应分层进行。

（3）每层灰土的夯打遍数，应根据设计要求的干密度在现场试验确定。一般夯打（或碾压）不少于4遍。

（4）灰土分段施工时，不得在墙角、柱基及承重窗间墙下接缝，上下相邻两层灰土的接缝间距不得小于0.5 m，接缝处的灰土应充分夯实。当灰土垫层地基高度不同时，应做成阶梯形，每阶宽度不小于0.5 m。

（5）在地下水位以下的基槽(坑)内施工时，应采取排水措施，使在无水状态下施工。入槽的灰土，不得隔日夯打，夯实后的灰土3 d内不得受水浸泡。

（6）冬季施工时，不得采用冻土或夹有冻土的土料，并应采取有效的防冻措施。

5.2.2.3 质量验评及成品保护

1. 砂土垫层质量验评

（1）施工前应检查砂、石等原材料质量以及砂、石拌和均匀程度。

（2）施工过程中必须检查分层厚度、分段施工时搭接部分的压实情况、加水量、压实遍数等。

（3）检验方法。

①环刀取样法。用容积不小于200 cm^{3}的环刀压入垫层中取样，测定其干土重度，以不小于砂料在中密状态时的干土重度数值为合格。如中砂为16 kN/m^3，粗砂为17 kN/m^3。取样点应位于每层2/3的深度处。

②钢筋贯入测定法。检查时应先将表面的砂刮去3 cm左右，并用贯入仪、钢叉或钢筋等以贯入度大小检查砂土垫层的质量。钢筋贯入工具是用直径不大于20 mm、长度为1.25 m的平头钢筋，落距为700 mm自由下落，测其贯入度，检验点的间距应不小于4 m。对砂土垫层可先设置纯砂检验点，再按环刀法取样检验。垫层质量检验点，对大基坑每50~100 m^{2}应不少于一个检验点；对基槽每10~20 m应不少于1个检验点；每个单独柱基应不少于1个检验点。

（4）施工结束后，应检查砂石地基的压实系数。

（5）砂石地基的质量验收标准见表5-6。

表5-6　砂石地基的质量验收标准

项目	序号	检查项目	允许偏差或允许值		检查方法
			单位	数值	
主控项目	1	地基承载力	按设计要求		载荷试验
	2	配合比	按设计要求		检查拌和时的体积比或重量比
	3	压实系数	>0.93		现场实测
一般项目	1	砂石料有机质含量	%	≤5	焙烧法
	2	砂石料含泥量	%	≤5	水洗法
	3	石料粒径	mm	≤100	筛分法
	4	含水量(与最优含水量比较)	%	±2	烘干法
	5	分层厚度(与设计要求比较)	mm	±50	水准仪

2. 灰土垫层质量验评

（1）施工前应检查原材料，如灰土土料、石灰或水泥（当水泥替代灰土中的石灰时）等以及配合比、灰土拌匀程度。

（2）施工过程中应检查分层铺设的厚度，分段施工时上下两层的搭接长度，夯实时加水量、夯压遍数等。

（3）灰土可用环刀法或钢筋贯入法检验垫层质量。垫层的质量检验必须分层进行，每夯压完一层，应检验该层的平均压实系数。当压实系数符合设计要求后，才能铺填上层。当采用环刀法取样时，取样点应位于每层2/3的深度处。当采用钢筋贯入法或环刀法检验垫层质量时，其检验点数量与砂土垫层检验标准相同。

（4）灰土垫层的质量检验标准见表5-7，灰土、砂和砂石地基检验批质量验收记录见表5-8。

表5-7　灰土垫层的质量检验标准

| 项目 | 序号 | 检查项目 | 允许偏差或允许值 | | 检查方法 |
			单位	数值	
主控项目	1	地基承载力	按设计要求		载荷试验
	2	配合比	按设计要求		按拌和时的体积比
	3	压实系数	按设计要求		现场实测
一般项目	1	石灰粒径	mm	≤5	筛分法
	2	土料有机质含量	%	≤5	实验室焙烧法
	3	土颗粒粒径	mm	≤15	筛分法
	4	含水量（与要求的最优含水量比较）	%	±2	烘干法
	5	分层厚度偏差（与设计要求比较）	mm	±50	水准仪

表5-8　灰土、砂和砂石地基检验批质量验收记录

工程名称		分项工程名称		验收部位	
施工单位		项目负责人		分包单位	
项目负责人（分包单位）		专业工长		施工班组长	
施工执行标准及编号					
质量验收规范的规定				监理（建设）单位验收记录	
检查项目		允许偏差或允许值		施工单位检查评定记录	
		单位	数值		
主控项目	地基承载力	设计给定值			
	配合比设计给定值				
	压实系数设计给定值				

续 5-8

一般项目	石灰粒径	mm	≤5							
	土颗粒粒径	mm	≤15							
	砂石料含泥量	%	≤5							
	石料粒径	mm	≤100							
	土料、砂石料有机质含量	%	≤5							
	含水量(与要求的最优含水量比较)	%	±2							
	分层厚度偏差(与设计要求比较)	mm	±50							
共实测　　点,其中合格　　点、不合格　　点,合格点率　　%										

施工单位检查评定结果	项目专业质量检查员:　　　　项目专业质量(技术)负责人: 　　　　　　　　　　年　月　日
监理(建设)单位验收结论	监理工程师(建设单位项目技术负责人): 　　　　　　　　　　年　月　日

注:本表由施工项目专业质量检查员填写,监理工程师(建设单位项目技术负责人)组织项目专业质量(技术)负责人等进行验收。

3. 成品保护

灰土夯打完后,应及时进行基础施工,并及时回填土,否则要做临时遮盖,防止日晒雨淋。刚夯打完毕或尚未夯实的灰土,如遭受雨淋浸泡,则应将积水及松软灰土除去并补填夯实,受浸湿的灰土,应晾干后再使用。

练习题

一、单项选择题

1. 在夯实地基法中,(　　)适用于处理高于地下水位 0.8 m 以上稍湿的黏性土、砂土、湿陷性黄土、杂填土和分层填土地基的加固处理。

　　A. 强夯法　　　　　B. 重锤夯实法　　　　　C. 灰土挤密桩法　　　　　D. 砂石桩法

2. (　　)适用于处理碎石土、砂土、低饱和度的黏性土、粉土、湿陷性黄土及填土地基等的深层加固。

　　A. 强夯法　　　　　B. 重锤夯实法　　　　　C. 灰土挤密桩法　　　　　D. 砂石桩法

3. (　　)适用于处理地下水位以上天然含水量为 12% ~25%、厚度为 5~15 m 的素填土、杂填土、湿陷性黄土以及含水量较大的软弱地基等。

　　A. 强夯法　　　　　B. 重锤夯实法　　　　　C. 灰土挤密桩法　　　　　D. 砂石桩法

4.(　　)适用于挤密松散的砂土、素填土和杂填土地基。

　　A.CFG 桩　　　　　　　　　　　　B.砂石桩

　　C.振冲桩　　　　　　　　　　　　D.灰土挤密桩

5.深层搅拌法适用于加固承载力不大于(　　)的饱和黏性土、软黏土以及沼泽地带的泥炭土等地基。

　　A.0.15 MPa　　　B. 0.12 MPa　　　C.0.2 MPa　　　　D.0.3 MPa

6.在地基处理中,(　　)适用于处理深厚软土和冲填土地基,不适用于泥炭等有机沉淀地基。

　　A.砂井堆载预压法　　　　　　　　B.深层搅拌法

　　C.振冲法　　　　　　　　　　　　D.深层密实法

7.换土垫层法中,(　　)只适用于地下水位较低,基槽经常处于较干燥状态下的一般黏性土地基的加固。

　　A.砂土垫层　　　B.砂石垫层　　　C.灰土垫层　　　　D.卵石垫层

二、实践操作

1.灰土地基、级配砂石地基、SMW 工法桩、灰土桩、碎石桩、CFG 桩、水泥土搅拌桩施工仿真训练。

2.建筑工程地基处理施工方案编制。

学习项目6　基础结构施工

【学习目标】

(1)掌握独立基础、筏形基础、箱形基础构造及其施工准备、施工工艺、质量验收标准。

(2)掌握桩基础分类、构造、施工准备,掌握预制桩打入法、静压桩、泥浆护壁成孔灌注桩、沉管灌注桩、干作业钻孔灌注桩及承台施工工艺、质量验收、安全措施。

(3)掌握地下连续墙施工工艺流程、质量控制技术、安全措施。

(4)结合实例学习掌握基础施工工艺、施工技术交底、基础工程施工重大安全专项方案、施工安全紧急预案编制技术。

6.1　独立基础施工

6.1.1　独立基础图纸识读

在"101图集"中,独立基础分为普通独立基础和杯口独立基础两类。杯口独立基础除出现在装配式工业厂房中外,一般不常见,因此本部分仅介绍普通独立基础有关内容。

6.1.2　独立基础工程施工

独立基础工程施工工艺流程:清理基槽→浇筑混凝土垫层→基础放线→绑扎钢筋→支设基础模板→清理工作面→混凝土浇筑、振捣、找平→混凝土养护→拆除模板。

6.1.2.1　独立基础钢筋绑扎

1.施工工艺

单层钢筋网施工工艺:基础垫层清理→划线(底板钢筋位置线、中线、边线、洞口位置线)→钢筋半成品运输到位→布放钢筋→钢筋绑扎→垫块→插筋设置→钢筋质量检查→下道工序。

双层钢筋网施工工艺:基础垫层清理→划线(底板钢筋位置线、中线、边线、洞口位置线)→钢筋半成品运输到位→绑扎下层钢筋网→放钢筋撑脚→绑扎上层钢筋网→垫块→插筋设置→钢筋质量检查→下道工序。

2.施工要点

(1)普通单柱独立基础为双向弯曲,其底面短边的钢筋放在长边钢筋的上面。

(2)钢筋的弯钩应朝上,不要倒向一边,但双层钢筋网的上层钢筋弯钩应朝下。

(3)钢筋网的绑扎:四周两行钢筋交叉点应每点扎牢,中间部分交叉点可相隔交错扎牢,但必须保证受力钢筋不发生位移。双向主筋的钢筋网,则须将全部钢筋相交点扎牢。

绑扎时应注意相邻绑扎点的钢丝扣要成八字形,以免网片歪斜变形。

(4)基础底板采用双层钢筋网时,当板厚小于 1 m 时,在上层钢筋网下面应设置马凳筋,以保证钢筋位置正确。

马凳筋每隔 1 m 放置一个,其直径选用:当板厚 $h \leqslant 300$ mm 时为 8 ~ 10 mm;当板厚 $h = 300 \sim 500$ mm 时为 12 ~ 14 mm;当板厚 $h > 500$ mm 时为 16 ~ 18 mm。

(5)现浇柱与基础连接用的插筋一般与底板钢筋绑扎在一起,插筋位置一定要固定牢靠,以免造成柱轴线偏移。

6.1.2.2　独立基础模板施工

独立基础采用的模板以多层板、竹胶板或小钢模为主,背楞采用 50×100 木方或 $\phi 48$ 钢管,独立基础模板支设构造如图 6-1 所示。

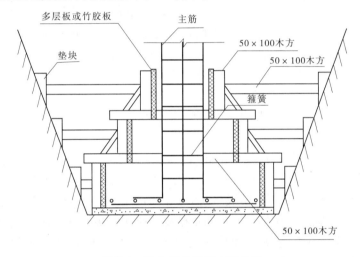

图 6-1　独立基础模板支设构造

独立基础每一台阶用 4 块侧板和方木拼装而成,在垫层上弹出基础中线,再拼装侧板。在侧板内表面弹出中线,再将各台阶的 4 块侧板组拼成方框,并校正尺寸及角部方正。安装时,先把下阶模板放在基坑底,两者中线互相对准,用水平尺校正其标高,在模板周围钉上木桩,用平撑与斜撑支撑钉牢,然后把上阶模板放在下阶模板上,两者中线互相对准,并用斜撑与平撑加以钉牢。

地梁模板施工先在砂浆面层弹出基础边线,再把侧板对准边线垂直竖立,用水平尺校正侧板顶面水平后,再用斜撑和平撑钉牢。加固方法与柱下独立基础加固方法相同。

基础的侧面模板在混凝土强度能保证其棱角不因拆模板而受损坏时方可拆模,拆模前设专人检查混凝土强度,拆除时采用撬棍从一侧顺序拆除,不得采用大锤砸或撬棍乱撬,以免造成混凝土棱角破坏。

6.1.2.3　独立基础混凝土施工

在地基上浇筑混凝土前,对地基应事先按设计标高和轴线进行校正,并应清除淤泥和杂物,同时注意排除开挖出来的水和开挖地点的流动水,以防冲刷新浇筑的混凝土。其施工要点如下:

(1)台阶式基础施工时,可按台阶分层一次浇筑完毕(预制柱的高杯口基础的高台部分应另行分层),不允许留设施工缝。每层混凝土要一次卸足,顺序是先边角后中间,务必使混凝土充满模板。

(2)浇筑台阶式柱基时,为防止垂直交角处可能出现吊脚(上层台阶与下口混凝土脱空)现象,可采取如下措施:

①在第一级混凝土捣固下沉 2～3 cm 后暂不填平,继续浇筑第二级。先用铁锹沿第二级模板底圈做成内外坡,然后分层浇筑,外圈边坡的混凝土在第二级振捣过程中自动摊平。待第二级混凝土浇筑后,再将第一级混凝土齐模板顶边拍实抹平。

②捣完第一级混凝土后拍平表面,在第二级模板外先压以 20 cm×10 cm 的压角混凝土并加以捣实,再继续浇筑第二级混凝土,待压角混凝土接近初凝时,将其铲平重新搅拌利用。

③如条件许可,宜采用柱基流水作业方式,即顺序先浇一排杯基第一级混凝土,再回转依次浇第二级混凝土。这样给已浇好的第一级混凝土一个下沉的时间,但必须保证每个柱基混凝土在初凝之前连续施工。

(3)锥式(坡形)基础,应注意斜坡部位混凝土的捣固质量,在振动器振捣完毕后,用人工将斜坡表面拍平,使其符合设计要求。

(4)现浇柱下基础时,要特别注意连接钢筋的位置,防止位移和倾斜,发生偏差及时纠正。

(5)为保证杯形基础杯口底标高的正确性,宜先将杯口底混凝土振实并稍停片刻,再浇筑振捣杯口模四周的混凝土,振动时间尽可能缩短。同时,应特别注意杯口模板的位置,应在两侧对称浇筑,以免杯口模板挤向一侧或由于混凝土泛起而使芯模上升。

(6)混凝土振捣宜采用振捣棒,操作时要做到快插慢拔。在振捣上层混凝土时应插入下层混凝土中 50 mm 左右,混凝土应振捣密实,每一插点振捣时间宜为 20～30 s,视其混凝土表面呈水平不再显著下沉、不再出气泡、表面泛浆为准。振捣棒插点要均匀排列,移动间距不大于振捣棒作用半径的 1.5 倍(一般为 400～500 mm)。振捣棒与模板的距离不应大于其作用半径的 50%,且应避免碰撞钢筋、模板、预埋管件。

(7)混凝土养护在混凝土表面二次压实后及时进行,养护不小于 7 d。混凝土养护可采用混凝土表面浇水或覆盖塑料薄膜后再覆盖草帘的保温保湿养护方法。塑料薄膜内应保持有凝结水,使混凝土正常凝固。

■ 6.2 筏形基础施工

当地基软弱而上部结构的荷载又很大,采用一字交叉基础仍不能满足要求或相邻基础距离很小时,可将整个基础底板连成一个整体而成为钢筋混凝土筏形基础,俗称满堂基础。筏形基础可扩大基底面面积,增强基础的整体刚度,较好地调整基础各部分之间的不均匀沉降。对于设有地下室的结构物,筏形基础还可兼做地下室的底板。筏形基础可用于框架、框剪、剪力墙结构,还广泛用于砌体结构。筏形基础在构造上可视为一个倒置的钢筋混凝土楼盖,可分为平板式和梁板式。本部分仅介绍梁板式筏形基础。

筏形基础施工工艺流程:清理基坑→浇筑混凝土垫层→基础放线→基础底板钢筋、地梁钢筋、框架柱墙插筋绑扎→支设基础模板→地梁吊模支设→隐蔽工程验收→混凝土浇筑、振捣、找平→混凝土养护→拆除模板。

6.2.1　筏形基础钢筋绑扎

6.2.1.1　筏形基础钢筋绑扎工艺流程

筏形基础钢筋绑扎工艺流程:弹钢筋位置线→运钢筋到使用部位→绑扎底板下部及地梁钢筋→水电工序插入→设置垫块→放置马凳→绑底板上部钢筋→设置定位框→插墙、柱预埋钢筋→基础底板钢筋验收。

6.2.1.2　施工要点

(1)在底板上弹出钢筋位置线(包括基础梁钢筋位置线)和墙、柱插筋位置线。先铺底板下层钢筋,根据设计要求,决定下层钢筋哪个方向钢筋在下面。在铺底板下层钢筋前,先铺集水坑、设备基坑的下层钢筋,距基础梁边的第一根钢筋为底板筋的1/2间距。

(2)检查底板下层钢筋施工不合格后,放置底板混凝土保护层垫块,垫块厚度等于保护层厚度,按每900 mm距离呈梅花形摆放。

(3)基础梁绑扎。基础梁绑扎时用脚手钢管根据反梁高度搭设临时绑扎钢筋架。将基础梁上部钢筋放置在临时钢筋绑扎架上,并用相应的钢筋连接方法将主筋连接起来,然后套基础梁箍筋,箍筋开口朝下并错开。

穿基础梁下部钢筋,并用相应的钢筋连接方法将钢筋接长,然后开始绑扎钢筋。为确保箍筋的间距一致,在主筋上画箍筋的位置,严格按照所画的箍筋位置进行绑扎,基础梁四角绑扎必须使用兜扣绑扎。

(4)底板下层钢筋绑扎完后,水、电等专业单位进行预埋管线的敷设和预留洞口的留置,待接到专业单位的书面工序交接单后,才进行上层钢筋的铺设。

(5)绑扎上层钢筋。绑完下层钢筋后,搭设钢管支撑架,摆放马凳筋,钢筋上下次序及绑扣方法同底板下层钢筋。

由于基础底板及基础梁受力的特殊性,上下层钢筋断筋位置为下层钢筋在跨中1/3范围内截断,上层钢筋在支座处截断。

(6)根据垫层或防水保护层上弹好的墙、柱插筋位置线和底板钢筋网上固定的定位框,将墙、柱伸入基础的插筋绑扎牢固,并在主筋上(底板钢筋以上约500 mm)绑一道固定筋,插入基础深度、甩出长度和甩头错开百分比要符合设计和规范长度要求,其上端采取措施保证甩筋垂直,不歪斜、倾倒、变位。

(7)钢筋其他施工要点同独立基础。

6.2.2　筏形基础模板施工

筏形基础采用的模板以多层板、竹胶板或小钢模为主,背楞采用50×100木方或φ48钢管。筏形基础侧模支设构造同条形基础,基础梁模板由钢筋支架支撑并固定。

6.2.3　筏形基础混凝土施工

(1)筏形基础施工中由于混凝土用量比较大,基础的整体性要求高,一般按大体积混凝土施工。施工时要求混凝土连续浇筑,一气呵成。施工工艺上应做到分层浇筑、分层捣实,但又必须保证上下层混凝土在初凝之前结合好,不致形成施工缝。

(2)混凝土浇筑应根据整体性要求、结构大小、钢筋疏密、混凝土供应等情况选用如下方案:

①全面分层(见图6-2(a)):在整个基础内全面分层浇筑混凝土,要做到第一层全面浇筑完毕回来浇筑第二层时,第一层浇筑的混凝土还在初凝时间内,如此逐层进行,直至浇筑好。这种方案适用于结构的平面尺寸不太大,施工时从短边开始,沿长边进行较适宜。

②分段分层(见图6-2(b)):适用于厚度不太大而面积或长度较大的结构。混凝土从底层开始浇筑,进行一定距离后回来浇筑第二层,如此依次向前浇筑以上各分层。

③斜面分层(见图6-2(c)):适用于结构的长度超过厚度的3倍。振捣工作应从浇筑层的下端开始,逐渐上移,以保证混凝土施工质量。

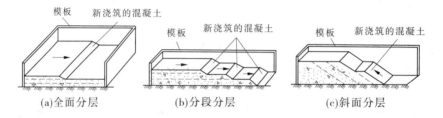

(a)全面分层　　　　(b)分段分层　　　　(c)斜面分层

图6-2　大体积基础浇筑方案

(3)混凝土施工时具体每层的厚度与振捣方法、配筋状况、结构部位、混凝土性质等因素有关,其最大厚度不得超过表6-1的规定。

表6-1　混凝土浇筑分层厚度　　　　　　　　　　　　　　(单位:mm)

捣实混凝土的方法		浇筑层的厚度
插入式振捣		振动器作用部分长度的1.25倍
表面振捣		200
人工捣固	在基础、无筋混凝土或配筋稀疏的结构中	250
	在梁、墙板、柱结构中	200
	在配筋密列的结构中	150
轻骨料混凝土	插入式振动器	300
	表面振动(振动时需加荷载)	200

(4)浇筑混凝土所采用的方法,应采取适当措施保证混凝土在浇筑时不发生离析现象。

(5)混凝土振捣:根据混凝土泵送时自然形成的坡度,在每个浇筑带前、后、中部不停振捣,振捣工要求认真负责,仔细振捣,以保证混凝土振捣密实。振捣时,要快插慢拔,分层浇筑混凝土振捣上层时,应插入下层混凝土50 mm左右,以消除两层混凝土之间的接缝,同时必须在下层混凝土初凝以前完成上层混凝土的浇筑。

(6)由于混凝土用量大,混凝土入模分层浇筑振捣后其表面常聚积一层游离水(浮浆层),它对混凝土危害极大,不但会损害各层之间的黏结力,造成混凝土强度不均,影响混凝土强度,并极易出现夹层、沉降缝和表面塑性裂缝,因此在浇筑过程中必须妥善处理,排除泌水,以提高混凝土质量,常用处理方法见图6-3。

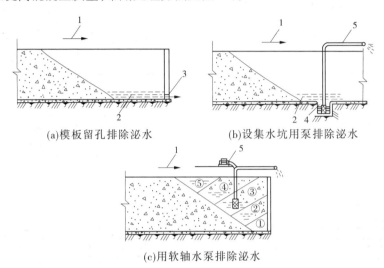

(a)模板留孔排除泌水　　　　　(b)设集水坑用泵排除泌水

(c)用软轴水泵排除泌水

1—浇筑方向;2—泌水;3—模板留孔;4—集水坑;5—软轴水泵;①、②、③、④、⑤—浇筑次序

图6-3　混凝土泌水处理

(7)浇筑完毕后3~12 h内应做好表面覆盖和洒水养护,一般每天不少于2次洒水,并不少于7 d(有缓凝剂或抗渗混凝土不少于14 d),必要时采取保温措施,并防止浸泡地基。

(8)混凝土强度达到1.2 MPa以上时,方可行人和进行下道工序。待混凝土达到设计强度的25%以上时可拆除侧模。当混凝土达到设计强度的30%时,也可进行基坑回填,回填时在四周同时进行,并按照基底排水方向由高到低进行。

6.2.4　后浇带施工

(1)当筏板基础长度很长(40 m以上)时,应考虑在中部适当部位留设贯通后浇带,以避免出现温度、收缩裂缝和便于进行施工分段流水作业。

(2)基础底板和基础梁后浇带留筋方式和宽度如图6-4(a)、(b)所示。当地下水位较高且有较大压力时,后浇带下抗水压垫层、后浇带超前止水构造如图6-4(c)、(d)所示。

(3)后浇带的断面形式如图6-5所示。后浇带的断面形式应考虑浇筑混凝土后连接牢固,一般应避免留直缝。对于板,可留斜缝;对于梁及基础,可留企口缝,可根据结构断面情况确定。对有防水抗渗要求的地下室还应留设止水带,以防后浇带处渗水。

(4)基础后浇带处的垫层应加厚,垫层顶面应做防水层,如图6-4所示。当外墙留设后浇带时,外墙外侧在上述范围内也应做防水层,并用强度等级为M5的水泥砂浆砌半砖厚保护。

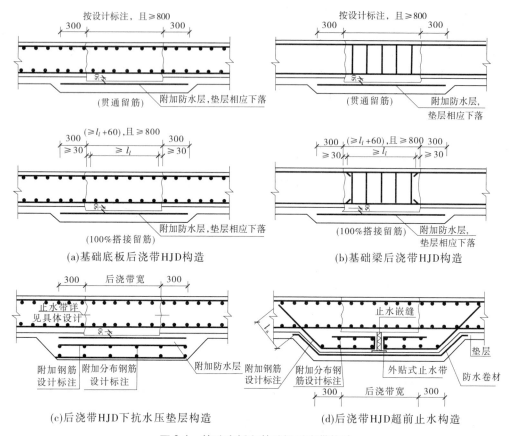

(a)基础底板后浇带HJD构造　　　　　(b)基础梁后浇带HJD构造

(c)后浇带HJD下抗水压垫层构造　　　　(d)后浇带HJD超前止水构造

图6-4　基础底板和基础梁后浇带构造

（5）后浇带宽度一般为 800～1 000 mm。通过后浇带的板、墙钢筋宜断开搭接，以便两部分的混凝土自由收缩；梁主筋断开问题较多，可不断开。伸缩后浇带混凝土宜在两侧混凝土浇灌完毕 2 个月后，用高于两侧强度一级或两级的半干硬性混凝土或微膨胀混凝土（掺水泥用量12%的 U 形膨胀剂，简称 UEA）灌筑密实，使连成整体，并做好混凝土振捣。后浇带混凝土要加强养护，养护时间一般至少 14 d。

（6）带裙房的高层建筑筏形基础，当高层建筑与相连的裙房之间不设置沉降缝时，宜在裙房一侧设置沉降后浇带，当沉降实测值和计算确定的后期沉降差满足设计要求后，方可进行后浇带混凝土浇筑。当高层建筑基础面积满足地基承载力和变形要求时，后浇带宜设置在与高层建筑相邻裙房的第一跨内。

（7）基础后浇带的浇筑，考虑到补偿收缩混凝土的膨胀效应，当后浇带的长度大于50 m 时，混凝土要分两次浇筑，时间间隔为 5～7 d。混凝土浇筑后，在硬化前 1～2 h 应抹压，以防裂缝的产生。

（8）后浇带施工时两侧可采用钢筋支架单层钢丝网或单层钢板网隔断，网眼不宜太大，防止漏浆。若网眼过大，可在网外粘贴一层塑料薄膜，并支挡固定好，保证不跑浆。

（9）对采用钢丝网模板的垂直施工缝，当混凝土达到初凝时用压力水冲洗，清除浮浆、碎片并使冲洗部位露出骨料，同时将钢丝网片冲洗干净。当混凝土终凝后，薄膜可撕

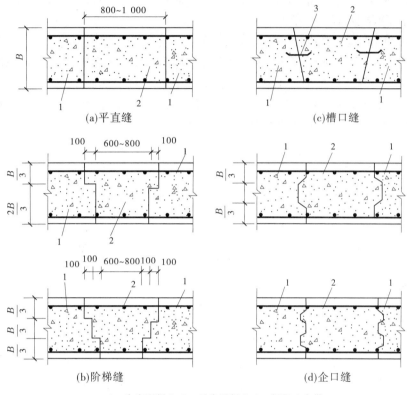

1—先浇混凝土;2—后浇混凝土;3—钢板止水带

图 6-5　后浇带的断面形式

去,钢筋支架亦可拆除,钢丝网可拆除或留在混凝土内。当后浇混凝土时,应将其表面浮浆剔除。在后浇带混凝土浇筑前应清理表面。

6.2.5　施工缝留设与处理

由于施工技术和施工组织上的问题,不能连续将结构整体浇筑完成,并且预计间歇的时间将超出规定的时间时,应预先选定适当的部位设置施工缝。施工缝的位置应设置在结构受剪力较小且便于施工的部位。留缝应符合下列规定:

(1)柱、墙施工缝可留设在基础、楼层结构顶面,柱施工缝与结构上表面的距离宜为 0~100 mm,墙施工缝与结构上表面的距离宜为 0~300 mm。

(2)柱、墙施工缝也可留设在楼层结构底面,施工缝与结构下表面的距离宜为 0~50 mm;当板下有梁托时,可留设在梁托下 0~20 mm。

(3)筏形基础垂直施工缝应留设在平行于平板式基础短边的任何位置且不应留设在柱角范围。梁板式基础垂直施工缝应留设在次梁跨度中间的 1/3 范围内。

(4)墙施工缝宜留置在门洞口过梁跨中 1/3 范围内,也可留在纵横墙的交接处。

(5)楼梯施工缝留设在楼梯段跨中 1/3 无负弯矩的范围内,且留槎垂直于模板面。

(6)设备基础水平施工缝应低于地脚螺栓底端,与地脚螺栓底端的距离应大于 150 mm;当地脚螺栓直径小于 30 mm 时,水平施工缝可留设在深度不小于地脚螺栓埋入混凝土部分总长度的 3/4 处;设备基础垂直施工缝与地脚螺栓中心线的距离不应小于 250 mm,且不应小于螺栓直径的 5 倍。

(7)箱形基础的施工缝:基础底板、顶板与外墙的水平施工缝(也可用于地下室外墙)应在底板上部 300～500 mm 范围内和无梁楼板下部 30～50 mm 处,接缝宜设钢板、橡胶止水带或凸形企口缝或在水平施工缝外贴防水层;底板与内墙的施工缝宜设在底板与内墙交接处;顶板与内墙的水平施工缝位置应视剪力墙插筋的长短而定,一般在 1 000 mm 以内即可。外墙水平施工缝形式及构造如图6-6 所示。

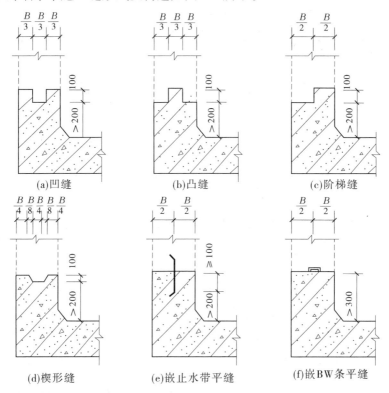

(a)凹缝　　　　　　(b)凸缝　　　　　　(c)阶梯缝

(d)楔形缝　　　　(e)嵌止水带平缝　　　(f)嵌BW条平缝

图6-6　外墙水平施工缝形式及构造

箱形基础外墙垂直施工缝可设在离转角 1 000 mm 处;内隔墙可在内墙与外墙交接处留设施工缝,内墙本身一般不再留垂直施工缝。外墙垂直施工缝宜用凹缝,内墙水平与垂直缝多用平缝。

(8)施工缝的处理。所有水平施工缝应保持水平,并做成毛面,垂直缝处应支模浇筑,施工缝处的钢筋均应留出,不得截断;施工缝位置附近回弯钢筋时,要做到钢筋周围的混凝土不受松动和损坏。钢筋上的油污、水泥砂浆及浮锈等杂物也应清除。在施工缝处继续浇筑混凝土时,已浇筑的混凝土抗压强度不应小于 1.2 MPa。混凝土达到 1.2 MPa 的时间可通过试验确定,同时必须对施工缝进行必要的处理;在已硬化的混凝土表面上继续浇筑混凝土前,应清除垃圾、水泥薄膜、表面上松动砂石和软弱混凝土层,同时应加以凿毛,用水冲洗干净并充分湿润,一般不宜少于24 h,残留在混凝土表面的积水应予清除;在浇筑前,水平施工缝宜先铺上 10～15 mm 厚的水泥砂浆一层,其配合比与混凝土内的砂浆成分相同;从施工缝处开始继续浇筑时,要注意避免直接靠近缝边下料。机械振捣前,宜向施工缝处逐渐推进,并距80~100 cm处停止振捣,但应加强对施工缝接缝的捣实工作,使其紧密结合。

6.2.6 大体积混凝土裂缝的防止

按照相关规范,大体积混凝土是指混凝土结构实体最小几何尺寸不小于1 m的大体量混凝土或预计会因混凝土胶凝材料水化引起的温度变化和收缩变化而导致有害裂缝产生的混凝土。大体积混凝土施工中裂缝的防止与控制是施工中的重点和难点。筏形基础、箱形基础由于结构截面大,水泥用量大,一般属于大体积混凝土施工。

6.2.6.1 裂缝类型及原因分析

大体积混凝土出现的裂缝按照深度不同分为表面裂缝、深层裂缝和贯穿裂缝三种。表面裂缝主要是温度裂缝,一般危害较小,但是影响外观质量;深层裂缝部分地切断了结构断面,对结构耐久性有一定影响;贯穿裂缝是由混凝土表面裂缝发展为深层裂缝,最终形成贯穿裂缝,它切断了结构的断面,可能破坏结构的整体性和稳定性,其危害性是较严重的。裂缝发生的原因有以下几种:

(1)水泥水化热影响。水泥在水化过程中产生了大量的热量,因而使混凝土内部的温度升高。当混凝土内部与表面温差过大时,就会产生温度应力和温度变形。温差越大,温度变形就越大。当温度应力超过混凝土内外的约束力时,就会产生裂缝。混凝土越厚,水泥用量越大,混凝土内部温度越高。

(2)内外约束条件影响。混凝土在早期温度上升时,产生的膨胀受到约束而形成压应力;温度下降时,产生较大的拉应力。另外,混凝土内部由于水泥的水化热而形成中心温度高,热膨胀大,因而在中心区产生压应力,在表面产生拉应力。若拉应力超过混凝土的抗拉强度,混凝土将会开裂。

(3)外界温度变化影响。大体积混凝土在施工阶段常受外界气温的影响。混凝土内部温度是由水泥水化热引起的绝热温度、浇筑温度和散热温度的叠加。当气温下降,特别是气温骤降时,极大增加内外温差,产生温度应力,使混凝土开裂。

(4)混凝土收缩变形。混凝土中80%的水分要蒸发,只有20%的水分是水泥硬化所必需的。随着混凝土的逐渐干燥而使20%的吸附水溢出,就会出现干燥裂缝,表面干燥收缩快,中心干燥收缩慢。由于表面的干缩受到中心部位混凝土的约束,因而会在表面产生拉应力并导致开裂。设计上,在混凝土表面设置抗裂钢筋网片可有效防止混凝土收缩产生的裂缝。

(5)混凝土沉降裂缝。支架、支撑变形下沉会引发结构裂缝,过早拆模易使未达到强度的混凝土结构发生裂缝和破损。

6.2.6.2 控制裂缝开展的方法

为了控制现浇钢筋混凝土贯穿裂缝的开展,常采用以下三种方法:

(1)"放"的方法是减小约束体与被约束体之间的相互制约,以设置永久性伸缩缝的方法。将超长的现浇钢筋混凝土结构分成若干段,以期释放大部分变形,减小约束应力。

(2)"抗"的方法是采取措施减小被约束体与约束体之间的相对温差,改善配筋,减少混凝土收缩,提高混凝土抗拉强度等,以抵抗温度收缩变形和约束应力。

(3)"抗"和"放"结合的方法是在施工期间设置作为临时伸缩缝的"后浇带",将结构分成若干段,可有效削减温度收缩应力。在施工后期,将若干段浇筑成整体,以承受约束应力。

除采用后浇带法外,在某些工程中还采用跳仓法施工,即将整个结构按垂直施工缝分段,间隔一段,浇筑一段。跳仓的最大分块尺寸不宜大于 40 m,跳仓间隔施工的时间不宜小于 7 d 的间歇后再浇筑成整体,这样可削弱一部分施工初期的温差和收缩作用。跳仓接缝处按施工缝的要求设置和处理。

6.2.6.3　防止温度和收缩裂缝的技术措施

1. 控制混凝土温升

(1)水泥。选用中热或低热的水泥品种,可减少水化热,使混凝土减少升温,大体积混凝土施工常用矿渣硅酸盐水泥。为减少水泥用量,降低水化热,利用混凝土的后期强度,并专门进行混凝土配合比设计,征得设计单位同意,混凝土可采用后期 45 d、60 d 或 90 d 强度替代 28 d 设计强度,这样可使混凝土的水泥用量减少 $40 \sim 70$ kg/m^3,混凝土的水化热温升相应减少 $4 \sim 7$ ℃。

(2)外加剂。在混凝土中可掺加复合型外加剂和粉煤灰,以减少绝对用水量和水泥用量,改善混凝土和易性与可泵性,延长缓凝时间。耐久性要求较高或寒冷地区的大体积混凝土,宜采用引气剂或引气减水剂。

(3)粗、细骨料选择。采用以自然连续级配的粗骨料配制混凝土,是因为其具有较好的和易性、较少的用水量和水泥用量以及较高的抗压强度。优先选用 $5 \sim 40$ mm 石子,减少混凝土收缩。含泥量 <1%,符合筛分曲线要求,骨料中针状和片状颗粒含量 <15% (重量比)。细骨料采用中粗砂为宜,含泥量 <2%,这样可减少用水量,水泥用量也相应减少,这样就降低了混凝土的温升并减少了混凝土的收缩。

(4)控制新鲜混凝土的出机温度。混凝土中的各种原材料,尤其是石子与水,对出机温度影响最大。在气温较高时,宜在砂石堆场设置简易遮阳篷,必要时可采取向骨料喷水等措施。

(5)控制浇筑入模温度。在土建工程的大体积钢筋混凝土施工中,浇筑温度对结构物的内外温差影响不大,因此对主要受早期温度应力影响的结构物,没有必要对浇筑温度控制过严。但是考虑到对混凝土有利的养护温度,温度过高会引起较大的干缩并给混凝土的浇筑带来不利的影响,适当限制浇筑温度是合理的,建议最高浇筑温度控制在 40 ℃以下。

2. 延缓混凝土降温速率

大体积混凝土浇筑后,为了减少升温阶段内外温差,防止产生裂缝,给予适当的保温养护和潮湿养护很重要。在潮湿条件下可防止混凝土表面脱水产生干缩裂缝,使水泥顺利进行水化,提高混凝土的极限拉伸值。对混凝土进行保湿和保温养护,可使混凝土的水化热降温速率延缓,减小结构内外温差,防止产生过大的温度应力和产生温度裂缝。

对大面积的底板面,一般可采用先铺一层塑料薄膜后铺两层草包做保温保湿养护,草包应叠缝。养护必须根据混凝土内表温差和降温速率,及时调整养护措施。

蓄水养护亦是一种较好的方法,但水温应是混凝土中心最高温度减去允许的内外温差。

根据工程的具体情况,尽可能多养护一段时间,拆模后应立即用土或再覆盖草包保护,同时预防近期骤冷气候影响,以便控制内表温差,防止混凝土早期和中期裂缝。

3.减少混凝土收缩,提高混凝土的极限拉伸值

(1)混凝土配合比。采用骨料泵送混凝土,砂率应为40%~45%,在满足可泵性前提下,尽量降低砂率。坍落度在满足泵送条件下尽量选用小值,以减少收缩变形。

(2)混凝土的施工。混凝土浇筑顺序的安排,采用薄层连续浇筑,以利于散热、不出现冷缝为原则;采用二次振捣工艺,以提高混凝土密实度和抗拉强度,对大面积的板面要进行拍打振实,去除浮浆,实行二次抹面,以减少表面收缩裂缝;混凝土在浇筑振捣过程中的泌水应予以排除,根据土建工程大体积混凝土的特点和施工经验,监测混凝土中心与表面的温差值,用测温技术进行信息化施工,全面了解混凝土在强度发展过程中内部的温度场分布状况,并且根据温度梯度变化情况,定性、定量地指导施工,控制降温速率,控制裂缝的出现。

4.设计构造上的改善

在底板外约束较大的部位应设置滑动层,在结构应力集中的部位宜加抗裂钢筋,做局部加强处理,在必须分段施工的水平施工缝部位增设暗梁,防止裂缝开展。

5.施工监测

为了解大体积混凝土水化热造成不同深度处温度场的变化规律,随时监测混凝土内部温度情况,以便采取有效技术措施确保工程质量。在混凝土内不同部位埋设温度传感器,用混凝土温度监测仪进行施工全过程的跟踪和监测。

6.3　箱形基础施工

箱形基础是由钢筋混凝土底板、顶板、外墙和一定数量的内隔墙构成一封闭空间的整体箱体,基础中空部分可在内隔墙开门洞做地下室。它具有整体性好、刚度大、不均匀沉降小及抗震能力强等特点。它适用于地基土软、建筑平面形状简单、荷载较大或上部结构分布不均的高层建筑,目前在城市高层建筑中应用较为广泛。

6.3.1　施工准备

6.3.1.1　作业条件

(1)地基土质情况、钎探、地基处理、基础轴线尺寸、基底标高情况等均经过勘察、设计、监理单位验收,并办理完隐检手续。

(2)完成基槽验收,办完验收手续。

(3)地下降水工作完成,具备施工条件。

(4)根据设计及相关规范要求校核混凝土配合比,做完混凝土配合比试配,原材料的复验,台秤经校准、检定合格,准备好混凝土试模。

6.3.1.2　材质要求

（1）水泥：水泥品种、强度等级应根据设计要求确定,质量符合现行水泥标准,工期紧时可做水泥快测。

（2）砂、石子：根据结构尺寸、钢筋密度、混凝土工程施工工艺、混凝土强度等级的要求确定石子粒径、砂子细度,砂、石质量符合现行标准。

（3）水：包括自来水或不含有害物质的洁净水。

（4）外加剂：根据施工组织设计要求,确定是否采用外加剂,外加剂必须经试验合格后方可在工程上使用。

（5）掺和料：根据施工组织设计要求,确定是否采用掺和料,质量符合现行标准。

（6）钢筋：钢筋的级别、规格必须符合设计要求,质量符合现行标准,钢筋表面应保持清洁,无锈蚀和油污,必要时做化学分析。

（7）隔离剂：包括水性隔离剂、甲基硅树酯。

6.3.1.3　施工机具

（1）混凝土机具：磅秤、混凝土搅拌机、插入式振动器、平头铁锹、胶皮管、手推车、布料杆、3 m 杠尺、木抹子、塑料布等。

（2）钢筋机具：调直机、弯曲机、切断机、钢筋钩子、扳手、无齿锯、钢筋连接机具、电焊机、撬棍等。

（3）模板机具：铁、木榔头、水平尺、手锯、钢卷尺、拖线板、气泵、吸尘器、手提电锯等。

6.3.2　质量要求

6.3.2.1　钢筋工程

钢筋原材料及钢筋加工安装质量要求符合《混凝土结构工程施工质量验收规范》（GB 50204—2015）的规定。

6.3.2.2　模板工程

模板安装、拆除应符合《混凝土结构工程施工质量验收规范》（GB 50204—2015）的规定。

6.3.2.3　混凝土工程

混凝土原材料、配合比设计、施工质量、混凝土结构外观及尺寸符合《混凝土结构工程施工质量验收规范》（GB 50204—2015）的规定。

6.3.3　工艺流程

6.3.3.1　钢筋绑扎工艺流程

钢筋绑扎工艺流程：核对钢筋半成品→划钢筋位置线→运钢筋到使用部位→绑扎基础钢筋（墙体、顶板钢筋）→预埋管线及铁件→垫好垫块及马凳铁→隐检。

6.3.3.2　模板安装工艺流程

模板安装工艺流程：准备工作（确定组装模板方案）→搭设内外支撑→安装内外墙模板（安装顶板模板）→合模前钢筋隐检→预检。

6.3.3.3　混凝土施工工艺流程

混凝土施工工艺流程:作业准备→混凝土搅拌→混凝土运输→混凝土浇筑与振捣→养护。

6.3.4　施工操作

6.3.4.1　钢筋绑扎

1.基础钢筋绑扎

(1)核对钢筋半成品:按设计图纸(工程洽商或设计变更)核对加工的半成品钢筋,对其规格型号、形状、尺寸、外观质量等进行检验,挂牌标识。

(2)划钢筋位置线:按照图纸标明的钢筋间距,从距模板端头、梁板边5 cm起,用墨斗在混凝土垫层上弹出位置线(包括基础梁钢筋位置线)。

(3)按弹出的钢筋位置线,先铺底板下层钢筋,如设计无要求,一般情况下先铺短向钢筋,再铺长向钢筋。

(4)钢筋绑扎时,靠近外围两行的相交点每点都绑扎,中间部分的相交点可相隔交错绑扎,双向受力的钢筋必须将钢筋交叉点全部绑扎。绑扎时采用八字扣或交错变换方向绑扎,必须保证钢筋不产生位移。

(5)底板如有基础梁,可预先分段绑扎骨架,然后安装就位,或根据梁位置线就地绑扎成型。

(6)基础底板采用双层钢筋时,绑完下层钢筋后,摆放钢筋马凳或钢筋支架(间距以人踩不变形为准,一般为1 m左右1个为宜)。在马凳上摆放纵横两个方向定位钢筋,钢筋上下次序及绑扣方法同底板下层钢筋。

(7)基础底板和基础梁钢筋接头位置要符合设计要求,同时进行抽样检测。

(8)钢筋绑扎完毕后,进行垫块的码放,间距以1 m为宜,厚度满足钢筋保护层要求。

(9)根据弹好的墙、柱位置线,将墙、柱伸入基础的插筋绑扎牢固,插入基础深度和甩出长度要符合设计及规范要求,同时用钢管或钢筋将钢筋上部固定,保证甩筋位置准确、垂直、不歪斜、倾倒、变位。

2.墙钢筋绑扎

(1)将预埋的插筋清理干净,按1:6调整其保护层厚度符合规范要求。先绑2~4根竖筋,并画好横筋分档标志,然后在下部及齐胸处绑2根横筋定位,并画好竖筋分档标志。一般横筋在外、竖筋在里,所以先绑竖筋后绑横筋,横竖筋的间距及位置应符合设计要求。

(2)墙筋为双向受力钢筋,所有钢筋交叉点应逐点绑扎,竖筋搭接范围内,水平筋不少于3道。横竖筋搭接长度和搭接位置应符合设计图纸和施工规范要求。

(3)双排钢筋之间应绑间距支撑和拉筋,以固定钢筋间距和保护层厚度。支撑或拉筋可用φ6和φ8钢筋制作,间距600 mm左右,用以保证双排钢筋之间的距离。

(4)在墙筋的外侧应绑扎或安装垫块,以保证钢筋保护层厚度。

(5)为保证门窗洞口标高位置正确,在洞口竖筋上画出标高线。门窗洞口要按设计要求绑扎过梁钢筋,锚入墙内长度要符合设计及规范要求。

(6)各连接点的抗震构造钢筋及锚固长度均应按设计要求进行绑扎。

（7）配合其他工程安装预埋管件、预留洞口等，其位置、标高均应符合设计要求。

3. 顶板钢筋绑扎

（1）清理模板上的杂物，用墨斗弹出主筋、分布筋间距。

（2）按设计要求，先摆放受力主筋，后摆放分布筋。绑扎底板钢筋一般用顺扣或八字扣，除外围 2 根钢筋的相交点全部绑扎外，其余各点可交错绑扎（双向板相交点须全部绑扎）。如板为双层钢筋，两层钢筋之间须加钢筋马凳，以确保上部钢筋的位置。

（3）底板钢筋绑扎完毕后，及时进行水电管路的敷设和各种埋件的预埋工作。

（4）水电预埋工作完成后，及时进行钢筋盖铁的绑扎工作。绑扎时要挂线绑扎，保证盖铁两端成行成线，盖铁与钢筋相交点必须全部绑扎。

（5）钢筋绑扎完毕后，及时进行钢筋保护层垫块和盖铁马凳的安装工作，垫块厚度等于保护层厚度，当设计无要求时为 15 mm，钢筋的锚固长度应符合设计要求。

6.3.4.2　模板安装

1. 底板模板安装

（1）底板模板安装按位置线就位，外侧用脚手管做支撑，支撑在基坑侧壁上，支撑点处垫短块木板。

（2）由于箱形基础底板与墙体分开施工，且一般具有防水要求，所以墙体施工缝一般留在距底板顶部 30 cm 处，这样墙体模板必须和底板模板同时安装一部分，这部分模板一般高度为 600 mm 即可。采用吊模施工，内侧模板底部用钢筋马凳支撑，内外侧模板用穿墙螺栓加以连接，再用斜撑与基坑侧壁撑牢。如底板中有基础梁，则全部采用吊模施工，梁与梁之间用钢管加以锁定。

2. 墙体模板安装

（1）安装模板前，按位置线安装门窗洞口模板，与墙体钢筋固定，并安装好预埋件或木砖等。

（2）安装模板宜采用墙两侧模板同时安装。第一步模板边安装锁定边插入穿墙或对拉螺栓和套管，并将两侧模对准墙线使之稳定，然后用钢卡或碟形扣件与钩头螺栓固定于模板边肋上，调整两侧模的平直。

（3）用同样的方法安装其他模板到墙顶部，内钢楞外侧安装外钢楞，并将其用方钢卡或蝶形扣件与钩头螺栓和内钢楞固定，穿墙螺栓由内外钢楞中间插入，用螺母将蝶形扣件拧紧，使两侧模板成为一体。安装斜撑，调整模板垂直度合格后，与墙、柱、楼板模板连接。

（4）钩头螺栓、穿墙螺栓、对接螺栓等连接件都要连接牢靠，松紧力度一致。

3. 柱模板安装

（1）组拼柱模的安装。将柱子的四面模板就位组拼好，每面带一阴角模或连接角模，用 U 形卡正反交替连接；使柱模四面按给定柱截面线就位，并使之垂直，对角线相等；用定型柱箍固定，锁块到位，销铁插牢；对模板的轴线位移、垂直偏差、对角线、扭向等全面校正，并安装定型斜撑或将一般拉杆和斜撑固定在预先埋在楼板中的钢筋环上；检查柱模板的安装质量，最后进行群体柱子水平拉杆的固定。

（2）整体吊装柱模的安装。吊装前，先检查整体预组拼的柱模板上下口的截面尺寸、对角线偏差，连接件、卡件、柱箍的数量及紧固程度。检查柱筋是否妨碍柱模套装，用铅丝将柱顶筋预先内向绑拢,以利柱模从顶部套入;当整体柱模安装于基准面上时,用4根斜撑与柱顶四角连接,另一端锚于地面,校正其中心线、柱边线、柱模桶体扭向及垂直度后,固定支撑;当柱高超过6 m时,不宜采用单根支撑,宜采用多根支撑连成构架。

4.楼板模板安装

(1)支架的支柱可用早拆翼托支柱从边跨一侧开始,依次逐排安装,同时安装钢(木)楞及横拉杆,其间距按模板设计的规定。一般情况下支柱间距为80～120 cm,钢(木)楞间距为60～120 cm,并根据板厚计算确定。需要装双层钢(木)楞时,上层钢(木)楞间距一般为40～60 cm。对跨度不小于4 m的现浇钢筋混凝土梁板,其模板应按设计要求起拱,当设计无具体要求时,起拱高度宜为1‰～3‰。

(2)支架搭设完毕后,要认真检查板下钢(木)楞与支柱连接及支架安装的牢固与稳定,根据给定的水平线,认真调节支模翼托的高度,将钢(木)楞找平。

(3)铺设竹胶板、板缝下必须设钢(木)楞,以防止板端部变形。

(4)平模铺设完毕后,用靠尺、塞尺和水准仪检查平整度与楼板底标高,并进行校正。

6.3.4.3　模板拆除施工

1.模板拆除的一般要点

(1)侧模拆除。在混凝土强度能保证其表面及棱角不因拆除模板而受损后,方可拆除。一般情况下,柱模及梁侧模板,混凝土强度应达到1.2 MPa,梁板底模板按《混凝土结构工程施工质量验收规范》(GB 50204—2015)的有关条款执行。

(2)冬期施工模板的拆除必须执行《建筑工程冬期施工规程》(JGJ/T 104—2011)的有关规定。作业班组必须填写"混凝土拆模申请书"并附同条件混凝土强度报告报项目专业技术负责人审批,通过后方可拆模,同时要有拆模记录。

(3)已拆除模板及支架的结构在混凝土达到设计强度等级后方允许承受全使用荷载。当施工荷载所产生的效应比使用荷载的效应更不利时,必须经核算,加设临时支撑。

(4)拆装模板的顺序和方法,应按照配板设计的规定进行。若无设计规定,则应遵循先支后拆、后支先拆;先拆不承重的模板、后拆承重的模板,自上而下;支架先拆侧向支撑,后拆竖向支撑等原则。

(5)模板工程作业组织,应遵循支模与拆模统一由一个作业班组执行。

2.楼板模板拆除

(1)拆除支架部分水平拉杆和剪刀撑,以便作业,而后拆除梁与楼板模板的连接角模及梁侧模板,以使两相邻模板断连。

(2)下调支柱顶翼托螺杆后,先拆钩头螺栓,以使钢框竹编平模与钢楞脱开。然后拆下U形卡和L形插销,再用钢钎轻轻撬动钢框竹编模板,或用木锤轻击,拆下第一块,最后逐块逐段拆除,切不可用钢棍或铁锤猛击乱撬。每块竹编模板拆下时,或用人工托扶放于地上或将支柱顶翼托螺杆再下调相等高度,在原有钢楞上适量搭设脚手板,以托住拆下的模板,严禁使拆下的模板自由坠落于地面。

3.柱模板拆除

分散拆除柱模时应自上而下、分层拆除。拆除第一层时,用木锤或带橡木垫的锤向外侧轻击模板上口,使之松动,脱离柱混凝土。依次拆下一层模板时,要轻击模板边肋,不可用撬棍从柱角撬离,拆除的模板及配件用绳子绑扎放到地下。

分片拆除柱模时,要从上口向外侧轻击和轻撬连接角模,使之松动,要适当加设临时支撑,以防止整片柱模整片倾倒伤人。

4. 墙模板拆除

分散拆除墙模的施工要点与柱模板分散拆除相同。只是在拆各层单块模板时,先拆墙两端接缝窄条模板,然后向墙中心方向逐块拆除。

对于整拆墙体组拼大模板,在调节三角斜支腿丝杠使地脚离地时,以模板脱离墙体后与地面呈75°左右为宜。无工具型斜支腿时,拆掉斜撑后,拆除穿墙螺栓时,要留下最上排和中排的部分螺栓,松开但不退掉螺母和扣件,在模板撬离时,以防倾倒。

6.3.4.4　混凝土施工

1. 基础底板混凝土施工

箱形基础底板一般较厚,混凝土工程量一般也较大,因此混凝土施工时,必须考虑混凝土散热的问题,防止出现温度裂缝。

一般采用矿渣硅酸盐水泥进行混凝土配合比设计,经设计同意,可考虑设置后浇带。

混凝土必须连续浇筑,一般不得留置施工缝,所以各种混凝土材料和设备机具必须保证供应。

墙体施工缝处宜留置企口缝,或按设计要求留置。

墙柱甩出钢筋必须用塑料套管加以保护,避免混凝土污染钢筋。

2. 墙体混凝土施工

(1)混凝土运输。混凝土从搅拌地点运至浇筑地点,延续时间尽量缩短,根据气温高低适当控制在一定时间范围内。当采用预拌混凝土时,应充分搅拌后再卸车,不允许任意加水,混凝土发生离析时,浇筑前应两次搅拌,已初凝的混凝土不能使用。

(2)混凝土浇筑。墙体浇筑混凝土前,在底部接槎处先均匀浇筑 5 cm 厚与墙体混凝土成分相同的减石子砂浆。用铁锹均匀入模,不应用吊斗直接灌入模内。利用混凝土杆检查浇筑高度,一般控制在 40 cm 左右,分层浇筑、振捣。混凝土下料点应分散布置。墙体连续进行浇筑,上下层混凝土之间时间间隔不得超过水泥的初凝时间,一般不超过 2 h。墙体混凝土的施工缝宜设在门洞过梁跨中 1/3 区段。当采用平模时留在内纵横墙的交界处,应留垂直缝。接槎处应振捣密实。浇筑时随时清理落地灰。

洞口浇筑时,使洞口两侧浇筑高度对称均匀,振捣棒距洞边 30 cm 以上,宜从两侧同时振捣,防止洞口变形。大洞口下部模板应开口,并保证振捣密实。

(3)混凝土振捣、养护。插入式振动器移动间距不宜大于振动器作用部分长度的1.25 倍,一般应小于 50 cm。门洞口两侧构造柱要振捣密实,不得漏振。每一振点的延续时间,以表面呈现浮浆和不再沉落为准,避免碰撞钢筋、模板、预埋件、预埋管等,发现有变形、移位,各有关工种应相互配合进行处理。

混凝土浇筑振捣完毕,将上口甩出的钢筋加以整理,用木抹子按预定标高线将墙上表面混凝土找平。

混凝土浇筑完毕后,应在 12 h 以内加以覆盖和浇水。常温时混凝土强度大于 1.2 MPa,冬期时掺防冻剂,使混凝土强度达到 4 MPa 时拆模。保证拆模时,墙体不粘模、不掉角、不裂缝,及时修整墙面、边角。常温时及时喷水养护,养护期一般不少于7 d,浇水次数应能保持混凝土有足够的润湿状态。

3.顶板混凝土施工

浇筑板混凝土的虚铺厚度应略大于板厚,用平板振动器垂直浇筑方向来回振捣,厚板可用插入式振动器顺浇筑方向拖拉振捣,并用钢插尺检查混凝土厚度,振捣完毕后用长木抹子抹平、拉毛。

浇筑完毕后及时用塑料布覆盖混凝土,并浇水养护。

6.3.5 成品保护

6.3.5.1 钢筋绑扎

(1)楼板的钢筋绑扎好后应做保护,不准在上面踩踏行走。浇筑混凝土时派钢筋工专门负责修理,保证负弯矩钢筋位置的正确性。

(2)绑扎钢筋时禁止碰动预埋件及洞口模板。

(3)钢模板内面涂隔离剂时不要污染钢筋。

(4)安装电线管、暖卫管线或其他设施时,不得任意切断和移动钢筋。

6.3.5.2 模板安装

(1)预组拼的模板要有存放场地,场地要平整夯实。模板平放时,要有木方垫架。立放时,要搭设分类模板架,模板触地处要垫木方,以此保证模板不扭曲、不变形。不可乱堆乱放或在组拼的模板上堆放分散模板和配件。

(2)工作面已安装完毕的墙模板,不准在吊运其他模板时碰撞,不准在预拼装模板就位前作为临时依靠,以防止模板变形或产生垂直偏差。工作面已安装完毕的平面模板,不可做临时堆料和作业平台,以保证支架的稳定,防止平面模板标高和平整度产生偏差。

(3)拆除模板时,不得用大锤、撬棍硬砸猛撬,以免混凝土的外形和内部受到损伤。

6.3.5.3 混凝土浇筑

(1)要保证钢筋和垫块的位置正确,不得踩楼梯、楼板的弯起钢筋,不碰动预埋件和插筋。在楼板上搭设浇筑混凝土使用的浇筑人行道,保证楼板钢筋的负弯矩钢筋的位置。

(2)不用重物冲击模板,不在梁或楼梯踏步模板吊模上踩,应搭设跳板,保护模板的牢固和严密。

(3)已浇筑楼板、楼梯踏步的上表面混凝土要加以保护,必须在混凝土强度达到1.2 MPa以后,方准在面上进行操作及安装结构用的支架和模板。

(4)在浇筑混凝土时,要对已经完成的成品进行保护,对浇筑上层混凝土时流下的水泥浆要由专人及时地清理干净,洒落的混凝土也要随时清理干净。

(5)所有甩出钢筋,在进行混凝土施工时,必须用塑料套管或塑料布加以保护,防止混凝土污染钢筋。

(6)对阳角等易碰坏的地方,应当有保护措施,专人负责。

(7)冬期施工在已浇的楼板上覆盖时,要在铺好的脚手板上操作,尽量不踏脚印。

(8)顶板混凝土及防水工程完工后,应尽快进行回填土工作。

6.3.6　应注意的质量问题

6.3.6.1　钢筋绑扎应注意的质量问题

（1）浇筑混凝土前检查钢筋位置是否正确，振捣混凝土时防止碰动钢筋，浇完混凝土后立即修整甩筋的位置，防止柱筋、墙筋位移。

（2）配制梁箍筋时应按内皮尺寸计算，避免梁钢筋骨架尺寸小于设计尺寸。箍筋末端应弯成135°，平直部分长度为10d。

（3）主筋进支座长度要符合设计要求，梁板的弯起钢筋、负弯矩钢筋位置应准确，施工时不应踩到下面。

（4）绑扎板的钢筋时用尺杆画线，绑扎时随时找正调直，防止板筋不顺直、位置不准。绑扎竖向受力筋时要吊正，搭接部位绑扎不少于3个扣，绑扣不能用同一方向的顺扣。

（5）在钢筋配料加工时要注意，端头有对焊接头时，要避开搭接范围，防止绑扎接头内混入对焊接头。

6.3.6.2　模板安装应注意的质量问题

（1）墙身超厚：墙身放线时误差过大，模板就位调整不认真，穿墙螺栓没有全部穿齐、拧紧。

（2）墙体上口过大：支模时上口卡具没有按设计要求尺寸卡紧。

（3）混凝土墙体表面黏连：由于模板清理不好，涂刷隔离剂不匀，拆模过早所造成。

（4）角模与大模板缝隙过大跑浆：模板拼装时缝隙过大，连接固定措施不牢靠，应加强检查，及时处理。

（5）角模入墙过深：支模时角模与大模板连接凹入过多或不牢固，应改进角模支模方法。

（6）门窗洞口混凝土变形：门窗洞口模板的组装及与大模板的固定不牢固，必须认真进行洞口模板设计，能够保证尺寸，便于装拆。

（7）严格控制模板上口标高。

6.3.6.3　混凝土浇筑应注意的质量问题

（1）蜂窝：原因是混凝土一次下料过厚，振捣不实或漏振，模板有缝隙使水泥浆流失，钢筋较密而混凝土坍落度过小或石子过大，墙根部模板有缝隙，以致混凝土中的砂浆从下部涌出而造成。

（2）露筋：原因是钢筋垫块位移、间距过大、漏放导致钢筋紧贴模板。板底部振捣不实，也可能出现露筋。

（3）麻面：拆模过早或模板表面漏刷隔离剂或模板湿润不够，构件表面混凝土易黏附在模板上造成麻面脱皮，或因混凝土气泡多，振捣不足。

（4）孔洞：原因是钢筋较密的部位混凝土被卡，未经振捣就继续浇筑上层混凝土。

（5）缝隙与夹渣层：施工缝处杂物清理不净或未浇底浆等原因，易造成缝隙、夹渣层。

（6）现浇楼板面和楼梯踏步表面平整度偏差太大：主要原因是混凝土浇筑后，表面不用抹子认真抹平。冬季施工在覆盖保温层时，上人过早或未垫板进行操作。

6.3.6.4　其他应注意的质量问题

（1）箱形基础开挖深度大，挖土卸载后，土中压力减小，土的弹性效应有时会使基坑坑面土体回弹变形，基坑开挖到设计基底标高经验收后，应随即浇筑垫层和箱形基础底板，防止地基土被破坏。冬季施工时，应采取有效措施，防止坑底土的冻胀。

（2）箱形基础施工完毕后，应防止长期暴露，要抓紧基坑的回填土。回填时要在相对的两侧或四周同时均匀进行，分层夯实；停止降水时，应验算箱形基础的抗浮稳定性；地下水对基础的浮力，一般不考虑折减，抗浮稳定系数不宜小于1.20，如不能满足，则必须采取有效措施，防止基础上浮或倾斜，地下室施工完成后，方可停止降水。

6.4　桩基础施工

6.4.1　桩基础概述

桩基础简称桩基，由基桩（沉入土中的单桩）和连接于基桩桩顶的承台共同组成。桩基础的作用是将上部结构的荷载传递到深部较坚硬的、压缩性较小、承载力较大的土层或岩层上；或使软弱土层受挤压，提高地基土的密实度和承载力，以保证建筑物的稳定性，减少地基沉降。

按桩的传力方式不同，将桩基分为端承桩和摩擦桩，如图6-7所示。端承桩就是穿过软土层并将建筑物的荷载直接传递给坚硬土层的桩。摩擦桩是将桩沉至软弱土层一定深度，用以挤密软弱土层，提高土层的密实度和承载能力，上部结构的荷载主要由桩身侧面与土之间的摩擦力承受，桩间阻力也承受少量的荷载。

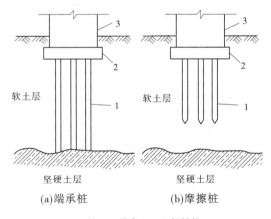

1—桩；2—承台；3—上部结构

图6-7　端承桩与摩擦桩

按桩的施工方法不同，有预制桩和灌注桩两类。

预制桩是在工厂或施工现场用不同的建筑材料制成的各种形状的桩，然后用打桩设备将预制好的桩沉入地基土中。

灌注桩是在设计桩位上先成孔，然后放入钢筋骨架，再浇筑混凝土而成的桩。灌注桩按成孔的方法不同,分为泥浆护壁成孔灌注桩、干作业钻孔灌注桩、人工挖孔灌注桩、沉管灌注桩等。

6.4.2 预制桩施工

钢筋混凝土预制桩是在预制构件厂或施工现场预制,用沉桩设备在设计位置上将其沉入土中。其特点是坚固耐久,不受地下水或潮湿环境影响,能承受较大荷载,施工机械化程度高,进度快,能适应不同土层施工。目前,最常用的预制桩是预应力混凝土管桩。

钢筋混凝土预制桩施工前,应根据施工图设计要求、桩的类型、成孔过程对土的挤压情况、地质探测和试桩等资料,制订施工方案。预制桩施工程序如图6-8所示。

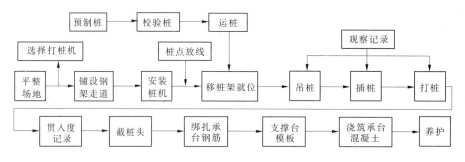

图6-8　预制桩施工程序

6.4.2.1　打桩前的准备

桩基础工程在施工前,应根据工程规模的大小和复杂程度,编制整个分部工程施工组织设计或施工方案。沉桩前,现场准备工作的内容有处理障碍物、平整场地、抄平放线定桩位、铺设水电管网、沉桩机械设备的进场和安装以及桩的供应等。

(1)处理障碍物。打桩施工前,应认真处理影响施工的高空、地上和地下的障碍物。必要时可与城市管理、供水、供电、煤气、电信、房管等有关单位联系,对施工现场周围(一般为10 m以内)的建筑物、驳岸、地下管线等做全面检查,予以加固、采取隔振措施或拆除。

(2)平整场地。施工场地应平整(坡度不大于10%)、坚实,必要时宜铺设道路,经压路机碾压密实,场地四周应设置排水措施。

(3)抄平放线定桩位。在打桩现场附近设置水准点,其位置应不受打桩影响,数量不得少于2个,用以抄平场地和检查桩的入土深度。要根据建筑物的轴线控制桩定出桩基础的每个桩位,可用小木桩标记。正式打桩之前,应对桩基的轴线和桩位复查一次,以免因小木桩挪动、丢失而影响施工。

(4)进行打桩试验。施工前应做数量不少于2根桩的打桩工艺试验,用以了解桩的沉入时间、最终沉入度、持力层的强度、桩的承载力以及施工过程中可能出现的各种问题和反常情况等,以便检验所选的打桩设备和施工工艺,确定是否符合设计要求。

(5)确定打桩顺序。打桩顺序直接影响到桩基础的质量和施工速度,应根据桩的密集程度(桩距大小)、桩的规格和长短、桩的设计标高、工作面布置、工期要求等综合考虑,合理确定打桩顺序。根据桩的密集程度,打桩顺序一般分为逐排打设、自中间向四周打设

和由中间向两侧打设三种。当桩布置较密时（桩中心距不大于 4 倍桩的直径或边长），应由中间向两侧对称施打（见图 6-9(c)）或由中间向四周施打（见图 6-9(b)）；当桩布置较疏时（桩中心距大于 4 倍桩的边长或直径），可采用上述两种打法，或逐排打设（见图 6-9(a)）。

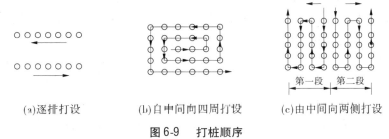

(a)逐排打设　　　　　(b)自中间向四周打设　　　　(c)由中间向两侧打设

图 6-9　打桩顺序

根据基础的设计标高和桩的规格，宜按先深后浅、先大后小、先长后短的顺序进行打桩。

（6）桩帽、垫衬和打桩设备机具准备。

6.4.2.2　桩的制作、运输、堆放

1.桩的制作

较短的桩多在预制厂生产，较长的桩一般在打桩现场附近或打桩现场就地预制。

桩分节制作时，单节长度的确定，应满足桩架的有效高度、制作场地条件、运输与装卸能力的要求，同时应避免桩尖接近坚硬持力层或桩尖处于坚硬持力层中接桩，上节桩和下节桩应尽量在同一纵轴线上预制，使上下节钢筋和桩身减少偏差。

制桩时，应做好浇筑日期、混凝土强度、外观检查、质量鉴定等记录，以供验收时查用。每根桩上应标明编号、制作日期，如不预埋吊环，则应标明绑扎位置。

2.桩的运输

混凝土预制桩达到设计强度 70% 时方可起吊，达到 100% 后方可进行运输。如提前吊运，必须验算合格。桩在起吊和运输时，吊点应符合设计规定，当无吊环，设计又未做规定时，绑扎点的数量及位置按桩长而定，应按起吊弯距最小的原则进行捆绑。钢丝绳与桩之间应加衬垫，以免损坏棱角。起吊时应平稳提升，吊点同时离地，如要长距离运输，可采用平板拖车或轻轨平板车。

3.桩的堆放

桩堆放时，地面必须平整、坚实，垫木间距应根据吊点确定，各层垫木应位于同一垂直线上，最下层垫木应适当加宽，堆放层数不宜超过 4 层。不同规格的桩，应分别堆放。

6.4.2.3　施工方法

混凝土预制桩的沉桩方法有锤击沉桩、静力压桩、振动沉桩等。

1.锤击沉桩

锤击沉桩也称为打入桩，是利用桩锤下落产生的冲击能量将桩沉入土中，锤击沉桩是混凝土预制桩最常用的沉桩方法。该法施工速度快，机械化程度高，适应范围广，现场文明程度高，但施工时有噪声和振动，对城市中心和夜间施工有所限制。

1)打桩设备及选择

打桩所用的机具设备主要包括桩锤、桩架及动力装置等。

(1)桩锤是把桩打入土中的主要机具,有落锤、汽锤、柴油桩锤、振动桩锤等。

桩锤的类型应根据施工现场情况、机具设备条件及工作方式和工作效率等条件来选择;桩锤的重量一般根据桩重和土质的沉桩难易程度选择,宜选择重锤低击。

(2)桩架是支持桩身和桩锤,在打桩过程中引导桩的方向及维持桩的稳定,并保证桩锤沿着所要求方向冲击桩体的设备。桩架一般由底盘、导向杆、起吊设备、撑杆等组成。

桩架的形式多种多样,常用的桩架有两种基本形式:一种是沿轨道行驶的多能桩架;另一种是装在履带底盘上的履带式桩架。多能桩架由定柱、斜撑、回转工作台、底盘及传动机构组成。它的机动性和适应性很大,在水平方向可做360°回转,导架可以伸缩和前后倾斜,底座下装有铁轮,底盘在轨道上行走,这种桩架可适用于各种预制桩及灌注桩施工。履带式桩架以履带式起重机为主机,配备桩架工作装置而组成,操作灵活,移动方便,适用于各种预制桩和灌注桩的施工。

桩架的选用应根据桩的长度、桩锤的类型及施工条件等因素确定。通常,桩架的高度 = 桩长 + 桩锤高度 + 桩帽高度 + 滑轮组高度 + 桩锤位移高度。

(3)打桩机械的动力装置是根据所选桩锤而定的,主要有卷扬机、锅炉、空气压缩机等。当采用空气锤时,应配备空气压缩机;当选用蒸汽锤时,应配备蒸汽锅炉和卷扬机。

2)打桩工艺

(1)吊桩就位。按既定的打桩顺序,先将桩架移动至桩位处并用缆风绳拉牢,然后将桩运至桩架下,利用桩架上的滑轮组,由卷扬机提升桩。当桩提升至直立状态后,即可将桩送入桩架的龙门导管内,同时把桩尖准确地安放到桩位上,并与桩架导管相连接,以保证打桩过程中不发生倾斜或移动。桩插入时垂直偏差不得超过0.5%,桩就位后,为了防止击碎桩顶,在桩锤与桩帽、桩帽与桩之间应放上硬木、粗草纸或麻袋等桩垫作为缓冲层,桩帽与桩顶四周应留5~10 mm的间隙。然后进行检查,使桩身、桩帽和桩锤在同一轴线上即可开始打桩。

(2)打桩。打桩时采用重锤低击可取得良好效果,这是因为这样打桩使桩锤对桩头的冲击小,回弹也小,桩头不易损坏,大部分能量都用于克服桩身与土的摩阻力和桩尖阻力上,桩就能较快地沉入土中。

初打时地层软、沉降量较大,宜低锤轻打,随着沉桩加深(1~2 m),速度减慢,再酌情增加起锤高度,要控制锤击应力。打桩时应观察桩锤回弹情况,如经常回弹较大则说明锤太轻,不能使桩下沉,应及时更换。至于桩锤的落距以多大为宜,根据实践经验,在一般情况下,单动汽锤以0.6 m左右为宜,柴油锤不超过1.5 m,落锤以不超过1.0 m为宜。打桩时要随时注意贯入度变化情况,当贯入度骤减,桩锤有较大回弹时,表示桩尖遇到障碍,此时应使桩锤落距减小,加快锤击。如上述情况仍存在,则应停止锤击,查明原因并进行处理。

在打桩过程中,如突然出现桩锤回弹、贯入度突增、锤击时桩弯曲、倾斜、颤动、桩顶破坏加剧等情况,则表明桩身可能已破坏。

打桩最后阶段,沉降量太小时,要避免硬打,如难沉下,要检查桩垫、桩帽是否适宜,需要时可更换或补充软垫。

（3）接桩。预制桩施工中，由于受到场地、运输及桩机设备等的限制，而将长桩分为多节进行制作。接桩时要注意新接桩节与原桩节的轴线一致。目前，预制桩的接桩工艺主要有硫磺胶泥浆锚法、电焊接桩和法兰螺栓接桩三种。前一种适用于软弱土层，后两种适用于各类土层。

3）打桩质量要求

保证打桩的质量，应遵循以下原则：端承桩即桩端达到坚硬土层或岩层，以控制贯入度为主，桩端标高可做参考；摩擦桩即桩端位于一般软弱土层，以控制桩端设计标高为主，贯入度可做参考。打入桩（预制混凝土方桩、先张法预应力管桩、钢桩）的桩位偏差必须符合规范的规定。打斜桩时，斜桩倾斜度的允许偏差不得大于倾斜角正切值的15%。

4）桩头的处理

在打完各种预制桩开挖基坑时，按设计要求的桩顶标高将桩头多余的部分截去。截桩头时不能破坏桩身，要保证桩身的主筋伸入承台，长度应符合设计要求。当桩顶标高在设计标高以下时，在桩位上挖成喇叭口，凿掉桩头混凝土，剥出主筋并焊接接长至设计要求长度，与承台钢筋绑扎在一起，用与桩身同强度等级的混凝土与承台一起浇筑接长桩身，如图6-10所示。

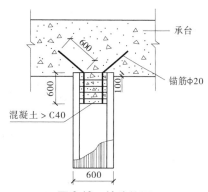

图6-10　桩头处理

5）打桩施工常见问题

在打桩施工过程中会遇见各种各样的问题，如桩顶破碎，桩身断裂，桩身位移、扭转、倾斜，桩锤跳跃，桩身严重回弹等。发生这些问题的原因有钢筋混凝土预制桩制作质量、沉桩操作工艺和复杂土层等。施工规范规定，打桩过程中如遇到上述问题，都应立即暂停打桩，施工单位应与勘察、设计单位共同研究，查明原因，提出明确的处理意见，采取相应技术措施后，方可继续施工。

2. 其他沉桩方法

（1）静力压桩法。是在软土地基上，利用静力压桩机或液压压桩机用无振动的静力压力（自重和配重）将预制桩压入土中的一种新工艺。静力压桩与普通的打桩和振动沉桩相比，压桩可以消除噪声和振动，已在我国沿海软土地基上较为广泛地采用。

（2）水冲沉桩法。是锤击沉桩的一种辅助方法。它是利用高压水流经过桩侧面或空心管内部的射水管冲击桩尖附近土层，便于锤击沉桩。一般是边冲水边打桩，当沉桩至最后1~2 m时停止冲水，用锤击至规定标高。水冲沉桩法适用于砂土和碎石土，有时对于特别长的预制桩，单靠锤击有一定的困难时，亦用水冲沉桩法辅助。

（3）振动沉桩法。是利用振动机，将桩与振动机连接在一起，振动机产生的振动力通过桩身使土体振动，使土体内摩擦角减小、强度降低而将桩沉入土中，此法在砂土中效率最高。

6.4.3　灌注桩施工

混凝土灌注桩是直接在施工现场桩位上成孔，然后在孔内安装钢筋笼，浇筑混凝土成桩。与预制桩相比,灌注桩具有不受地层变化限制、不需要接桩和截桩、节约钢材、振动小、噪声小等特点,但施工工艺复杂,影响质量的因素多。灌注桩按成孔方法分为泥浆护壁成孔灌注桩、干作业钻孔灌注桩、人工挖孔灌注桩、沉管灌注桩等,近年来还出现了夯扩桩、管内泵压桩、变径桩等新工艺,特别是变径桩,将信息化技术引进到桩基础中。

6.4.3.1 泥浆护壁成孔灌注桩

泥浆护壁成孔是利用原土自然造浆或人工造浆浆液进行护壁,通过循环泥浆将被钻头切下的土块挟带排出孔外成孔,然后安装绑扎好的钢筋笼,导管法水下灌注混凝土沉桩。此法对于不论地下水高低的土层都适用,但在岩溶发育地区慎用。

1. 泥浆护壁成孔灌注桩施工工艺流程

泥浆护壁成孔灌注桩施工工艺流程如图 6-11 所示。

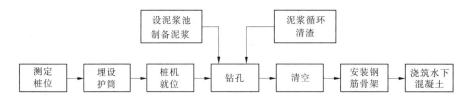

图 6-11 泥浆护壁成孔灌注桩施工工艺流程

2. 施工准备

1）埋设护筒

护筒是用 4~8 mm 厚钢板制成的圆筒,其内径应大于钻头直径 100 mm,其上部宜开设 1~2 个溢浆孔。护筒的作用是固定桩孔位置,防止地面水流入,保护孔口,增高桩孔内水压力,防止塌孔和成孔时引导钻头方向。

埋设护筒时,先挖去桩孔处地表土,将护筒埋入土中,保证其位置准确、稳定。护筒中心与桩位中心的偏差不得大于 50 mm,护筒与坑壁之间用黏土填实,以防漏水。护筒的埋设深度,在黏土中不宜小于 1.0 m,在砂土中不宜小于 1.5 m。护筒顶面应高于地面0.4~0.6 m,并应保持孔内泥浆面高出地下水位 1 m 以上,在受水位涨落影响时,泥浆面应高出最高水位 1.5 m 以上。

2）制备泥浆

泥浆在桩孔内吸附在孔壁上,将土壁上孔隙填渗密实,避免孔内壁漏水,保持护筒内水压稳定;泥浆比重大,加大孔内水压力,可以稳固土壁、防止塌孔;泥浆有一定黏度,通过循环泥浆可将切削碎的泥石渣屑悬浮后排出,起到挟砂、排土的作用。同时,泥浆可对钻头有冷却和润滑作用。

制备泥浆的方法:在黏性土中成孔时可在孔中注入清水,钻机旋转时,切削土屑与水旋拌,用原土造浆,泥浆比重应控制在 1.1~1.2。在其他土中成孔时,泥浆制备应选用高塑性黏土或膨润土。在砂土和较厚的夹砂层中成孔时,泥浆比重应控制在 1.3~1.5。施工中应经常测定泥浆比重,并定期测定黏度、含砂率和胶体率等指标。

3. 成孔

桩架安装就位后,挖泥浆槽、沉淀池,接通水电,安装水电设备,制备要求相对密度的泥浆。用第一节钻杆(每节钻杆长约 5 m,按钻进深度用钢销连接)的一端接好钻机,另一端接上钢丝绳,吊起潜水钻对准埋设的护筒,悬离地面,先空钻然后慢慢钻入土中;注入泥浆,待整个潜水钻入土后,观察机架是否垂直平稳,检查钻杆是否平直,再正常钻进。

泥浆护壁成孔灌注桩成孔方法按成孔机械分类有钻机成孔(回转钻机成孔、潜水钻机成孔、冲击钻机成孔)和冲抓锥成孔,其中以钻机成孔应用最多。

1)回转钻机成孔

回转钻机是由动力装置带动钻机回转装置转动,再由其带动带有钻头的钻杆移动,由钻头切削土层。其适用于地下水位较高的软、硬土层,如淤泥、黏性土、砂土、软质岩层。

回转钻机成孔方式根据泥浆循环方式的不同,分为正循环回转钻机成孔和反循环回转钻机成孔。正循环回转钻机成孔工艺原理如图6-12所示,由空心钻杆内部通入泥浆或高压水,从钻杆底部喷出,挟带钻下的土渣沿孔壁向上流动,由孔口将土渣带出流入泥浆池。

反循环回转钻机成孔工艺原理如图6-13所示,泥浆带渣流动的方向与正循环回转钻机成孔的情形相反。反循环工艺的泥浆上流的速度较高,能挟带较大的土渣。

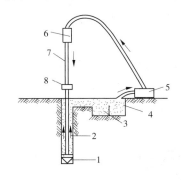

1—钻头;2—泥浆循环方向;3—沉淀池;
4—泥浆池;5—泥浆泵;6—水龙头;
7—钻杆;8—钻机回转装置

图6-12 正循环回转钻机成孔工艺原理

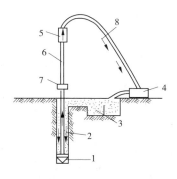

1—钻头;2—新泥浆流向;3—沉淀池;
4—砂石泵;5—水龙头;6—钻杆;
7—钻机回转装置;8—混合液流向

图6-13 反循环回转钻机成孔工艺原理

2)潜水钻机成孔

潜水钻机成孔示意图如图6-14所示。潜水钻机是一种将动力、变速机构、钻头连在一起加以密封,潜入水中工作的一种体积小而轻的钻机。这种钻机的钻头有多种形式,以适应不同桩径和不同土层的需要,钻头可带有合金刀齿,靠电机带动刀齿旋转切削土层或岩层。钻头靠桩架悬吊吊杆定位,钻孔时钻杆不旋转,仅钻头部分放置切削下来的泥渣通过泥浆循环排出孔外。

3)冲击钻机成孔

冲击钻机通过机架、卷扬机把带刃的重钻头(冲击锤)提高到一定高度,靠自由下落的冲击力切削破碎岩层或冲击土层成孔,如图6-15所示。部分碎渣和泥浆挤压进孔壁,大部分碎渣用掏渣筒掏出。此法设备简单,操作方便,对于有孤石的砂卵石岩、坚质岩、岩层均可成孔。

冲击钻头有十字形、工字形、人字形等,常用十字形冲击钻头。在钻头锥顶与提升钢丝绳间设有自动转向装置,冲击锤每冲击一次转动一个角度,从而保证桩孔冲成圆孔。

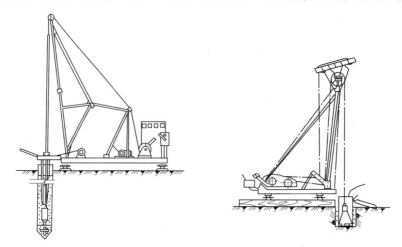

图 6-14　潜水钻机成孔示意图　　　　图 6-15　冲击钻机成孔示意图

4)冲抓锥成孔

冲抓锥头(见图 6-16)上有一重铁块和活动抓片,通过机架和卷扬机将冲抓锥提升到一定高度,下落时松开卷筒刹车,抓片张开,锥头便自由下落冲入土中,然后开动卷扬机提升锥头,这时抓片闭合抓土。冲抓锥整体提升至地面上卸去土渣,依次循环成孔。

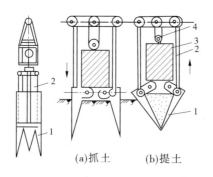

(a)抓土　　　　(b)提土

1—抓片;2—连杆;3—压重;4—滑轮组

图 6-16　冲抓锥头

4. 清孔

成孔后,即进行验孔和清孔。验孔是用探测器检查桩位、直径、深度和孔道情况;清孔即清除孔底沉渣、淤泥浮土,以减少桩基的沉降量,提高承载能力。

泥浆护壁成孔清孔时,对于土质较好不易坍塌的桩孔,可用空气吸泥机清孔,气压为0.5 MPa,使管内形成强大高压气流向上涌,同时不断地补足清水,被搅动的泥渣随气流上涌从喷口排出,直至喷出清水。对于稳定性较差的孔壁应采用泥浆循环法清孔或抽筒排渣,清孔后的泥浆相对密度应控制在 1.15 ~ 1.25;原土造浆的孔,清孔后泥浆相对密度应控制在 1.1 左右,在清孔时,必须及时补充足够的泥浆,并保持浆面稳定。

5. 水下浇筑混凝土

在灌注桩、地下连续墙等基础工程中,常要直接在水下浇筑混凝土。其方法是利用导管输送混凝土并使之与环境水隔离,依靠管中混凝土的自重,使管口周围的混凝土在已浇筑的混凝土内部流动、扩散,以完成混凝土的浇筑工作,如图 6-17 所示。

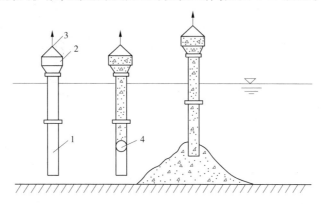

1—导管;2—承料漏斗;3—提升机具;4—球塞

图 6-17　导管法浇筑水下混凝土示意图

在施工时,先将导管放入孔中(其下部距离底面约 100 mm),用麻绳或铅丝将球塞悬吊在导管内水位以上的 0.2 m(塞顶铺 2～3 层稍大于导管内径的水泥纸袋,再散铺一些干水泥,以防混凝土中骨料卡住球塞),然后浇入混凝土,当球塞以上导管和承料漏斗装满混凝土后,剪断球塞吊绳,混凝土靠自重推动球塞下落,冲向基底,并向四周扩散。球塞冲出导管,浮至水面,可重复使用。冲入基底的混凝土将管口包住,形成混凝土堆,同时不断地将混凝土浇入导管中,管外混凝土面不断被管内的混凝土挤压上升。随着管外混凝土面的上升,导管也逐渐提高(到一定高度,可将导管顶段拆下)。但不能提升过快,必须保证导管下端始终埋入混凝土内,其最大埋置深度不宜超过 5 m。混凝土浇筑的最终高程应高于设计标高约 100 mm,以便清除强度低的表层混凝土(清除应在混凝土强度达到2～2.5 MPa 后方可进行)。

导管由每段长度为 1.5～2.5 m(脚管为 2～3 m)、管径为 200～300 mm、厚 3～6 mm的钢管用法兰盘加止水胶垫用螺栓连接而成。承料漏斗位于导管顶端,漏斗上方装有振动设备以防混凝土在导管中阻塞。提升机具用来控制导管的提升与下降,常用的提升机具有卷扬机、电动葫芦、起重机等。球塞可用软木、橡胶、泡沫塑料等制成,其直径比导管内径小 15～20 mm。

每根导管的作用半径一般不大于 3 m,所浇混凝土覆盖面积不宜大于 30 m²,当面积过大时,可用多根导管同时浇筑。混凝土浇筑应从最深处开始,相邻导管下口的标高差不应超过导管间距的 1/20～1/15,并保证混凝土表面均匀上升。

导管法浇筑水下混凝土的关键:一是保证混凝土的供应量应大于导管内混凝土必须保持的高度和开始浇筑时导管埋入混凝土堆内必需的埋置深度所要求的混凝土量;二是严格控制导管提升高度,且只能上下升降,不能左右移动,以避免造成管内返水事故。

6.4.3.2　干作业钻孔灌注桩

干作业钻孔灌注桩是先用钻机在桩位处进行钻孔,然后在桩孔内放入钢筋骨架,最后浇筑混凝土而成桩。其施工过程如图 6-18 所示。

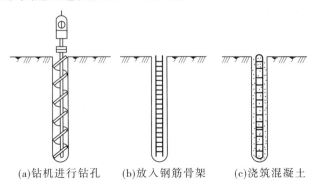

(a)钻机进行钻孔　　　(b)放入钢筋骨架　　　(c)浇筑混凝土

图 6-18　螺旋钻机钻孔灌注桩施工过程示意图

干作业成孔一般采用螺旋钻机钻孔。螺旋钻机根据钻杆形式不同可分为整体式螺旋、装配式长螺旋和短螺旋三种。螺旋钻杆是一种动力旋动钻杆,它是使钻头的螺旋叶旋转削土,土块由钻头旋转上升而带出孔外。螺旋钻头外径分别为 400 mm、500 mm、600 mm,钻孔深度相应为 12 m、10 m、8 m。它适用于成孔深度内没有地下水的一般黏土层、砂土及人工填土地基,不适用于有地下水的土层和淤泥质土。

1. 施工工艺

干作业钻孔灌注桩的施工工艺:螺旋钻机就位对中→钻进成孔、排土→钻至预定深度、停钻→起钻,测孔深、孔斜、孔径→清理孔底虚土→钻机移位→安放钢筋笼→安放混凝土溜筒→浇筑混凝土成桩→桩头养护。

钻机就位后,钻杆垂直对准桩位中心,开钻时先慢后快,减少钻杆的摇晃,及时纠正钻孔的偏斜或位移。钻孔时,螺旋刀片旋转削土,削下的土沿整个钻杆螺旋叶片上升而涌出孔外,钻杆可逐节接长直至钻到设计要求规定的深度。在钻孔过程中,若遇到硬物或软岩,应减速慢钻或提起钻头反复钻,穿透后再正常进钻。在砂卵石、卵石或淤泥质土夹层中成孔时,这些土层的土壁不能直立,易造成塌孔,这时钻孔可钻至塌孔下 1～2 m 以内,用低标号豆石混凝土回填至塌孔 1 m 以上,待混凝土初凝后,再钻至设计要求深度,也用3∶7夯实灰土回填代替混凝土处理。

钻孔至规定要求深度后,孔底一般都有较厚的虚土,需要进行专门处理。清孔的目的是将孔内的浮土、虚土取出,减少桩的沉降。常用的方法是采用 25～30 kg 的重锤对孔底虚土进行夯实,或投入低坍落度素混凝土,再用重锤夯实;或是钻机在原深处空转清土,然后停止旋转,提钻卸土。

用导向钢筋将钢筋骨架送入孔内,同时防止泥土杂物掉进孔内。钢筋骨架就位后,应立即灌注混凝土,以防塌孔。灌注时,应分层浇筑、分层捣实,每层厚 50～60 cm。

2. 施工要点

(1)螺旋钻进应根据地层情况,合理选择和调整钻进参数,并可通过电流表来控制进尺速度,电流值增大,说明孔内阻力增大,应降低钻进速度。

（2）开始钻进及穿过软硬土层交界处时,应缓慢进尺,保持钻具垂直,钻进含有砖头、瓦块、卵石的土层时,应控制钻杆跳动与机架摇晃。

（3）钻进中遇蹩车,不进尺或钻进缓慢时,应停机检查,找出原因,采取措施,避免盲目钻进,导致桩孔严重倾斜、垮孔甚至卡钻、折断钻具等恶性孔内事故发生。

（4）遇孔内渗水、垮孔、缩径等异常情况时,立即起钻,采取相应的技术措施。上述情况不严重时,可调整钻进参数,投入适量黏土球,经常上下活动钻具等,保持钻进顺畅。

（5）冻土层、硬土层施工,宜采用高转速,小给进量,恒钻压。

（6）短螺旋钻进,每回次进尺宜控制在钻头长度的2/3左右,砂层、粉土层可控制在0.8~1.2 m,黏土、粉质黏土控制在0.6 m以下。

（7）钻至设计深度后,应使钻具在孔内空转数圈清除虚土,然后起钻,盖好孔口盖,防止落物。

6.4.3.3　人工挖孔灌注桩

人工挖孔灌注桩是采用人工挖掘方法成孔,然后放置钢筋笼,浇筑混凝土而成的桩基础。其施工特点是设备简单;无噪声、无振动、不污染环境,对施工现场周围原有建筑物的影响小;施工速度快,可按施工进度要求决定同时开挖桩孔的数量,必要时各桩孔可同时施工;土层情况明确,可直接观察到地质变化,桩底沉渣能清除干净,施工质量可靠。尤其当高层建筑选用大直径的灌注桩,而施工现场又在狭窄的市区时,采用人工挖孔比机械挖孔具有更大的适应性,但其缺点是人工耗量大、开挖效率低、安全操作条件差等。

施工时,为确保挖土成孔施工安全,必须考虑预防孔壁坍塌和流砂现象发生的措施。因此,施工前应根据地质水文资料,拟订出合理的护壁措施和降排水方案,护壁方法很多,可以采用现浇混凝土护壁、沉井护壁等。

1.现浇混凝土护壁

现浇混凝土护壁施工即分段开挖、分段浇筑混凝土护壁,既能防止孔壁坍塌,又能起到防水作用。

桩孔采取分段开挖,每段高度取决于土壁直立状态的能力,一般0.5~1.0 m为一施工段,开挖井孔直径为设计桩径加混凝土护壁厚度。

护壁施工段,即支设护壁内模板(工具式活动钢模板)后浇筑混凝土,模板的高度取决于开挖土方施工段的高度,一般为1 m,由4~8块活动钢模板组合而成,支成有锥度的内模。内模支设后,吊放用角钢和钢板制成的两半圆形合成的操作平台入桩孔内,置于内模板顶部,以放置料具和浇筑混凝土操作之用。混凝土的强度一般不低于C15,浇筑混凝土时要注意振捣密实。

当护壁混凝土强度达到1 MPa(常温下约24 h)时可拆除模板,开挖下段的土方,再支模浇筑护壁混凝土,如此循环,直至挖到设计要求的深度。

当桩孔挖到设计深度,并检查孔底土质是否已达到设计要求后,再在孔底挖成扩大头。待桩孔全部成型后,用潜水泵抽出孔底的积水,然后立即浇筑混凝土。当混凝土浇筑至钢筋笼的底面设计标高时,再吊入钢筋笼就位,并继续浇筑桩身混凝土而形成桩基。

2.沉井护壁

当桩径较大,挖掘深度大,地质复杂,土质差(松软弱土层),且地下水位高时,应采用

沉井护壁挖孔施工。

沉井护壁施工是先在桩位上制作钢筋混凝土井筒,井筒下捣制钢筋混凝土刃脚,然后在筒内挖土掏空,井筒靠其自重或附加荷载来克服筒壁与土体之间的摩擦阻力,边挖边沉,使其垂直下沉到设计要求深度。

6.4.3.4 沉管灌注桩

沉管灌注桩是利用锤击打桩设备或振动沉桩设备将带有钢筋混凝土的桩尖(或钢板靴)或带有活瓣式桩靴的钢管沉入土中(钢管直径应与桩的设计尺寸一致),造成桩孔,然后放入钢筋骨架并浇筑混凝土,随之拔出套管,利用拔管时的振动将混凝土捣实,便形成所需要的灌注桩。利用锤击打桩设备沉管、拔管成桩,称为锤击沉管灌注桩;利用振动器振动沉管、拔管成桩,称为振动沉管灌注桩。

在沉管灌注桩施工过程中,对土体有挤密作用和振动影响,施工中应结合现场施工条件,考虑成孔的顺序:间隔一个或两个桩位成孔;在邻桩混凝土初凝前或终凝后成孔;一个承台下桩数在5根以上者,中间的桩先成孔,外围的桩后成孔。

为了提高桩的质量和承载能力,沉管灌注桩常采用单打法、复打法、反插法等施工工艺。

(1)单打法(又称一次拔管法):拔管时,每提升0.5~1.0 m,振动5~10 s,然后拔管0.5~1.0 m,这样反复进行,直至全部拔出。

(2)复打法:在同一桩孔内连续进行两次单打,或根据需要进行局部复打。施工时,应保证前后两次沉管轴线重合,并在混凝土初凝之前进行。

(3)反插法:钢管每提升0.5 m,再下插0.3 m,这样反复进行,直至拔出。

在施工时,注意及时补充套筒内的混凝土,使管内混凝土面保持一定高度并高于地面。

1. 锤击沉管灌注桩

锤击沉管灌注桩适用于一般黏性土、淤泥质土和人工填土地基,其施工过程如图6-19所示。

锤击沉管灌注桩施工要点如下:

(1)桩尖与桩管接口处应垫麻(或草绳)垫圈,以防地下水渗入管内和做缓冲层。沉管时先用低锤锤击,观察无偏移后,才正常施打。

(2)拔管前,应先锤击或振动套管,然后在测得混凝土确已流出套管时方可拔管。

(3)桩管内混凝土尽量填满,拔管时要均匀,保持连续密锤轻击,并控制拔管速度,一般土层以不大于1 m/min为宜,软弱土层与软硬交界处,应控制在0.8 m/min以内为宜。

(4)在管底未拔到桩顶设计标高前,倒打或轻击不得中断,注意使管内的混凝土保持略高于地面,并保持到全管拔出。

(5)桩的中心距在5倍桩管外径以内或小于2 m时,均应跳打施工;中间空出的桩须待邻桩混凝土达到设计强度的50%以后,方可施打。

2. 振动沉管灌注桩

振动沉管灌注桩采用激振器或振动冲击沉管。其施工过程为:

(1)桩机就位:将桩尖活瓣合拢对准桩位中心,利用振动器及桩管自重把桩尖压入土

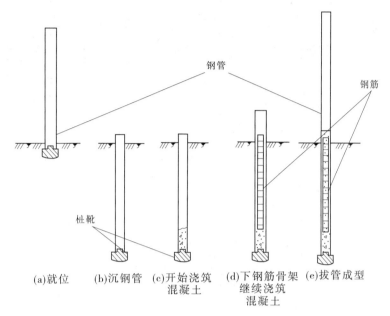

图 6-19   锤击沉管灌注桩施工过程

中。

（2）沉管：开动振动箱，桩管即在强迫振动下迅速沉入土中。沉管过程中，应经常探测管内有无水或泥浆，如发现水、泥浆较多，应拔出桩管，用砂回填桩孔后方可重新沉管。

（3）上料：桩管沉到设计标高后停止振动，放入钢筋笼，再上料斗将混凝土灌入桩管内，一般应灌满桩管或略高于地面。

（4）拔管：开始拔管时，应先启动振动箱 8～10 min，并用吊铊探测得桩尖活瓣确已张开，混凝土确已从桩管中流出以后，卷扬机方可开始抽拔桩管，边振边拔，拔管速度应控制在 1.5 m/min 以内。

6.4.3.5   夯扩桩

夯扩桩即夯压成型灌注桩是在普通沉管灌注桩的基础上加以改进，增加一根内夯管，使桩端扩大的一种桩型。内夯管的作用是在夯扩工序时，将外管混凝土夯出管外，并在桩端形成扩大头；在施工桩身时利用内管和桩锤的自重将桩身混凝土压实。夯扩桩适用于一般黏性土、淤泥、淤泥质土、黄土、硬黏性土，也可用于有地下水的情况，也可在 20 层以下的高层建筑基础中使用。

夯扩桩施工（见图 6-20）时，先在桩位处按要求放置干硬性混凝土，然后将内外管套叠对准桩位，再通过柴油锤将双管打入地基土中至设计要求深度。将内夯管拔出，向外管内灌入一定高度 H 的混凝土，然后将内管放入外管内压实灌入的混凝土，再将外管拔起一定高度 h。通过柴油锤与内夯管夯打管内混凝土，夯打至外管底端深度略小于设计桩底深度处（差值 Δh）。此过程为一次夯扩，如需第二次夯扩，则重复第一次夯扩步骤即可。

6.4.3.6   钻孔灌注桩后压浆法

近年来我国的高层建筑迅猛发展，对地基承载力的要求越来越高，基础形式一般采取

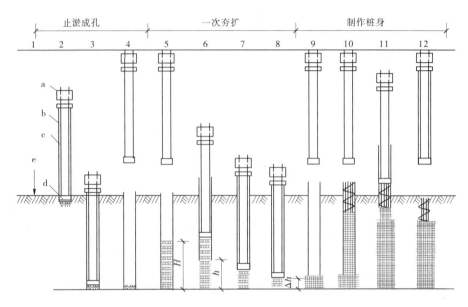

a—柴油锤;b—外管;c—内管;d—内管底板;e—C20 干硬性混凝土

图 6-20　夯扩桩施工

灌注桩基础,为了满足设计要求,灌注桩的持力层要求是较为完整的岩石层,桩长和桩径尺寸往往做得很大,使得地下部分的造价在整个工程总造价中占有较大的份额,同时由于桩长很长,给施工造成很大的困难。在我国有些地区,地貌属于山前冲积平原地带,地质在穿过黏土层后,是一层较厚的碎石层,能否将这一地层加固,达到设计要求,作为基础的持力层呢? 基于这种考虑,我国设计和施工工作者经过多年的探索和实践,总结了一套钻孔灌注桩后压浆法加固桩端地基的方法,在桩内预埋注浆管,并在灌注桩混凝土终凝到一定强度后通过预埋的注浆管,用高压注浆泵以一定的压力将预定水灰比的水泥浆压入桩底,对桩底沉渣,桩端持力层及桩周泥皮起到渗透、劈裂充填、压密和固结作用,以此来提高桩的承载力,减少其变形。

1. 相关介绍

钻孔灌注桩后压浆法是利用预先埋设于桩体内的注浆系统,通过高压注浆泵将高压浆液压入桩底,浆液克服土粒之间抗渗阻力,不断渗入桩底沉渣及桩底周围土体孔隙中,排走孔隙中水分,充填于孔隙中。由于浆液的充填胶结作用,在桩底形成一个扩大头。另外,随着注浆压力及注浆量的增加,一部分浆液克服桩侧摩阻力及上覆土压力沿桩土界面不断向上泛浆,高压浆液破坏泥皮,渗入(挤入)桩侧土体,使桩周松动(软化)的土体得到挤密加强。浆液不断向上运动,上覆土压力不断减小,当浆液向上传递的反力大于桩侧摩阻力及上覆土压力时,浆液将以管状溢流出地面。因此,控制一定的注浆压力和注浆量,将使桩底土体及桩周土体均得到加固,从而有效提高了桩端阻力和桩侧阻力,达到大幅度提高承载力的目的。

2. 施工工艺

钻孔灌注桩后压浆法施工工艺:灌注桩成孔→钢筋笼制作→压浆管制作→灌注桩清

孔→压浆管绑扎→下钢筋笼→灌注桩混凝土后压浆施工。

3.施工要点

1)压浆管的制作

在制作钢筋笼的同时制作压浆管。压浆管采用直径为25 mm的黑铁管制作,接头采用丝扣连接,两端采用丝堵封严。压浆管长度比钢筋笼长度多出55 cm,在桩底部长出钢筋笼5 cm,上部高出桩顶混凝土面50 cm,但不得露出地面以便保护。压浆管在最下部20 cm制作成压浆喷头(俗称花管),在该部分采用钻头均匀钻出4排(每排4个)、间距3 cm、直径3 mm的压浆孔作为压浆喷头。用图钉将压浆孔堵严,外面套上同直径的自行车内胎并在两端用胶带封严,这样压浆喷头就形成了一个简易的单向装置:当注浆时压浆管中压力将车胎迸裂、图钉弹出,水泥浆通过注浆孔和图钉的孔隙压入碎石层中,而混凝土灌注时该装置又保证混凝土浆不会将压浆管堵塞。

2)压浆管的布置

将2根压浆管对称绑在钢筋笼外侧,成孔后清孔、提钻、下钢筋笼,在钢筋笼吊装安放过程中要注意对压浆管的保护,钢筋笼不得扭曲,以免造成压浆管在丝扣连接处松动,喷头部分应加混凝土垫块保护,不得摩擦孔壁以免车胎破裂造成压浆孔的堵塞,按照规范要求灌注混凝土。

3)压浆桩位的选择

根据以往工程实践,在碎石层中,水泥浆在工作压力作用下影响面积较大。为防止压浆时水泥浆液从临近薄弱地点冒出,压浆的桩应在混凝土灌注完成3~7 d后,并且该桩周围至少8 m范围内没有钻机钻孔作业,该范围内的桩混凝土灌注完成也应在3 d以上。

4)压浆施工顺序

压浆时最好采用整个承台群桩一次性压浆,压浆先施工周圈桩位再施工中间桩。压浆时采用2根桩循环压浆,即先压第1根桩的A管,压浆量约占总量的70%,压完后再压另一根桩的A管,然后依次为第1根桩的B管和第2根桩的B管,这样就能保证同一根桩2根管压浆时间间隔为30~60 min,给水泥浆一个在碎石层中扩散的时间。压浆时应做好施工记录,记录的内容应包括施工时间、压浆开始及结束时间、压浆数量以及出现的异常情况和处理的措施等。

6.4.4 承台施工

桩基承台的构造应满足抗冲切、抗剪切、抗弯承载力和上部结构要求,尚应符合下列要求:

(1)独立柱下桩基承台的最小宽度不应小于500 mm,边桩中心至承台边缘的距离不应小于桩的直径或边长,且桩的外边缘至承台边缘的距离不应小于150 mm。对于墙下条形承台梁,桩的外边缘至承台梁边缘的距离不应小于75 mm,承台的最小厚度不应小于300 mm,高层建筑平板式和梁板式筏形承台的最小厚度不应小于400 mm,墙下布桩的剪力墙结构筏形承台的最小厚度不应小于200 mm。

(2)承台混凝土材料及其强度等级应符合结构混凝土耐久性和抗渗要求。

(3)柱下独立桩基承台纵向受力钢筋应通长配置,如图6-21(a)所示。对四桩以上

（含四桩）承台宜按双向均匀布置,对三桩的三角形承台应按三向板带均匀布置,且最里面的 3 根钢筋围成的三角形应在柱截面范围内,如图 6-21(b)所示。条形承台梁的纵向主筋应符合现行国家标准《混凝土结构设计规范》(GB 50010—2010)的规定,如图 6-21(c)所示。主筋直径不应小于 12 mm,架立筋直径不应小于 10 mm,箍筋直径不应小于 6 mm。

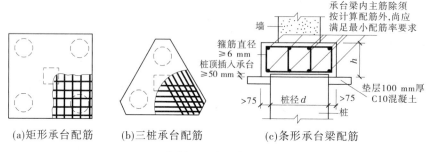

(a)矩形承台配筋   (b)三桩承台配筋   (c)条形承台梁配筋

图 6-21　承台配筋示意图

（4）承台底面钢筋的混凝土保护层厚度,当有混凝土垫层时,不应小于 50 mm,无垫层时不应小于 70 mm,此外尚不应小于桩头嵌入承台内的长度。

（5）桩嵌入承台内的长度对中等直径桩不宜小于 50 mm,对大直径桩不宜小于 100 mm。混凝土桩的桩顶纵向主筋应锚入承台内,其锚入长度不宜小于 35 倍的纵向主筋直径。对于抗拔桩,桩顶纵向主筋的锚固长度应按现行国家标准《混凝土结构设计规范》(GB 50010—2010)确定。对于大直径灌注桩,当采用一柱一桩时可设置承台或将桩与柱直接连接。

（6）一柱一桩时,应在桩顶两个主轴方向上设置连系梁。当桩与柱的截面直径之比大于 2 时,可不设连系梁。两桩桩基的承台,应在其短向设置连系梁。有抗震设防要求的柱下桩基承台,宜沿两个主轴方向设置连系梁。

（7）连系梁顶面宜与承台顶面位于同一标高。连系梁宽度不宜小于 250 mm,其高度可取承台中心跟的 1/15 ~ 1/10,且不宜小于 400 mm。连系梁配筋应按计算确定,梁上、下部配筋不宜小于 2 根直径 12 mm 钢筋,位于同一轴线上的连系梁纵筋宜通长配置。

（8）承台和地下室外墙与基坑侧壁间隙应灌注素混凝土,或采用灰土、级配砂石、压实性较好的素土分层夯实,其压实系数不宜小于 0.94。

桩基施工已全部完成,并按设计要求测量放出承台的中心位置,为便于校核,使基础与设计吻合,将承台纵、横轴线从基坑处引至安全的地方,并对轴线桩加以有效地保护。

（1）桩基承台施工顺序宜先深后浅。当承台埋置较深时,应对邻近建筑物及市政设施采取必要的保护措施,在施工期间应进行监测。

基坑开挖前应对边坡支护形式、降水措施、挖土方案、运土路线及堆土位置编制施工方案,采用基坑支护的方法有钢板桩、地下连续墙、排桩(灌注桩)、水泥土搅拌桩、喷锚、H 形钢桩等以及锚杆或内撑组合的支护结构。当地下水位较高需降水时,可根据周围环境情况采取内降水或外降水措施。

挖土应均衡分层进行,挖出的土方不得堆置在基坑附近。机械挖土时必须确保基坑内的桩体不受损坏。

基坑开挖结束后,做好桩基施工验收记录。应在基坑底做出排水盲沟及集水井,如有降水设施仍应维持运转。

在承台和地下室外墙与基坑侧壁间隙回填土前,应排除积水,清除虚土和建筑垃圾,填土应按设计要求选料,分层夯实,对称进行。

(2)绑扎钢筋前应将灌注桩桩头浮浆部分和预制桩桩顶锤击面破碎部分去除,桩体及其主筋埋入承台的长度应符合设计要求,当桩顶低于设计标高时,须用同等级混凝土接高,在达到桩强度的50%以上时,再将埋入承台梁内的桩顶部分剔毛、冲净。当桩顶高于设计标高时,应预先剔凿,使桩顶伸入承台梁深度完全符合设计要求。钢管桩还应焊好桩顶连接件,并应按设计制作桩头和垫层防水。绑扎钢筋前,在承台砂浆底板上弹出承台中心线、钢筋骨架位置线。

(3)按模板支撑结构示意图设置支撑拼装模板,并固定好。拼装模板时应注意保证拼缝的密封性,防止漏浆。

(4)承台混凝土应一次浇筑完成,混凝土入槽宜采用平铺法。对大体积混凝土施工,应采取有效措施防止温度应力引起裂缝。混凝土浇筑完后,及时收浆,立即进行养护。

(5)对于冻胀土地区,必须按设计要求完成承台梁下防冻胀的处理措施,应将槽底虚土、杂物等垃圾清除干净。

6.5　地下连续墙施工

由于目前挖槽机械发展很快,与之相适应的挖槽工法层出不穷,有不少新的工法已经不再使用膨润土泥浆,墙体材料已经由过去以混凝土为主而向多样化发展,不再单纯用于防渗或挡土支护,越来越多地作为建筑物的基础,所以很难给地下连续墙一个确切的定义。

一般地下连续墙可以定义为:利用各种挖槽机械,借助于泥浆的护壁作用,在地下挖出窄而深的沟槽,并在其内浇筑适当的材料而形成一道具有防渗(水)、挡土和承重功能的连续地下墙体。经过几十年的发展,地下连续墙技术已经相当成熟,其中以日本在此技术上最为发达,已经累计建成了 1 500 万 m² 以上。目前,地下连续墙的最大开挖深度为140 m,最薄的地下连续墙厚度为20 cm。

1958 年,我国水电部门首先在青岛丹子口水库用此技术修建了水坝防渗墙。截至目前,全国绝大多数省份都先后应用了此项技术,已建成地下连续墙超过 120 万 m²。

地下连续墙已经并且正在代替很多传统的施工方法而被用于基础工程的很多方面。在它的初期阶段,基本上都是用作防渗墙或临时挡土墙。通过开发使用许多新技术、新设备和新材料,现在已经越来越多地用作结构物的一部分或用作主体结构,最近 10 年更被用于大型的深基坑工程中。

地下连续墙施工振动小、噪声小,墙体刚度大,防渗性能好,对周围地基无扰动,可以组成具有很大承载力的任意多边形连续墙代替桩基础、沉井基础或沉箱基础。对土壤的适应范围很广,在软弱的冲积层、中硬地层、密实的砂砾层以及岩石的地基中都可施工。

初期用于坝体防渗、水库地下截流,后发展为挡土墙、地下结构的一部分或全部。房屋的深层地下室、地下停车场、地下街、地下铁道、地下仓库、矿井等均可应用。

其主要缺点:在一些特殊的地质条件下(如很软的淤泥质土、含漂石的冲积层和超硬岩石等),施工难度很大;如果施工方法不当或施工地质条件特殊,可能出现相邻墙段不能对齐和漏水的问题;地下连续墙如果用作临时的挡土结构,比其他方法所用的费用要高些;在城市施工时,废泥浆的处理比较麻烦。

6.5.1　地下连续墙构造

6.5.1.1　分类

(1)按成墙方式可分为桩排式、槽板式、组合式。

(2)按墙的用途可分为防渗墙、临时挡土墙、永久挡土(承重)墙、作为基础用的地下连续墙。

(3)按强体材料可分为钢筋混凝土墙、塑性混凝土墙、固化灰浆墙、自硬泥浆墙、预制墙、泥浆槽墙(回填砾石、黏土和水泥三合土)、后张预应力地下连续墙、钢制地下连续墙。

(4)按开挖情况可分为地下连续墙(开挖)、地下防渗墙(不开挖)。

6.5.1.2　构造要求

1. 墙厚要求

地下连续墙的墙厚应根据计算并结合成槽机械的规格确定,但不宜小于 600 mm。地下连续墙单元墙段(槽段)的长度和形状应根据整体平面布置、受力特征、槽壁稳定性、环境条件和施工要求等因素综合确定。当地下水位变动频繁或槽壁孔可能发生坍塌时,应进行成槽试验及槽壁的稳定性验算。

2. 材料要求

(1)墙体混凝土的强度等级不应低于 C20。

(2)受力钢筋应采用 HRB335 级钢筋,直径不宜小于 20 mm。构造钢筋可采用 HPB300 级或 HRB335 级钢筋,直径不宜小于 14 mm。竖向钢筋的净距不宜小于 75 mm,构造钢筋的间距不应大于 300 mm。单元槽段的钢筋笼宜装配成一个整体,必须分段时,宜采用焊接或机械连接。应在结构内力较小处布置接头位置,接头应相互错开。

3. 保护层及配筋要求

(1)钢筋的保护层厚度,对临时性支护结构不宜小于 50 mm,对永久性支护结构不宜小于 70 mm。

(2)竖向受力钢筋应有一半以上通长配置。

(3)当地下连续墙与主体结构连接时,预埋在墙内的受力钢筋、连接螺栓或连接钢板均应满足受力计算要求。锚固长度满足现行国家标准《混凝土结构设计规范》(GB 50010—2010)的要求。预埋钢筋采用 HPB300 级钢筋,直径不宜大于 20 mm。

(4)地下连续墙顶部应设置钢筋混凝土圈梁,梁宽不宜小于墙厚尺寸,梁高不宜小于 500 mm,总配筋率不应小于 0.4%,墙的竖向主筋应锚入梁内。

(5)地下连续墙与地下结构梁板的连接,应通过墙体的预埋构件满足主体结构的受力要求,与底板应采用整体连接,接头钢筋采用焊接或机械连接。宜在墙内侧设置钢筋混凝土内衬墙,满足地下室使用要求。

连续墙构造如图6-22所示。

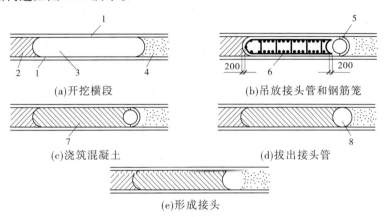

(a)开挖横段　　　　　　　　　　　　　　(b)吊放接头管和钢筋笼

(c)浇筑混凝土　　　　　　　　　　　　　(d)拔出接头管

(e)形成接头

1—导墙;2—已浇筑混凝土的单元槽段;3—开挖的槽段;4—未开挖的槽段;5—接头管;
6—钢筋笼;7—正浇筑混凝土的单元槽段;8—接头管拔出后的孔洞

图6-22　连续墙构造

6.5.2　地下连续墙施工

6.5.2.1　施工工艺

地下连续墙施工工艺流程如图6-23所示。

6.5.2.2　施工要点

1.导墙施工

导墙是控制地下连续墙各项指标的基准,它起着支护槽口土体、承受地面荷载和稳定泥浆液面的作用。对于地质情况比较好的地方,可以直接施作导墙,对于松散层可通过地表注浆进行地基加固及防渗堵漏。

根据施工区域地质情况,导墙做成┓┏形现浇钢筋混凝土结构,内侧净宽比连续墙宽60 mm,采用 HRB335 级直径为 12 mm 的螺纹钢筋。盾构井考虑外放值为 10 cm,后配套井考虑外放值为 8 cm,导墙各转角处需向外延伸,以满足最小开挖槽段及钻孔入岩需要。

用全站仪放出地墙轴线,并放出导墙位置(连续墙轴线向基坑外侧外放 800 ~ 1 200 mm),由于站址内地下管线众多,标高层位不同,不明管线很有可能出现。开挖前,进一步采用物探方法探测管线,根据探测结果,现场放样后做出指示标牌。根据标牌指示,结合管线图纸和现场井盖位置情况,导墙开挖采用挖掘机开挖,值班人员跟班监督,人工配合刷墙及清底。情况不明处,导墙开挖应以人工开挖为主(结合挖探槽进行),采用小型挖掘机配合,人工配合清底。

导墙混凝土浇筑采用木模板及木支撑,利用插入式振动器振捣。导墙顶高出地面不小于 100 mm,以防止地面水流入槽内,污染泥浆。导墙顶面做成水平,考虑地面坡度影响,在适当位置做成 100 ~ 150 mm 台阶。模板拆除后,沿其纵向每隔 1 000 mm 加设上下两道 100 mm × 100 mm 方木做内支撑,将两片导墙支撑起来,在导墙的混凝土达到设计强

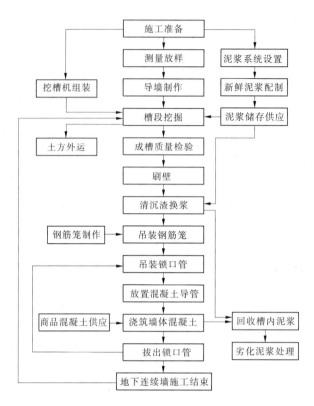

图 6-23　地下连续墙施工工艺流程

度前,禁止任何重型机械和运输设备在其旁边通过。导墙施工缝与地下墙接缝错开。导墙施工顺序为平整场地→测量定位→挖槽→绑扎钢筋→支立模板→浇筑混凝土→拆模→设横支撑。

（1）导墙施工的技术要求。

①内墙面与地墙纵轴线平行度误差为 ±10 mm。

②内外导墙间距误差为 ±10 mm。

③导墙内墙面垂直度误差为 5‰。

④导墙内墙面平整度为 3 mm。

⑤导墙顶面平整度为 5 mm。

（2）泥浆制备与管理。泥浆主要是在地下连续墙挖槽过程中起护壁作用,其次是挟沙、冷却和润滑。泥浆具有一定的密度,在槽内对槽壁产生一定的静水压力,相当于一种液体支撑,槽内泥浆面如高出地下水位 0.5 ～ 1.0 m,能防止槽壁坍塌。泥浆护壁技术是地下连续墙工程基础技术之一,其质量好坏直接影响到地下连续墙的质量与安全。

2. 成槽施工

连续墙施工采用跳槽法,根据槽段长度与成槽机的开口宽度确定出首开幅和闭合幅,保证成槽机切土时两侧临界条件的均衡性,以确保槽壁垂直,部分槽段采取两钻一抓。成槽后用超声波检测仪检查成槽质量。

（1）土层成槽。液压抓斗的冲击力和闭合力足以抓起强风化岩以上各层,在成槽过

程中,严格控制抓斗的垂直度及平面位置,尤其是开槽阶段。仔细观察监测系统,X、Y任一方向偏差超过允许值时,应立即进行纠偏。抓斗贴临基坑侧导墙入槽,机械操作要平稳,并及时补入泥浆,维持导墙中泥浆液面稳定。

(2)岩层成槽。桩机开始冲孔前要检查操作性能,检查桩锤的锤径、锤齿、锤体形状,并检查大螺杆、大弹簧垫、保护环、钢丝绳及卡扣等能否符合使用要求。冲孔过程中,钢丝绳上要设有标记,提升落锤高度要适宜,防止提锤过高击断锤齿,提锤过低进尺慢,工作效率低。每工作班至少测孔深3次,进入基岩要及时取样,并通知监理工程师确认,每次取出的岩样要详细做好记录,并晒干保留作为验收依据。交接班应详细交接冲孔情况及注意问题,发现异常情况马上纠正,因故停冲时冲锤要提出孔外以防埋锤,并随即切除电源。冲孔过程中桩机上必须设有记录本,由操作人员做好各项原始记录,一般每2 h记录1次,遇特殊情况每半小时记录1次,终孔后将原始记录交给资料员保留作为工程竣工资料。

冲孔完毕后,即以冲击钻,根据槽宽配以特制的方钻,将剩余"岩墙"破碎。破碎时,以每两钻孔位中点作为中心下钻,以免偏锤。冲击过程中控制冲程在1.5 m以内,并注意防止打空锤和放绳过多,减少对槽壁扰动,扫孔后再辅以液压抓斗清除岩屑。

(3)防止槽壁坍塌措施。成槽过程中,软土层和厚砂层易产生坍塌,针对此地质条件,制订以下措施:

①减轻地表荷载。槽壁附近堆载不超过20 kN/m²,起吊设备及载重汽车的轮缘距离槽壁不小于3.5 m。

②控制机械操作。成槽机械操作要平稳,不能猛起猛落。防止槽内形成负压区,产生坍槽。

③强化泥浆工艺。采用优质膨润土制备泥浆,保持好槽内泥浆水头高度,并高于地下水位1 m以上。

④缩短裸槽时间。抓好工序间的衔接使成槽至浇筑完混凝土时间控制在24 h以内。

⑤对于Z形、T形、L形槽段易塌的阳角部位,采用预先注浆处理。

(4)塌槽的处理措施。在施下中,一旦出现塌槽后,要及时填入砂土,用抓斗在回填过程中压实,并在槽内和槽外(离槽壁1 m处)进行注浆处理,待密实后再进行挖槽。

(5)成槽质量标准。

①垂直度不得大于0.5%。

②槽深允许误差为-200~+100 mm。

③槽宽允许误差为0~+50 mm。

(6)清底换浆。成槽以后,先用抓斗抓起槽底余土及沉渣,再用泵举反循环吸取孔底沉渣,并用刷壁器清除已浇墙段混凝土接头处的凝胶物。在灌注混凝土前,利用导管采取泵吸反循环进行几次清底并不断置换泥浆,清槽后测定槽底以上0.2~1.0 m处的泥浆比重应小于1.15,含砂率不大于7%,黏度不大于28 s,槽底沉渣厚度小于100 mm。

(7)槽段接头清刷。用吊车吊住刷壁器对槽段接头混凝土壁进行上下刷动,以清除混凝土壁上的杂物。

3. 钢筋笼制作与吊装

钢筋笼采用整体制作、整体吊装入槽,以缩短工序时间。

1) 钢筋笼制作

(1) 现场设置钢筋笼加工平台,平台具有足够的刚度和稳定性,并保持水平。

(2) 钢筋加工符合设计图纸和施工规范要求,钢筋加工按以下顺序进行:先铺设横向筋,再铺设纵向筋,并焊接牢固,焊接底层保护垫块,然后焊接中间桁架,再焊接上层纵向筋中间联结筋和面层横向筋,然后焊接锁边筋、吊筋,最后焊接预埋件(同时焊接中间预埋件定位水平筋)及保护垫块。

(3) 除图纸设计纵向拓架外,还应增设水平桁架(每隔 3 m 设置一道),并增设钢筋整面层剪力筋,避免横向变形。对┐形、┬形、Z 形钢筋笼外侧每隔 2 m 加 2 道水平剪力筋,但在入槽时应打掉。

(4) 钢筋笼制作过程中,预埋件、测量元件位置要准确,并留出导管位置(对影响导管下放的预埋筋、接驳器等适当挪动位置)。钢筋保护层定位块用 4 mm 厚钢板,做成"┐┌状",焊接在水平筋上,起吊点满焊加强。

(5) 由于接驳器及预埋筋位置要求精度高,在钢筋笼制作过程中,根据吊筋位置,测出吊筋处导墙高程,确定出吊筋长度,以此作为基点,控制预埋件位置。在接驳筋后焊一道水平筋以便固定接驳筋,水平筋与主筋间通过短筋连接。接驳器或预埋筋处钢筋笼的水平筋及中间加设的固定水平筋按 3% 坡度设置,以确保接驳器及预埋筋的预理精度。

(6) 钢筋笼制作的允许偏差符合表 6-2 的规定。

表 6-2　钢筋笼制作的允许偏差

项目	允许误差(mm)	项目	允许误差(mm)
主筋间距	±10	钢筋笼宽度(段长方向)	±20
箍筋间距	±20	钢筋笼长度(深度方向)	±50
钢筋笼厚度(槽宽方向)	±10	加强桁架间距	±30

2) 钢筋笼吊装

(1) 钢筋笼吊筋焊接方位是否正确。因钢筋笼网片靠基坑侧配筋比另一侧偏大,否则在起吊后下放,钢筋笼容易变形且留下安全隐患。

(2) 钢筋笼起吊用的钢丝绳是否起毛、卡环丝口是否滑丝及滑轮是否松脱打滑等,且工地必须备用 20 套完好的起吊设备。

(3) 在吊放钢筋时,始终保持一台吊车受力,并密切注意槽内变化,如发现塌槽情况发生,立即使用两台吊车配合吊起钢筋笼,待重新清槽处理后再下放钢筋笼,必要时需对槽段进行回填重新成槽。

(4) 钢筋笼在下放时,要保持垂直下放精度,避免钢筋笼下放破坏槽壁引起坍槽。

4. 接头施工

工程槽段间接头可用接头管方式进行连接。为了使槽段间很好地连接,保持良好的防水性与整体性,选择适当的接头管,接头管直径比墙厚小 10 mm,壁厚一般为 20 mm,每

节长度一般为 5 ~ 10 m。使用的接头管应能承受混凝土灌注时的侧压力,灌注混凝土时不得发生位移和绕管现象。接头管上部用木楔与导墙塞紧,并用接头管夹具夹住接头管。

混凝土采用导管法灌注,导管直径一般选用 150 ~ 200 mm(为粗骨料粒径的 8 倍左右),每节长 2 ~ 3 m,并配备 1 ~ 1.5 m 的短管以调整长度。导管间距根据导管直径决定,根据施工安排本合同段拟使用直径为 250 mm 的导管,间距控制在 3 m 以下,且导管应尽量靠近接头。

在一形和⌐形槽段设置 2 套导管,在 T 形和 Z 形的槽段设置 3 套导管,导管距槽端头不大于 1.5 m。

5. 混凝土灌注

为保证槽壁的完好性,在清槽后尽快下完钢筋笼并开始浇筑混凝土。因混凝土供应强度高,混凝土面上升速度大于 10 m/h,故导管埋深最大为 6 m 左右,最小为 2 m。

1)水下混凝土性能

设计墙体混凝土强度等级为 C30,抗渗等级 S8 采用商品混凝土入孔时混凝土的坍落度控制在(10 ± 2) cm。水泥选用普通硅酸盐水泥,通过试验确定掺入适当外加剂,使混凝土满足水下灌注要求。

2)导管的构造和使用

采用直径 250 mm、壁厚 4 mm 的无缝钢管自制,管节间采用法兰盘接头,并加焊三角形加劲板避免提升导管时法兰盘挂在钢筋笼上。标准管节长度为 2 m,并配备若干 1.5 m、1 m 及 0.5 m 长的管节。导管按所需长度拼接,底管长度为 4 m 长的管节。导管使用前进行试拼试压,试压压力为 1.0 MPa。

3)水下混凝土灌注施工技术措施

导管间间距采用 3 m,并且导管应尽量靠近接头。隔水栓采用气囊隔水栓。钢筋笼和导管就位后,报请监理验收,合格后及时灌注水下混凝土。每次混凝土浇筑时,在机口和槽口分别检验混凝土的施工性能指标:坍落度、扩散度和 1.5 h 后的坍落度等,不合格的不入仓。开始灌注时,隔水栓吊放的位置应临近泥浆面,导管底端到孔底的距离以顺利排出隔水栓为宜,为 0.3 ~ 0.5 m。混凝土灌注的上升速度按不小于 2 m/h 控制,每槽段灌注时间控制在 4 h 以内。随着混凝土灌注面的上升,适时提升和拆卸导管,导管底端埋入混凝土面以下一般保持在 2 ~ 4 m,不大于 6 m 且不小于 1 m。水下混凝土的灌注连续进行,不得中断。间歇时间一般应控制在 15 min 内,任何情况下不得超过 30 min。同一槽段 2 根导管混凝土灌注面均匀上升,各导管处的混凝土表面的高差控制在 0.3 m 以内。在水下混凝土灌注过程中,设专人测量导管埋深,填写水下混凝土灌注记录表,混凝土灌注高度超设计高度 0.5 m。地下连续墙完工后,利用预埋灌浆管对混凝土质量进行超声波检测。

6. 地下连续墙验收标准

基坑开挖后应进行地下连续墙验收,并符合下列规定:

(1)混凝土抗压强度和抗渗压力应符合设计要求,墙面无露筋、露石和夹泥现象。

(2)地下连续墙各部位允许偏差应符合表 6-3 的要求。

表6-3　地下连续墙各部位允许偏差　　　　　　（单位:mm）

项目	允许偏差(复合墙体)	项目	允许偏差(复合墙体)
平面位置	+30,0	预埋件	30
平整度	30	预埋连接钢筋	30
垂直度(%)	3	变形缝	±20
预留孔洞	30		

7. 管线处地下连续墙施工

作业区内管线平行压在连续墙上的必须改移,其他横跨连续墙的管线采用临时改移的方法进行施工,即先将管线临时改移,然后在原管线处施做连续墙,最后将管线改回原位(需悬吊的换成钢管),继续其他槽段施工,如图6-24所示。

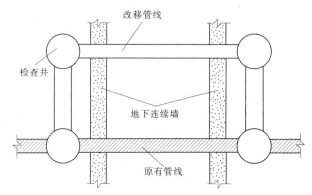

图6-24　管线处地下连续墙施工示意图

8. 监测项目

深基坑开挖时,应监测墙体深层水平变形。预埋直径70 mm的PVC测斜管。

9. 检测项目

成槽后用超声波检测仪检查成槽质量,预埋直径50 mm的薄壁钢管,检测比例为20%。

6.5.3　地下连续墙质量验收

6.5.3.1　成槽质量保证措施

要确保地下连续墙质量,必须先确保地下连续墙成槽质量。当成槽质量能够保证时,水下混凝土浇筑时才不会产生绕管;不会产生接头箱、锁口管抽拔困难;不会产生绕管混凝土影响刚性接头质量;不会由于接头不好而产生基坑开挖接头渗水。为此,针对地下连接墙成槽质量,提出如下技术措施:

(1)选用优质膨润土泥浆,比常规泥浆提高一个档次,确保槽段土壁护壁质量。

(2)确保槽段端头土的垂直度在$H/300$以内。成槽完毕,必须进行检查测定,不符合要求时,重新修正,直至满足垂直度要求。

(3)采用首开幅和闭合幅施工设计。这样就避免了在水下混凝土浇筑时,形成两端强大侧压和自平衡,从而保证接头箱、锁口管抽拔无困难,槽段质量能保证。

(4)加强计划安排,每天成槽一幅,成槽完毕,即进入下道工序,不过夜。

6.5.3.2　其他具体措施

(1)测量放样的经纬仪、水准仪必须经有关部门鉴定合格后方可使用。

(2)所有材料必须有合格证、质保书和试验报告等技术资料。

(3)混凝土要严格控制质量,严禁擅自加水。

(4)钢筋笼制作需按施工图进行,要求见表6-4。

表6-4　钢筋笼制作要求　　　　　　　　　　　　　　（单位:mm）

长度	宽度	厚度	主筋间距	构造筋间距
±50	±15	±10	±10	±15

(5)钢筋笼制作切实执行"四检"制,即预检、自检、互检、交工验检。

(6)钢筋原材料、钢筋对焊力学性能的试验应根据规定及时进行,出现问题应及时处理。

(7)钢筋笼须经业主、监理验收后方可入槽。

(8)泥浆指标符合要求方可使用,指标见表6-5。

表6-5　新、旧泥浆指标

类别	黏度(s)	相对密度(g/cm³)	含砂率(%)	pH
新拌浆	18~25	1.02~1.06	<2	7~9
回收浆	30~40	1.05~1.25	<4	8~11
废浆	>45	>1.30	>6	>13

注:新拌浆制备其他参数:胶体率大于98%,泥皮厚度1~3 mm/30 min。

(9)成槽深度在总包、监理验收后方可进行下一道工序的施工,成槽要求见表6-6。

表6-6　成槽要求

项目	指标	使用仪器
垂直度	≤1/300	超声波
槽深	±30 cm	测绳
孔底泥浆指标	相对密度小于1.20 g/cm³、黏度18~25 s、值小于11	

6.5.4　地下连续墙施工安全技术

6.5.4.1　对现场安全操作及要求

(1)施工现场建立安全管理网络,严格执行安全二级交底制度,加强对施工人员安全教育,增强安全意识和自身保护意识,遵守各项安全规章制度,施工现场设专职安全员和医务站,处理安全和劳动保护问题及可能发生的事故。

（2）指导思想上要贯彻"安全第一、预防为主"的方针，以项目经理为安全第一负责人，认真贯彻各建设主管单位颁发的安全条例，根据"谁负责生产谁负责安全"原则，明确安全工作网络。

（3）进入施工现场的人员必须戴好安全帽、扣好安全帽带，上高空须系好安全带，机电设备必须专人操作，操作时必须遵守操作规程，特殊工种必须持证上岗，无条件服从安全监督员监督。

（4）现场电缆必须架空布设，各种电器控制必须设立二级漏电保护装置，电动机械及工具应严格按一机一闸制接线。

（5）履带吊、挖土机臂下不得站人，抓斗下严禁人员走动，履带吊、挖土机作业时必须有专人指挥，做到定机、定人、定指挥。

（6）经常检查机械的传动、升降、电器系统以及吊臂、钢丝绳及机械关键部位的安全性和牢固性，要特别注意安全操作。不懂机械设备的人员严禁使用和玩弄机械设备。

（7）施工操作人员在施工前必须了解好施工区域内高压线距离，上水、电缆、污水管、煤气管、通信网等。如有影响施工安全的，施工员应会同有关部门负责迁移或施工前采取必要的防范措施后再进行施工。

（8）工地负责人、施工员、安全员必须严格执行集团、公司安全生产标准化管理要求，坚持每天做好班前上岗交底记录，每周不少于一次安全讲评活动，使工地达到住房和城乡建设部的安全标准化水平。

（9）施工现场的洞、坑、沟等危险处，应有防护设施或明显标志（如标牌、警戒线等）。

（10）材料应严格按施工计划进场，进场要按场布图整齐堆放，保持现场整洁。

（11）施工现场的作业加工处，如电焊、钢筋加工、电箱等须搭设雨篷，现场施工所排污水入下水道应集中经过临时沉淀池过滤后方准排入市政管道，防止阻塞下水道。

（12）施工现场按规定配备消防器材；动火范围的焊割作业，未经动火审批手续，不准作业。

（13）乙炔瓶和氧气瓶的安全附件必须齐全有效，并设立危险口仓库，保持安全距离上风 15 m、下风 30 m 不得有电源。

（14）全体现场施工人员必须严格遵守安全生产六大纪律，遵守国家和企业的有关规定。

（15）现场明火须做到安全生产的"十不烧"规定，在施工中，严禁高空抛物，以免伤人。办公室、宿舍内严禁使用碘钨灯照明、取暖和烘衣物。

（16）加强对施工人员安全教育，增强安全意识，遵守各项规章制度，施工现场设专职安全员及安全管理小组，处理安全和劳动保护问题及可能发生的事故，做到以预防为主的安全管理。

6.5.4.2　雨季施工防护措施

（1）备足污水泵和大口径水泵（2～3 只，要求完好率 100%），以备雨天及时排水。

（2）现场做好明沟和集水井，保持畅通，避免结冰。

（3）电气设备应有接零和漏电保护，并搭设必要的防御雨篷。

（4）水泥棚应有一定的防雨、防潮措施。

（5）搭设简易防雨篷,用于雨季钢筋笼的制作、焊接。

6.5.4.3　冬季施工防护措施

（1）经常注意收听气象预报,做好防备措施。

（2）现场机械设备必须做好防冻保温工作,确保施工机械正常运转。

（3）自来水管等须采取防冻措施,确保其正常使用。

（4）冬季施工混凝土做好养护工作,防止冻裂,必要时混凝土中可掺防冻剂。

（5）大门口及便道经常清扫,保证清洁且无积水,一旦发生积水、结冰现象,须及时清除及设置醒目标志,以免滑倒。

（6）现场施工人员做冬季施工防冻保温工作。

（7）做好冬季防火工作。

（8）使用的商品混凝土应掺早强剂,以提高混凝土早期强度。

（9）混凝土浇捣结束后,及时用草袋等覆盖养护。

6.6　基础施工实例

工程概况:基坑为东西向地下三层,设计深度 24.95 m（相对标高）, ±0.000 相当于 ××高程4.85 m,采用地下连续墙支护。地下连续墙厚度为800 mm,混凝土保护层厚度为 70 mm,墙顶标高为 - 10.60 m（××高程）,墙底标高为 - 43.60 m（××高程）,墙深约 45 m,地下连续墙混凝土强度等级为 C35。施工机械配置:地下连续墙工程共计 100 幅,主线槽深达 45 m,考虑工期及质量要求,选用 4 台成槽机及其配套设备进行施工。拟投入的主要施工机械配套设备表包括设备名称、数量、购置地、进场安排。人员配备:本工程地下连续墙施工劳动力计划按 24 h 作业安排,作为影响工期关键工序的钢筋加工和抓槽施工均轮班作业,连续施工;管理人员机动配备,轮流值班,作业层人员也按轮班作业配备。本单项工程涉及工种主要有操作工、机工、电工、混凝土工、钢筋工、辅助工等,附表工种、数量（人）、备注。地下连续墙施工部署:地下连续墙工程拟采用进场 4 台成槽机,同时由南、北两侧从中间向两端依次施工,总工期为 45 ~ 52 d。

6.6.1　地下连续墙施工工艺流程

地下连续墙施工工艺流程如图 6-23 所示。

6.6.2　质量控制技术及预防措施

本工程地下连续墙槽段,为确保槽壁的垂直度及槽壁的稳定性,对成槽施工采取如下措施。

6.6.2.1　垂直度控制及预防措施

1. 施工工艺

（1）合理安排一个槽段中的挖槽顺序,用抓斗挖槽时,要使槽孔垂直,最关键的是要使抓斗在吃土阻力均衡的状态下挖槽,抓斗两边的斗齿要么都吃在实土中,要么都落在空洞中。根据这个原则,单元槽段的挖掘顺序为:直线幅槽段先挖两边后挖中间;转角幅槽段有长边和短边之分,必须先挖短边再挖长边。这样就能使抓斗在挖单孔时吃力均衡,可以有效地纠偏,保证成槽垂直度。

(2)成槽施工过程中,抓斗掘进应遵循一定的原则,即慢提慢放、严禁满抓。特别是在开槽时,必须做到稳、慢,严格控制好垂直度;每次下斗挖土时须通过垂直度显示仪和自动纠偏装置来控制槽壁的垂直度,直至斗体全部入槽。在施工中,转角幅有长边和短边之分,必须先挖短边再挖长边,这样才能确保墙体的土壁稳定性和转角处的土壁垂直度。

2. 槽段检测

(1)在挖槽过程中,成槽机操作人员须随时观察成槽机的垂直度显示仪显示的槽段偏差值,如偏差值超过3/1 000,操作人员可通过成槽机上的自动纠偏装置对抓斗进行纠偏校正,以控制槽壁的垂直度,达到规范要求。

(2)挖槽结束后,利用超声波测壁仪对槽壁垂直度进行测试,如槽壁垂直度达不到设计要求,用抓斗对槽壁进行修正,直至槽壁垂直度达到设计要求,同时对槽壁垂直度检测做好记录,并现场交底,以利于下道工序顺利进行。

6.6.2.2　防止挖槽塌方措施

1. 施工技术保证措施

1)泥浆性能指标控制

选用黏度大、失水量小、形成护壁泥皮薄而韧性强的优质泥浆是确保槽段在成槽机反复上下运动过程中上壁稳定的关键,同时应根据本工程的特点可适当提高泥浆的相对密度和黏度,提高泥浆的护壁能力。

成槽机抓斗提出槽内时,应及时进行补浆,减小泥浆液面的落差,始终维持稳定的液位高度(导墙顶引下去 30 cm),保证泥浆液面比地下水位高。

采用高导墙施工,抬高泥浆液面高度,增加泥浆对槽壁的压力,保证槽壁的稳定性。

2)泥浆性能的调整

在遇到粉土层、含砂粉土层时,应适当提高泥浆的黏度。在遇到地下水时,应适当提高泥浆的相对密度及泥浆液面高度。泥浆相对密度的增大会增大压力差,提高槽壁的稳定性。

在施工中,水泥可能对泥浆的性能有影响,应采取如下措施:尽量减少泥浆中的土渣量;加入合适的外加剂;及时处理废浆,尽量减少混凝土对槽内泥浆的污染。

3)施工措施

在成槽机停机定位时,宜在成槽机履带下铺设钢板(特别是转角幅槽段),减小成槽机对槽壁的竖向应力,防止特殊槽段阳角处塌方。

雨天地下水位上升时应及时加大泥浆相对密度和黏度,雨量较大时暂停挖槽,并封盖槽口。

施工过程中应严格控制地面的附加荷载,不使土壁受到施工附近荷载作用影响过大而造成土壁塌方,确保墙身的光洁度。

每幅槽段施工应做到紧凑、连续,把好每一道工序质量关,成槽验收结束后,及时吊放钢筋笼、放置导管等,经检查验收合格后,应立即浇筑水下混凝土,尽量缩短开挖槽壁的空槽时间。

2.加强对周边环境监测

在地下连续墙施工前布好沉降、位移等监测点,在施工期间加强监测,监测数据应及时流转,做到信息化施工。

3.槽壁塌方的预防措施

成槽过程中如发现泥浆大量流失、地面下陷、槽壁坍塌等异常现象时不准盲目掘进,或监测数据出现报警现象时应立即停止挖槽,同时及时向甲方汇报,及时采取补浆、回填等措施,待商议具体措施后再行施工。

4.钢筋笼内预埋件保证措施

根据设计图纸要求,地下连续墙与各层板的连接均需在地下连续墙内预埋钢筋与其连接,地下连续墙内各层钢筋放置位置必须非常准确,以保证底板、中层板、顶板的位置。

6.6.2.3 钢筋笼吊装预防措施

本工程钢筋笼吊装采用整幅整体吊装,起吊时极易变形散架而发生安全事故,应采取以下技术措施:

(1)钢筋笼上设置纵、横向起吊桁架和吊点,使钢筋笼起吊时有足够的刚度,防止钢筋笼产生不可复原的变形。

(2)对于折线幅钢筋笼,除设置纵、横向起吊桁架和吊点外,还要增设人字形桁架和斜拉杆进行加强,以防钢筋笼在空中翻转角度时发生变形。

(3)钢筋笼整幅起吊采用一台150 t履带式起重机和一台50 t履带式起重机双机抬吊法。

(4)合理选择钢筋笼主、副机吊点,减小起吊后钢筋笼变形。

(5)起吊时先根据计算的主、副机吊点进行试吊,主、副机同时起吊将钢筋笼抬高离平台30~50 cm,观察钢筋笼变形情况。如钢筋笼稳定后无明显变形,可直接起吊空中回直;如发现变形较大,应马上把钢筋笼放回平台,根据变形情况进行加固和变化吊点位置,重新起吊。

(6)钢筋笼吊点处局部加强,纵、横向相应部位需满焊,焊接质量应符合验收标准。

6.6.2.4 地下连续墙露筋现象的预防措施

(1)钢筋笼必须在水平的钢筋平台上制作,制作时必须保证有足够的刚度,并架设型钢固定,防止起吊变形。

(2)必须按设计和规范要求放置保护层垫块,严禁遗漏。

(3)吊放钢筋笼时发现槽壁有塌方现象时应立即停止吊放,重新成槽清底后再吊放钢筋笼。

6.6.2.5 接头混凝土防绕流措施

地下连续墙施工过程中,由于槽壁局部塌方可能会引起接头处混凝土绕流现象,故事先应做好以下预防施工措施:

(1)对先行幅槽段应做好槽壁测试工作,了解槽壁情况,以此为依据做好防止混凝土绕流的施工措施。

(2)在顶升锁口管或接头箱过程中,发现该幅槽段有混凝土绕流(锁口管背面有混凝土遗留迹象)时,应及时采用专门铲具进行清除,必要时采用特制成槽机抓斗配合进行。

（3）由于接头混凝土绕流而影响到接头连接施工质量,在施工后行幅时,除对接头做特殊处理外,还应增加刷壁的次数,保证接头质量并做好特殊施工原始记录。

6.6.2.6　地下连续墙渗漏水的预防及补救措施

（1）槽段接头处不允许有夹泥,施工时必须用刷壁器上下刷多次,直至接头无泥。

（2）严格控制导管埋入混凝土中的深度,绝对不允许发生导管拔空现象。如万一拔空导管,应立即测量混凝土面标高,将混凝土面上的淤泥吸清,然后重新开管浇筑混凝土。开管后应将导管向下插入原混凝土面下 1 m 左右。

（3）工地施工技术人员必须对搅拌站提供的混凝土级配单进行审核,并测试其到达施工现场后的混凝土坍落度,保证混凝土供应的质量。

6.6.2.7　混凝土浇筑时堵管的预防措施

（1）当槽段窄时,混凝土面距导墙 3 ~ 4 m 时发生堵管,可采用一根导管进行浇筑。

（2）当槽段宽时,混凝土面距导墙距离远时发生堵管,可将堵管的导管拔出,同时测出混凝土面距导墙面的距离,重新拼装导管,管底距混凝土面 10 ~ 30 cm,在导管内放置球胆,进行二次封底浇筑。浇筑结束时,泛浆高度比一般槽段泛浆高度要高出 30 ~ 50 cm,以确保槽段浇筑质量。

6.6.2.8　对可能事件的处理

（1）成槽后,锁口管下放过程中如发现因塌方而导致锁口管无法沉至规定位置,则不准强冲,应修槽后再放,锁口管应插入槽底以下 30 ~ 50 cm。

（2）钢筋笼下放前必须对槽壁垂直度、平整度、清底质量及槽底标高进行严格检查。下放过程中遇到阻碍而导致钢筋笼放不下去时,不允许强行下放,如发现槽壁土体局部凸出或坍落至槽底,则必须整修槽壁,并清除槽底坍土后方可下放钢筋笼,严禁割短或割小钢筋笼。

6.6.3　安全技术措施

6.6.3.1　成槽机组装与操作

（1）成槽机操作人员要经过专门的培训,取得操作合格证后才能上岗。

（2）成槽机操作时应安放平稳,防止成孔作业时突然倾倒而造成人员伤亡或机械设备损坏。

（3）采用泥浆护壁成槽时,应根据设备情况、地质条件和孔内情况变化,认真控制泥浆密度、槽内泥浆高度、成槽机垂直度、挖进和提机速度等。

（4）所有成孔设备,电路要架空设置。不得使用不防水的电线或绝缘层有损伤的电线;电闸箱和电动机应有接地装置,加盖防雨罩;电路接头应安全可靠,开关应有保险装置。

6.6.3.2　泥浆制备、储存

（1）泥浆搅拌机应由专人使用。

（2）泥浆池四周要加防护栏杆,防止机械、人员掉入泥浆池。

（3）使用泥浆泵时应注意接线柱盖要密封,不得漏进泥浆。

6.6.3.3　钢筋笼制作及吊装

(1)钢筋加工时非操作人员不得擅自动用机械,切断钢筋时应让刀口与钢筋垂直,防止切飞伤人。

(2)钢筋笼吊装前应认真检查吊具及吊点的安全性,起吊时注意钢索受力情况,避免不均匀受力及扯挂现象。

(3)吊臂工作半径内不准有人走动或停留夜间起吊钢筋笼时,要有足够的上、下照明,并要有经验的起重工指挥。

(4)上、下钢筋笼对接时,人员应站在两端协助定位,无关人员禁止站在笼边。

(5)钢筋笼起吊后,应用拖绳控制其稳定,不准用手扶。

6.6.3.4　混凝土浇筑

(1)混凝土浇筑时,装、拆导管人员必须做好安全防护,并注意防止扳手、螺丝掉入工槽内;拆卸导管时,其上空不得进行其他作业;导管提升后,继续浇筑混凝土前必须检查是否垫稳、挂牢。

(2)后服浆高压注浆时,浆液应过滤;高压泵应有安全装置,当超过允许泵压时,应能自动停止工作。

(3)注浆人员应戴防护眼镜、手套等防护用品;注浆结束时,必须坚持泵压回零才能拆卸管路和接头,以防浆液喷射伤人。

练习题

一、填空题

1.桩基础由(　　)和(　　)共同组成。桩按荷载传递方式分为(　　)和(　　)。

2.钢筋混凝土桩传统常用的接桩方法有(　　)、(　　)和(　　)三种,近年来常采用一些机械快速连接方式,常见的有(　　)和(　　)。

3.桩按施工方法可分为(　　)和(　　)。

4.泥浆护壁成孔灌注桩成孔的主要施工过程包括测定桩位、(　　)、钻机就位、灌注泥浆、钻进和清孔。

5.预制桩混凝土的强度应达到设计强度的(　　)以上方可起吊,达到设计强度的(　　)才能运输和打桩。

6.根据预制桩的规格,其打桩顺序宜为先(　　)后(　　),先(　　)后(　　)。

7.打桩质量控制主要包括两个方面:一是(　　)或(　　)是否满足设计要求;二是打桩后的(　　)和(　　)的偏差是否在施工规范允许范围内。

8.当钻孔灌注桩的桩位处于地下水位以上时,可采用(　　)成孔方法;当处于地下水位以下时,可采用(　　)成孔方法进行施工。

9.地下连续墙施工的主要工艺过程包括(　　)、挖槽、清底、(　　)与钢筋笼、水下浇筑混凝土。

二、单项选择题

1.桩的断面边长为30 cm,群桩桩距为100 cm,打桩的顺序应为(　　)。

A.从一侧向另一侧顺序进行　　　　　B.从中间向两侧对称进行

　　C.按施工方便的顺序进行　　　　　　D.从四周向中间环绕进行

　2.某工程灌注桩采用泥浆护壁法施工,灌注混凝土前,有4根桩孔底沉渣厚度,其中不符合要求的是(　　)。

　　A.端承桩50 mm　　　　　　　　　　B.端承桩80 mm

　　C.摩擦桩80 mm　　　　　　　　　　D.摩擦桩100 mm

　3.在预制桩打桩过程中,如发现贯入度骤减,可能是因为(　　)。

　　A.桩尖破坏　　　　B.桩身破坏　　　　C.桩下有障碍物　　　　D.遇软土层

　4.钢筋混凝土预制桩桩身纵向钢筋的保护层厚度不宜小于(　　)。

　　A. 15 mm　　　　　B. 20 mm　　　　　C. 30 mm　　　　　D. 40 mm

　5.锤击法沉桩施工,对桩的施打原则是(　　)。

　　A.轻锤低击　　　　B.轻锤高击　　　　C.重锤高击　　　　D 重锤低击

　6.较长的预制桩一般采用分节预制,但接头个数不宜超过(　　)个。

　　A. 2　　　　　　　B. 3　　　　　　　C. 4　　　　　　　D. 5

　7.在泥浆护壁成孔灌注桩施工中,确保成桩质量的关键工序是(　　)。

　　A.泥浆护壁成孔　　　　　　　　　　B.吊放钢筋笼

　　C.吊放导管　　　　　　　　　　　　D.水下浇筑混凝土

　8.当桩的密度较大时,打桩的顺序应为(　　)。

　　A.从一侧向另一侧顺序进行　　　　　B.从中间向两侧对称进行

　　C.按施工方便的顺序进行　　　　　　D.从四周向中间环绕进行

　9.对打桩桩锤重的选择影响最大的因素是(　　)。

　　A.地质条件　　　　　　　　　　　　B.桩的类型

　　C.桩的密集程度　　　　　　　　　　D.单桩极限承载力

　10.当在流动性淤泥土层中的桩可能有颈缩现象时,可行又经济的施工方法是(　　)。

　　A.反插法　　　　　　　　　　　　　B.复打法

　　C.单打法　　　　　　　　　　　　　D. A和B都可

三、实践操作

1.结合训练项目进行基础工程施工图识读训练。

2.独立基础、条形基础、箱形基础、筏形基础、砖胎膜施工仿真训练。

3.基础工程钢筋加工、安装与绑扎,基础工程模板安拆,混凝土浇筑施工仿真训练。

4.建筑基础工程施工方案编制。

学习项目7 回填土施工和土工试验

【学习目标】

(1)了解土料的选择,掌握填土与压实的方法。

(2)掌握影响填土压实质量的因素和填土压实的质量检查方法。

(3)掌握土方回填的质量验收标准。

(4)了解常规的土工试验方法。

7.1 回填土施工

7.1.1 土方的填筑与压实

在土方填筑前,应对基底进行处理。清除基底上的垃圾、草皮、树根等杂物,排除坑穴中的积水、淤泥等。若填方基底为耕植土或松土,则应将基底压实后进行填土。

7.1.1.1 土料的选择

填土土料应符合设计要求,以保证填方的强度和稳定性。通常应选择强度高、压缩性小、水稳定性好的土料。如设计无要求,则应符合以下规定:

(1)碎石类土、砂土和爆破石渣(粒径≤每层铺土厚度的2/3)可做表层下的填料。

(2)含水量符合压实要求的黏性土可做各层填料。

(3)淤泥和淤泥质土一般不能用作填料,但在软土地区,经过处理含水量符合要求的,可用于填方中的次要部分。

对于有机物含量大于8%或水溶性硫酸盐含量大于5%的土,以及耕植土、冻土、杂填土等均不能用作填土使用,但在无压实要求的填方时,则不受限制。

7.1.1.2 填土方法与压实方法

1.填土方法

填土可采用人工填土和机械填土,一般要求如下:

(1)填土应尽量采用同类土填筑,并严格控制土的含水量在最优含水量范围内,以提高压实效果。

(2)填土应从场地最低处开始分层填筑,每层铺土厚度应根据压实机具及土的种类而定。当采用不同类土填筑时,应将透水性较大的土层置于透水性较小的土层之下,以避免在填方区形成水囊。

(3)坡地填土,应做好接槎,挖成1:2阶梯形(一般阶高0.5 m、阶宽1.0 m)分层填筑,分段填筑时每层接缝处应做成大于1:1.5的斜坡,以防填土横移。

2. 压实方法

填土的压实方法一般有碾压法、夯实法和振动压实法,也可利用运输工具压实。

(1)碾压法。利用沉重的滚轮压力使填土压实,适用于大面积填土工程。碾压机械有平碾(光碾压路机)、羊足碾和气胎碾。

①平碾:对砂土和黏性土均可压实,适用于薄层填土或表面压实、平整场地、修筑堤坝及道路工程等。

②羊足碾:单位面积的压力较大,对土层的压实效果好,主要用于黏性土的压实。

③气胎碾:对土层碾压较均匀,压实质量较好。

采用碾压机械压实填方时,行驶速度不宜过快,一般平碾控制在 2 km/h 以内,羊足碾控制在 3 km/h,否则会影响压实效果。

(2)夯实法。利用夯锤的冲击力使填土压实,适用于黏性较低的填土,多用于小面积填土工程。可采用人工夯实和机械夯实,机械夯实常用蛙式打夯机、柴油打夯机、电动立夯机及夯锤等。

(3)振动压实法。利用振动碾或平板振动器使填土压实,主要用于非黏性土压实。

7.1.1.3 影响填土压实质量的因素

影响填土压实质量的因素很多,主要有土的含水量、压实功及每层铺土厚度。

1. 土的含水量的影响

土的含水量太小,直接影响到填土压实质量。土的含水量过小,土粒间摩阻力较大,不易压实;土的含水量过大,土粒间的孔隙被水填充而呈饱和状态,易成橡皮土,难以压实。只有当具有适当的含水量时,土粒间的摩阻力由于水的润滑作用而减小,从而易于压实。每种土都有最优含水量,即在压实机械和压实遍数相同的条件下,能够使土获得最大干密度的含水量。土的干密度与含水量的关系如图 7-1 所示。各种土的最大干密度 ρ_{dmax} 是当土处于最优含水量 ω_{op} 时通过击实试验取得的,也可参考表 7-1 确定。在实际工程中,为了保证填土处于最优含水量状态,当土过湿时,应予翻松晾干,也可掺入同类干土或石灰等吸水材料;当土过干时,应预先洒水润湿。

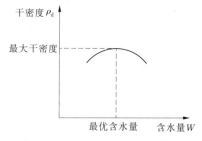

图 7-1 土的干密度与含水量的关系

表 7-1 土的最优含水量和最大干密度

土的类别	变动范围	
	最优含水量(%)(质量比)	最大干密度(g/cm³)
砂土	8 ~ 12	1.80 ~ 1.88
黏土	19 ~ 23	1.58 ~ 1.70
粉质黏土	12 ~ 15	1.85 ~ 1.95
粉土	16 ~ 22	1.61 ~ 1.80

注:1.表中土的最大干密度应根据现场实际达到的数字为准。

2.一般性的回填土可不做此项测定。

2. 压实功的影响

填土压实后的密度与压实机械在其上所施加的功有一定的关系(见图7-2)。当土的含水量一定,开始压实时,土的密度急剧增加,待到接近土的最大干密度时,压实功虽然增加许多,而土的密度却无明显变化。在实际施工中,对不同的土应根据选择的压实机械和密实度要求确定合理的压实遍数。此外,松软土不宜直接采用重型碾压,否则土层会有强烈起伏现象,效率不高,应先用轻碾压实,再用重碾压实,效果更好。

3. 每层铺土厚度的影响

填土压实过程中,压实机具对土的压实应力随土层的深度增加而逐渐减小(见图7-3)。其影响深度与压实机械、土的性质及含水量等有关。因此,铺土厚度应小于压实机械压土时的有效作用深度,且应考虑最优铺土厚度。铺土过厚,要压很多遍才能达到规定的密实度,甚至不能压实;铺土过薄,要增加压实机械的总压实遍数。最优铺土厚度可使填土在获得规定密实度的情况下,压实机械所需的压实遍数最少,从而压实功最低,可参照表7-2。

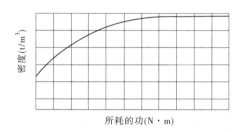

图7-2 土的密度与压实功的关系

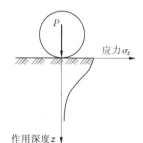

图7-3 压实作用沿深度的变化

表7-2 土施工时的分层厚度及压实遍数

压实工具	每层铺土厚度(mm)	每层压实遍数
平碾	250~300	6~8
振动压实机	250~350	3~4
柴油打夯机	200~250	3~4
人工打夯	<200	3~4

7.1.1.4 填土压实的质量检查

填土压实后应达到一定的密实度要求。填土密实度以设计规定的压实系数 λ_c 作为质量控制指标,即土的控制干密度 ρ_d 与最大干密度 ρ_{dmax} 的比值($\lambda_c = \rho_d / \rho_{dmax}$)。土的压实系数一般由设计单位根据工程结构性质、使用要求以及土的性质确定,无设计规定时,可参考表7-3确定。

表7-3 填土的压实系数要求

结构类型	填土部位	压实系数 λ_c
砌体承重结构和 框架结构	在地基主要受力层范围以内	≥0.97
	在地基主要受力层范围以下	≥0.95
排架结构	在地基主要受力层范围以内	≥0.96
	在地基主要受力层范围以下	≥0.94

注:地坪垫层以下及基础标高以上的压实填土,压实系数不应小于0.94。

土的最大干密度 ρ_{dmax} 宜采用击实试验确定。当无试验资料时,可按式(7-1)计算。

$$\rho_{dmax} = \eta \frac{\rho_w d_s}{1 + 0.01\omega_{op}d_s} \tag{7-1}$$

式中　η——经验系数,对于黏土取0.95,粉质黏土取0.96,粉土取0.97;

ρ_w——水的密度,g/cm^3;

d_s——土粒相对密度;

ω_{op}——最优含水量,可按当地经验或取 ω_p +2%,或参考表7-1取值,ω_p 为土的塑限。

填土的理论控制干密度可用规范规定的压实系数 λ_c 与土的最大干密度 ρ_{dmax} 的乘积表示。实际施工中,若土的实际干密度大于或等于理论控制干密度,则填土压实符合质量要求。

填土压实的实际干密度可采用环刀法或灌砂(水)法测定。其取样组数为:基坑回填每20~50 m^3 取样一组(每坑不少于一组);基槽或管沟回填每层按长度20~50 m 取样一组;室内填土每层按100~150 m^2 取样一组;场地平整填方每层按400~900 m^2 取样一组。取样部位应在每层压实后的下半部。

7.1.2　土方工程质量验收与安全技术

7.1.2.1　土方工程施工质量验收标准

1.一般规定

(1)土方工程施工前应进行挖、填方的平衡计算,综合考虑工程结构形式、基坑深度、地质条件、周围环境、拟定的施工方法、施工工期和地面荷载等资料,确定基坑开挖方案。

(2)在挖方前,应做好地面排水和降低地下水位工作。

(3)平整场地的表面坡度应符合设计要求,如设计无要求,则排水沟方向的坡度不应小于2‰。平整后的场地表面应逐点检查,检查点为每100~400 m^2 取1点,但不应少于10点;长度、宽度和边坡均为每20 m 取1点,每边不应少于1点。

(4)基坑开挖应尽量防止扰动地基土。当人工挖土时,应预留150~300 mm厚的土不挖,待下一道工序开始前再挖至设计标高;当采用机械开挖时,应保留土层厚度200~300 mm由人工开挖。当土方工程挖方较深时,施工单位应采取措施,防止基坑底部土的隆起并避免危害周边环境。

(5)土方工程施工,应经常测量和校核其平面位置、水平标高和边坡坡度。平面控制桩和水准控制点应采取可靠的保护措施,定期复测和检查。土方不应堆在基坑边缘。

（6）基坑开挖后,应及时清底、验槽,减少暴露时间,防止暴晒和雨水冲刷破坏地基土的原状结构。在雨季和冬季施工还应遵守国家现行有关标准。

2.土方开挖质量验收

（1）土方开挖前应检查定位放线、排水和降水系统,合理安排土方运输路线及弃土场。

（2）施工过程中应检查平面位置、水平标高、边坡坡度、压实度、排水及降水系统,并随时观测周围的环境变化。

（3）土方开挖工程质量检验标准应符合表7-4的规定。

表7-4　土方开挖工程质量检验标准　　　　　　　　　　（单位:mm）

项目	序号	检验项目	允许偏差或允许值					检查方法
			柱基、基坑、基槽	挖方场地平整		管沟	地(路)面基层	
				人工	机械			
主控项目	1	标高	−50	±30	±50	−50	−50	水准仪
	2	长度、宽度(由设计中线向两边量)	+200 −50	+300 −100	+500 −150	+100	—	经纬仪,用钢尺量
	3	边坡	按设计要求					观察或用坡度尺检查
一般项目	1	表面平整度	20	20	50	20	20	用2 m靠尺和楔形尺检查
	2	基底土性	按设计要求					观察或土样分析

注:地(路)面基层的偏差只适用于直接在挖、填方上做地(路)面的基层。

3.土方回填质量验收

（1）土方回填前应清除基底杂物和积水,验收基底标高,松土上填方应压实后进行。

（2）对填方土料应按设计要求验收后方可填土。

（3）填土施工过程中应检查排水措施,并控制每层铺土厚度、含水量和压实程度。

（4）填土施工后,应检查标高、边坡坡度、压实程度等。土方回填工程质量检验标准应符合表7-5的规定。

表7-5　土方回填工程质量检验标准　　　　　　　　　　（单位:mm）

项目	序号	检验项目	允许偏差或允许值					检查方法
			柱基、基坑、基槽	挖方场地平整		管沟	地(路)面基层	
				人工	机械			
主控项目	1	标高	−50	±30	±50	−50	−50	水准仪
	2	分层压实系数	按设计要求					按规定方法
一般项目	1	回填土料	按设计要求					取样检查或直观鉴别
	2	分层厚度及含水量	按设计要求					水准仪及抽样检查
	3	表面平整度	20	20	30	20	20	用靠尺或水准仪检查

7.1.2.2　土方工程施工安全技术

（1）基坑（槽）开挖时，两人操作间距应大于2.5 m。多台机械开挖时，挖土机械间距应大于10 m。在挖土机械范围内，不许进行其他作业。挖土应由上而下逐层进行，严禁先挖坡脚或逆坡挖土。

（2）较深基坑（槽）开挖应严格按要求放坡或支护。施工中应随时注意土壁的变动情况，如发现有裂缝或部分坍塌现象，应及时进行加固处理。

（3）在有支撑的基坑中使用机械挖土时，应防止碰坏支撑。在坑槽边使用机械挖土时，应计算支撑强度，必要时应加强支撑。

（4）上下坑槽应先挖好阶梯或设置靠梯，并采取防滑措施，禁止踩踏支撑上下。

（5）坑槽四周应设置防护栏杆，跨过沟槽的通道应搭设渡桥，夜间应有照明设施。

（6）基坑和沟槽回填时，下方不得有人。所使用的电动机械（如打夯机等）要检查电器线路，并严格按操作规程施工，防止漏电、触电。

（7）拆除护壁支撑时，应按照回填顺序，从下而上逐步拆除；更换支撑时，必须先安装新的，才能拆除旧的。

7.1.3　土方回填施工方案

7.1.3.1　土方回填施工方案编制的内容

（1）编制依据。

（2）工程概况。

（3）施工部署：施工准备、材料及主要机具、作业条件、技术准备、回填计划。

（4）施工方法：各部位回填。

（5）质量保证：质量标准、质量措施。

（6）成品保护。

（7）应注意的质量问题。

（8）施工安全。

（9）环境保护。

（10）附图。

7.1.3.2　土方回填方案示例

某工程土方回填专项施工方案

1.工程概况

工程概况包括工程名称、建设单位、勘察单位、设计单位、监理单位、承包单位、质量目标、安全目标、工期要求。

本标段含楼房及地下车库总建筑面积70 000 m²。其中地上建筑面积50 000 m²、地下车库（含车辆出入口及坡道）建筑面积20 000 m²。楼房主体结构为剪力墙结构，抗震设防烈度为7度，耐火等级为一级，屋面防水等级为一级。

2.进度安排和劳动力组织

（1）回填土施工进度安排统一由现场技术人员根据现场需要布置，劳动力选用有施工经验的、技术级别高的、干活认真负责的工人操作。

（2）大量回填时，采用人工及机械优化施工。

3．土方回填前的准备工作

（1）注意收听气象预报，掌握天气变化，合理组织人员施工，做好班前施工准备和班后防雨保护工作。

（2）由班组长组织技术人员向回填土工进行详细交底。

（3）做好土壤夯实取样试验的准备工作。

（4）回填土及白灰应注意覆盖保护，防止雨淋。

（5）回填前基坑应清理干净杂物、垃圾、零散用具等。

4．施工机具准备

施工主要机具有蛙式打夯机、手推车、筛子、木耙、铁锹（尖、平头两种）、2 m 靠尺、胶皮管、小线和木折尺等。配备数量为蛙式打夯机 2 台、手推车 6 辆、铁锹 15 把。

5．施工方法及施工注意要点

1）土的过筛、搅拌及运输

（1）回填土采用 3∶7 灰土，优先利用基坑中挖出的原土，但不得含有杂质，使用前应过筛，其最大粒径不大于 5 cm。

（2）回填土在基坑边 5 m 外进行过筛，剔除、砸碎大粒径土块，清除杂物，石灰与土使用铁皮量斗，按照体积比 3∶7 配合、拌匀，人工翻拌不少于 3 遍，干土须洒水润湿，潮湿土须翻松、晾干，使土质干燥、松散，以保证土样最优含水量，一般最优含水量为 14% ~18%，现场以手握成团，两指轻捏即散为宜，如果基坑内局部环境过湿，可适当多拌点白灰，并选用晾干土。

（3）灰土采用机械回填，人工夯实。

2）夯填操作工艺

（1）工艺流程：基槽底清理→外墙面处理→检查原土质、拌制灰土→3∶7 灰土分层铺土、耙平→夯打密实→检验密实度→修整、找平、验收→素土分层夯填。

（2）填方应从最低处开始，由下而上按整个宽度水平分层均匀铺填土料和夯实。

（3）深浅坑（槽）相连时，先填深坑（槽），相平后与浅坑全面分层填夯。

（4）回填灰土应分层铺摊，每层铺土厚度为不大于 300 mm，每层铺摊后随之耙平。

（5）回填灰土每层至少夯打 3 遍，打夯应一夯压半夯，夯夯相接，行行相连，纵横交叉，严禁采用浇水使之下沉的水夯法。

（6）如需要分层分段夯实，则交接处应填成阶梯形，梯形的高宽比为 1∶2（高 15 cm、宽 30 cm），上下层错缝距离不小于 0.5 m，接槎的槎子应垂直切齐。分段夯填时，不得在墙角下接缝。

（7）回填时，为防止管道中心线发生位移或损坏管道，在有管道处应用人工夯实，先在管子两侧填土夯实，并应由管道两侧同时进行，直至管顶 0.5 m 以上时，在不损坏管道的情况下，方可采用蛙式打夯机夯实。

（8）回填土每层填土夯实后，应按规范要求进行环刀取样，测出干土的质量密度（≥1.45 g/cm³），达到要求后，再进行上一层的铺土。

（9）回填土夯实时，对于打夯机无法夯实的死角，如基坑周边应采取人工夯实。木夯或石夯的质量为 0.04～0.08 t，人力送夯的落距为 40～50 cm，每搭接半夯。

（10）每天收工应注意天气情况，及时覆盖基槽，防止雨淋，下雨天不能施工。

3）防雨水、地下水施工

（1）灰土应当日铺填夯压，入槽灰土不得隔日夯打。

（2）夯实后的灰土表面进行临时覆盖，防止日晒雨淋。

（3）刚打完的灰土，如突遇暴雨，雨后继续施工，则应将松软灰土去除，并补填夯实，稍受潮的灰土可在晾干后补夯。

（4）做好基坑排水工作，保证回填过程中不受积水干扰。

6. 质量保证措施

（1）严格把好回填土使用检验关，质量部门对回填土进行含水量控制验收，回填土的干密度符合图纸设计要求，不合格坚决不得使用。

（2）严格按照施工方案、技术交底及施工规范等要求施工。

（3）必须按规定分层夯压密实，环刀取样每层 500 m² 至少取一点，但不少于一点，送实验室检验回填土的密实度。

（4）加强施工过程控制。

（5）回填土堆放要有妥善的防雨淋物资。

（6）回填土干密度试验中，90% 以上的点应符合设计要求，其余 10% 中最低值与设计值的差不得大于 0.08 g/cm³。

（7）回填土施工中，对于防水层、保护层以及从外墙伸出的各管线，均应妥善保护。

（8）夜间施工配备足够的照明设施，防止铺填超高。

7. 质量标准

（1）土方回填前应清除基底的垃圾、树根等杂物，抽除坑穴积水、淤泥，验收基底标高。

（2）对填方土料应按设计要求验收后方可填入。

（3）填方施工过程中应检查排水措施，每层填筑厚度、含水量控制、压实程度、填筑厚度及压实遍数应根据土质、压实系数及所用机具确定。

（4）填方施工结束后检查标高、边坡坡度、压实程度等，检验标准应符合填土工程质量检验标准，如表 7-6 所示。

表 7-6　填土工程质量检验标准　　　　　　　　　　　　　　　　（单位：mm）

项目	序号	检验项目	允许偏差或允许值	检验方法
主控项目	1	标高	-50	水准仪
	2	分层压实系数	按设计要求	按规定方法
一般项目	1	回填土料	按设计要求	取样检查或直观鉴别
	2	分层厚度及含水量	按设计要求	水准仪及抽样检查
	3	表面平整度	20	用靠尺或水准仪检查

8. 质量通病克服对策

质量通病克服对策如表7-7所示。

表7-7　质量通病克服对策

影响回填土施工质量的因素		对策
基底不干净		填土前进行检查,合格后再回填
填土杂质多		土源符合要求
灰土含过大、过多的颗粒		清除大土块,过筛
灰土拌和不均匀		按要求采取3次翻拌,拌和均匀再回填
施工前没做好排水处理		采取保证水流不失控的措施
填土湿度未控制		施工填土含水量与最优含水量之差 控制在 -4% ~2%
边角没有用小夯夯实		准备小夯,由人工夯实
土层虚铺过厚,没有做标高控制,压不实		按夯实器具压实厚度填土,每层不得超厚
没有技术措施		施工前编制施工方案,并做技术交底
技检人员	专检不认真	专检人员必须坚守岗位,一丝不苟,认真学习 图纸、规范
	技术交底不清	详细、具体、认真地进行书面交底
操作人员	奖惩不明	严格标准,奖罚分明
	操作马虎	加强检查,不合格不交下道工序
	自检不认真	认真执行自检负责制,强化班组施工质量管理

9. 安全文明生产措施

(1)施工前必须组织全体施工人员进行安全交底,进入现场必须佩戴好安全帽,带好个人防护用品。

(2)回填土时,注意边坡变化,由于回填时夯实的振动有可能造成局部坍塌,如有异常情况应及时通知管理员,并加强自我防护意识,采取即时措施。

(3)坑(槽)及室内回填,用车辆运土时,应对跳板、便桥进行检查,以保证交通道路畅通安全。车与车的前后距离不得小于5 m。车辆上均应装设制动闸,用于推车运土回填,不得放手让车自动翻转卸土。

(4)施工前检查机械线路是否符合要求,用电保护接地良好,各传动部件均正常后方可施工。

(5)操作和传递导线人员必须穿戴绝缘胶鞋和绝缘手套。

(6)蛙式打夯机作业时,电缆线不应张拉过紧,应保证有3~4 m的余量,递线人员应依照夯实线路随时调整,电缆线不得打结和缠绕,作业中移动电缆线时应停机进行。

(7)操作时不得用力推拉或按压手柄,转弯时不得用力过猛,严禁急转弯,行驶速度控制在6 m/min 。

(8)两台以上夯机在同一工作面时,左右间距不小于 5 m,前后间距不小于 10 m。

(9)作业后切断电源,卷好电缆,做好清洁保养工作,如有破损,应及时修理或更换,维修或作业间断时应切断电源。

10.成品保护

(1)施工时,对定位标准桩、轴线引桩、标准水点、龙门板等填运土时不得撞地面,也不得在龙门桩板上休息,并定期复测和检查这些桩点是否正确。

(2)夜间施工时应合理安排施工顺序,设有足够的照明设施,严禁汽车直接倒入槽内,防止铺填超厚和挤坏基础。

(3)基础的现浇混凝土应达到一定的强度,不致因填土而损坏时方可填土。

(4)回填土时不得碰坏管线。

(5)回填施工时应分层对称进行,防止一侧回填造成两侧压力不平衡,使基础变形或倾倒。

(6)已完填土应将表面压实,做成一定坡向或做好排水设施,防止地面雨水流入基坑(槽)中浸泡地基。

7.2　土工试验

7.2.1　密度试验(环刀法)

1.试验目的

测定土的密度,以了解土的疏密和干湿状态,供换算土的其他物理性质指标和工程设计以及控制施工质量之用。

2.试验原理

土的密度 ρ 是指单位体积土的质量,是土的基本物理性质指标之一,其单位为 g/cm^3。环刀法是采用一定体积环刀切取土样并称土质量的方法,环刀内土的质量与体积之比即为土的密度。密度试验方法有环刀法、蜡封法、灌水法和灌砂法等。对于细粒土,宜采用环刀法;对于易碎裂、难以切削的土,可用蜡封法;对于现场粗粒土,可用灌水法或灌砂法。

3.仪器设备

(1)环刀:内径 6 ~ 8 cm,高 2 ~ 3 cm。

(2)天平:称量 500 g,分度值 0.01 g。

(3)其他:切土刀、钢丝锯、凡士林等。

4.操作步骤

(1)量测环刀:取出环刀,称出环刀的质量,并在其内壁涂一薄层凡士林。

(2)切取土样:将环刀的刀口向下放在土样上,然后用切土刀将土样削成略大于环刀直径的土柱,将环刀垂直下压,边压边削使土样上端伸出环刀,然后将环刀两端的余土削平。

(3)土样称量:擦净环刀外壁,称出环刀和土的质量。

5. 试验注意事项

(1)称量环刀前,把土样削平并擦净环刀外壁。

(2)如果使用电子天平称重则必须预热,称重时精确至小数点后两位。

6. 计算公式

按式(7-2)计算土的密度为

$$\rho = \frac{m}{V} = \frac{m_1 - m_2}{V} \tag{7-2}$$

式中 ρ——密度,计算至 0.01 g/cm³;

m、m_1、m_2——湿土质量、环刀加湿土质量、环刀质量,g;

V——环刀体积,cm³。

说明:密度试验需进行二次平行测定,其平行差值不得大于 0.03 g/cm³,取其算术平均值。

7. 试验记录

密度试验记录如表 7-8 所示。

表 7-8 密度试验记录(环刀法)

试验者_____ 校核者_____ 试验日期___年___月___日

土样编号	环刀号	环刀加湿土质量	环刀质量	湿土质量	环刀体积	密度(g/cm³)	
		$m_1(g)$	$m_2(g)$	$m(g)$	$V(cm^3)$	单值	平均值

7.2.2 含水量试验(烘干法)

1. 试验目的

测定土的含水量,以了解土的含水情况,是计算土的孔隙比、液性指数、饱和度和其他物理力学性质不可缺少的一个基本指标。

2. 试验原理

含水量反映土的状态,含水量的变化将使土的一系列物理力学性质指标随之变化。这种影响表现在各个方面,如反映在土的稠度方面,使土成为坚硬的、可塑的或流动的;反映在土内水分的饱和程度方面,使土成为稍湿、很湿或饱和的;反映在土的力学性质方面,能使土的结构强度增加或减小,紧密或疏松,构成压缩性及稳定性的变化。测定含水量的方法有烘干法、酒精燃烧法、炒干法、微波法等。

3. 仪器设备

(1)烘箱:采用温度能保持在 105~110 ℃的电热烘箱。

(2)天平:称量 500 g,分度值 0.01 g。

(3)其他:干燥器、称量盒等。

4. 操作步骤

(1)湿土称量:选取具有代表性的试样 15~20 g,放入盒内,立即盖好盒盖,称出盒与湿土的总质量。

（2）烘干冷却：打开盒盖，放入烘箱内，在温度 105～110 ℃下烘干至恒重后，将试样取出，盖好盒盖放入干燥器内冷却，称出盒与干土质量。烘干时间随土质不同而定，对于黏性土不少于 8 h；对于砂类土不少于 6 h。

5.试验注意事项

（1）刚刚烘干的土样要等冷却后才能称重。

（2）称重时精确至小数点后两位。

6.计算公式

按式（7-3）计算土的含水量为

$$\omega = \frac{m_{\mathrm{w}}}{m_{\mathrm{s}}} \times 100\% = \frac{m_1 - m_2}{m_2 - m_0} \times 100\% \tag{7-3}$$

式中　ω——含水量，计算至 0.1%；

　　　m_0——盒质量，g；

　　　m_1——盒加湿土质量，g；

　　　m_2——盒加干土质量，g；

　　　$m_1 - m_2$——土中水质量，g；

　　　$m_2 - m_0$——湿土质量，g。

说明：含水量试验需进行二次平行试验，其平行差值不得大于 2%，取其算术平均值。

7.试验记录

含水量试验记录如表7-9 所示。

表7-9　含水量试验记录（烘干法）

试验者＿＿＿＿＿＿＿＿　　校核者＿＿＿＿＿＿＿＿　　试验日期＿＿＿年＿＿＿月＿＿＿日

土样编号	盒号	盒质量 m_0 (g)	盒加湿土质量 m_1 (g)	盒加干土质量 m_2 (g)	土中水质量 $m_1 - m_2$ (g)	干土质量 $m_2 - m_0$ (g)	含水量（%）单值	含水量（%）平均值

7.2.3　界限含水量试验（液塑限联合测定法）

1.试验目的

测定黏性土的液限 ω_{L} 和塑限 ω_{P}，并由此计算塑性指数 I_{P}、液性指数 I_{L}，并进行黏性土的定名及判别黏性土的软硬程度。

2.试验原理

液塑限联合测定法是根据圆锥仪的圆锥入土深度与其相应的含水量在双对数坐标上具有线性关系的特性来进行的。利用圆锥质量为 76 g 的液塑限联合测定仪测得土在不同含水量时的圆锥入土深度，并绘制其关系图，在图上查得圆锥下沉深度为 17 mm 所对应的含水量即为液限,查得圆锥下沉深度为 2 mm 所对应的含水量即为塑限。

3. 试验设备

(1)液塑限联合测定仪:如图 7-4 所示,有电磁吸锥、测读装置、升降支座等,圆锥质量为 76 g,锥角为 30°,试样杯等。

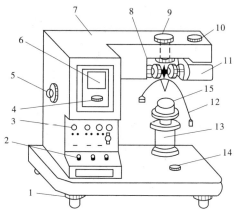

1—水平调节螺丝;2—控制开关;3—指示灯;4—零线调节螺钉;5—反光镜调节螺钉;
6—屏幕;7—机壳;8—物镜调节螺钉;9—电池装置;10—光源调节螺钉;
11—光源装置;12—圆锥仪;13—升降台;14—水平泡;15—盛土杯

图 7-4 光电式液塑限联合测定仪结构示意图

(2)天平:称量 200 g,分度值 0.01 g。

(3)其他:刮土刀、不锈钢杯、凡士林、称量盒、烘箱、干燥器等。

4. 操作步骤

(1)土样制备:当采用风干土样时,取通过 0.5 mm 筛的代表性土样约 200 g,分成 3 份,分别放入不锈钢杯中,加入不同数量的水,然后按下沉深度分别为 4~5 mm、9~11 mm、15~17 mm 制备不同稠度的试样。

(2)装土入杯:将制备的试样调拌均匀,填入试样杯中,填满后用刮土刀刮平表面,然后将试样杯放在液塑限联合测定仪的升降座上。

(3)接通电源:在圆锥仪锥尖上涂抹一薄层凡士林,接通电源,使电磁铁吸住圆锥。

(4)测读深度:调整升降座,使锥尖刚好与试样面接触,切断电源使电磁铁失磁,圆锥仪在自重下沉入试样,经 5 s 后测读圆锥下沉深度。

(5)测含水量:取出试样杯,测定试样的含水量。重复以上步骤,测定另外两份试样的圆锥下沉深度和含水量。

5. 试验注意事项

(1)土样分层装杯时,注意土中不能留有空隙。

(2)每种含水量设 3 个测点,取平均值作为这种含水量所对应土的圆锥入土深度,如 3 个点下沉深度相差太大,则必须重新调试土样。

6. 计算公式

(1)按式(7-3)计算各试样的含水量。

(2)以含水量为横坐标、圆锥下沉深度为纵坐标,在双对数坐标纸上绘制关系曲线,三个点连成一条直线(见图 7-5 中的 A 线)。当三个点不在一条直线上时,可通过高含水量的一点与另两点连成两条直线,在圆锥下沉深度为 2 mm 处查得相应的含水量。当两个含水量的差值≥2%时,应重做试验;当两个含水量的差值<2%时,用这两个含水量的平均值与高含水量的点连成一条直线(见图 7-5 中的 B 线)。

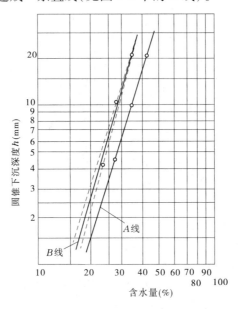

图 7-5　圆锥入土深度与含水量关系曲线

(3)在圆锥下沉深度与含水量的关系图上,查得下沉深度为 17 mm 所对应的含水量为液限;查得下沉深度为 2 mm 所对应的含水量为塑限。

7. 试验记录

界限含水量试验记录如表 7-10 所示。

表 7-10　界限含水量试验记录

工程名称＿＿＿＿＿＿＿＿　　　　试验者＿＿＿＿＿＿＿＿

试样编号＿＿＿＿＿＿＿＿　　　　计算者＿＿＿＿＿＿＿＿

试验日期＿＿＿＿＿＿＿＿　　　　校核者＿＿＿＿＿＿＿＿

试样编号	圆锥下沉深度 h (mm)	盒号	盒质量 m_0 (g)	盒加湿土质量 m_1 (g)	盒加干土质量 m_2 (g)	土中水质量 m_w (g)	干土质量 m_s (g)	含水量 ω(%)	液限 ω_L (%)	塑限 ω_P (%)
1										
2										
3										

7.2.4 击实试验

1.试验目的

在击实方法下测定土的最大干密度和最优含水量,是控制路堤、土坝和填土地基等密实度的重要指标。

2.试验原理

土的压实程度与含水量、压实功能和压实方法有密切的关系。当压实功能和压实方法不变时,土的干密度随含水量增加而增加,当干密度达到某一最大值后,含水量继续增加反而使干密度减小,能使土达到最大密度的含水量,称为最优含水量 ω_{op} ,与其相应的干密度称为最大干密度 ρ_{dmax} 。

3.仪器设备

(1)击实仪:如图 7-6 所示,锤质量为 2.5 kg,筒高为 116 mm,体积为 947.4 cm³。

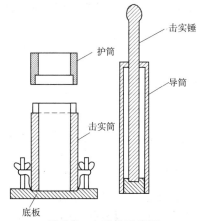

图 7-6 击实仪示意图

(2)天平:称量 200 g,分度值 0.01 g。

(3)台称:称量 10 kg,分度值 5 g。

(4)筛:孔径 5 mm。

(5)其他:喷水设备、碾土器、盛土器、推土器、刮土刀等。

4.操作步骤

(1)制备土样:取代表性风干土样,放在橡皮板上用木碾碾散,过 5 mm 筛,土样量不少于 20 kg。

(2)加水拌和:预定 5 个不同含水量,依次相差 2%,其中有 2 个大于最优含水量和 2 个小于最优含水量。

所需加水量按式(7-4)计算

$$m_w = \frac{m_{w0}}{1+\omega_0}(\omega - \omega_0) \qquad (7\text{-}4)$$

式中 m_w——所需加水质量,g;

m_{w0}——风干含水量时土样的质量,g;

ω_0——土样的风干含水量(%);

ω——预定达到的含水量(%)。

按预定含水量制备试样,每个试样取 2.5 kg,平铺于不吸水的平板上,用喷水设备向土样均匀喷洒预定的加水量,并均匀拌和。

(3)分层击实:取制备好的试样 600~800 g,倒入筒内,整平表面,击实 25 次,每层击实后土样约为击实筒容积的 1/3。击实时,击锤应自由落下,锤迹须均匀分布于土面。重复上述步骤,进行第二、三层的击实,击实后试样略高出击实筒(不得大于 6 mm)。

(4)称土质量:取下套环,齐筒顶细心削平试样,擦净筒外壁,称土质量,准确至 0.1 g。

(5)测含水量:用推土器推出筒内试样,从试样中心处取 2 个 15~30 g 土测定含水量,平行差值不得超过 1%。按(2)~(4)步骤进行其他不同含水量试样的击实试验。

5.试验注意事项

(1)试验前,击实筒内壁要涂一层凡士林。

(2)击实一层后,用刮土刀把土样表面刨毛,使层与层之间压密,同理其他两层也是如此。

(3)如果使用电动击实仪,则必须注意安全。打开仪器电源后,手不能接触击实锤。

6.计算及绘图

按式(7-5)计算干密度为

$$\rho_d = \frac{\rho}{1 + 0.01\omega} \tag{7-5}$$

式中　ρ_d——干密度,g/cm³;

ρ——湿密度,g/cm³;

ω——含水量,%。

以干密度 ρ_d 为纵坐标、含水量 ω 为横坐标,绘制干密度与含水量关系曲线,如图 7-7 所示。曲线上峰值点所对应的纵横坐标分别为土的最大干密度和最优含水量。如曲线不能绘出准确峰值点,应进行补点。

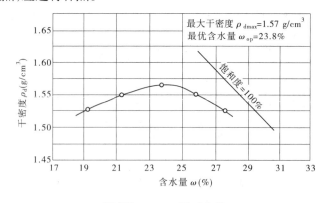

图 7-7　$\rho_d \sim \omega$ 关系曲线

7.试验记录

击实试验记录如表 7-11 所示。

表 7-11 击实试验记录

土样编号_____   土粒比重_____   试验者_____

土样类别_____   每层击数_____   校核者_____

风干含水量_____   试验仪器 **轻型击实仪**   试验日期_____

试验编号	干密度					含水量						
	筒加土质量（g）	筒质量（g）	湿土质量（g）	密度（g/cm³）	干密度（g/cm³）	盒号	盒加湿土质量（g）	盒加干土质量（g）	盒质量（g）	水的质量（g）	干土质量（g）	含水量（%）	平均含水量（%）
	(1)	(2)	(3)	(4)	(5)		(6)	(7)	(8)	(9)	(10)	(11)	(12)
			(1)-(2)	$\dfrac{(3)}{V}$	$\dfrac{(4)}{1+0.01\omega}$					(6)-(7)	(7)-(8)	$\dfrac{(9)}{(10)}\times 100$	

7.2.5 固结试验（快速法）

1.试验目的

测定试样在侧限与轴向排水条件下的压缩变形 Δh 和荷载 p 的关系,以便计算土的单位沉降量 S_1、压缩系数 a_v 和压缩模量 E_s 等。

2.试验原理

土的压缩性主要是由于孔隙体积减小而引起的。在饱和土中,水具有流动性,在外力作用下沿着土中孔隙排出,从而引起土体积减小而发生压缩,试验时由于金属环刀及刚性护环所限,土样在压力作用下只能在竖向产生压缩,而不可能产生侧向变形,故称为侧限压缩。

3.仪器设备

(1)固结仪:如图 7-8 所示,试样面积 30 cm²,高 2 cm。

(2)量表:量程 10 mm,最小分度值 0.01 mm。

(3)其他:刮土刀、电子天平、秒表。

4.操作步骤

(1)切取试样:用环刀切取原状土样或制备所需状态的扰动土样。

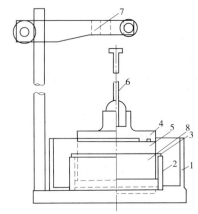

1—水槽;2—护环;3—环刀;4—加压上盖;5—透水石;

6—量表导杆;7—量表架;8—试样

图 7-8　固结仪示意图

(2)测定试样密度:取削下的余土测定含水量,需要时对试样进行饱和。

(3)安放试样:将带有环刀的试样安放在压缩容器的护环内,并在容器内顺次放上底板、湿润的滤纸和透水石各一,然后放入加压导环和传压板。

(4)检查设备:检查加压设备是否灵敏,调整杠杆使之水平。

(5)安装量表:将装好试样的压缩容器放在加压台的正中,将传压钢珠与加压横梁的凹穴相连接,然后装上量表,调节量表杆头使其可伸长的长度不小于 8 mm,并检查量表是否灵活和垂直(在教学试验中,学生应先练习量表读数)。

(6)施加预压:为确保固结仪各部位接触良好,施加 1 kPa 的预压荷重,然后调整量表读数至零处。

(7)加压观测:

①荷重等级一般为 50 kPa、100 kPa、200 kPa、400 kPa。

②如为饱和试样,应在施加第一级荷重后,立即向压缩容器注满水;如为非饱和试样,需用湿棉纱围住加压盖板四周,避免水分蒸发。

③压缩稳定标准规定为每级荷重下压缩 24 h,或量表读数每小时变化不大于 0.005 mm 认为稳定(教学试验可另行假定稳定时间)。测记压缩稳定读数后,施加第二级荷重,依次逐级加荷至试验结束。

④试验结束后迅速拆除仪器各部件,取出试样,必要时测定试验后的含水量。

5.试验注意事项

(1)首先装好试样,再安装量表。在装量表的过程中,小指针需调至整数位,大指针调至零,量表杆头要有一定的伸缩范围,固定在量表架上。

(2)加荷时,应按顺序加砝码;试验中不要振动实验台,以免指针产生移动。

6.计算及绘图

(1)按式(7-6)计算试样的初始孔隙比为

$$e_0 = \frac{G_s \rho_w (1 + \omega_0)}{\rho_0} - 1 \tag{7-6}$$

式中　G_s——土粒比重；

　　　ρ_w——水的密度，g/cm^3；

　　　ω_0——试样起始含水量(%)；

　　　ρ_0——试样起始密度，g/cm^3。

（2）按式(7-7)计算各级荷重下压缩稳定后的孔隙比 e_i 为

$$e_i = e_0 - (1 + e_0) \frac{\sum \Delta h_i}{h_0} \tag{7-7}$$

式中　$\sum \Delta h_i$——在某一荷重下试样压缩稳定后的总变形量，其值等于该荷重下压缩稳定
　　　　　　　后的量表读数减去仪器变形量，mm；

　　　h_0——试样起始高度，即环刀高度，mm。

（3）绘制压缩曲线。

以孔隙比 e 为纵坐标、压力 p 为横坐标，绘制孔隙比与压力的关系曲线，如图7-9所示，并求出压缩系数 a_v 与压缩模量 E_s。

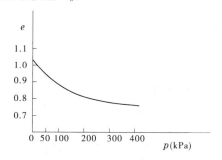

图7-9　$e \sim p$ 关系曲线

7. 试验记录

固结试验记录如表7-12所示。

表7-12　固结试验记录

工程名称＿＿＿＿＿＿＿＿　　土样面积＿＿＿＿＿＿＿＿　　试验者＿＿＿＿＿＿＿＿

土样编号＿＿＿＿＿＿＿＿　　起始孔隙比＿＿＿＿＿＿＿　　计算者＿＿＿＿＿＿＿＿

试验日期＿＿＿＿＿＿＿＿　　起始高度＿＿＿＿＿＿＿＿　　校核者＿＿＿＿＿＿＿＿

加压历时 （h）	压力 p （kPa）	量表读数 （mm）	仪器变形量 λ （mm）	试样变形量 $\sum \Delta h_i$ （mm）	单位沉降量 $S_i =$ $\sum \Delta h_i / h_0$	孔隙比 e_i

7.2.6　直接剪切试验(快剪法)

1.试验目的

直接剪切试验是测定土的抗剪强度的一种常用方法。通常采用 4 个试样为一组,分别在不同的垂直压力 σ 下,施加水平剪应力进行剪切,求得破坏时的剪应力 τ,然后根据库仑定律确定土的抗剪强度参数内摩擦角 φ 和黏聚力 c。直剪试验分为快剪(Q)、固结快剪(CQ)和慢剪(S)三种试验方法,在教学中可采用快剪法。

2.试验原理

快剪试验是在试样上施加垂直压力后立即快速施加水平剪切力,以 0.8 ~ 1.2 mm/min 的速率剪切,一般使试样在 3 ~ 5 min 内剪破。快剪法适用于测定黏性土的天然强度。

3.仪器设备

(1)应变控制式直接剪切仪:如图 7-10 所示,有剪力盒、垂直加压框架、测力计及推动机构等。

(2)其他:量表、砝码等。

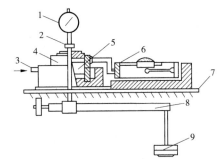

1—垂直变形百分表;2—垂直加压框架;3—推动座;4—剪切盒;
5—试样;6—测力计;7—台板;8—杠杆;9—砝码

图 7-10　应变控制式直接剪切仪结构示意图

4.试验步骤

(1)切取试样:按工程需要用环刀切取一组试样,至少 4 个,并测定试样的密度及含水量。如试样需要饱和,可对试样进行抽气饱和。

(2)安装试样:对准上下盒,插入固定销钉。在下盒内放入一透水石,上覆隔水蜡纸一张。将装有试样的环刀平口向下,对准剪切盒,试样上放隔水蜡纸一张,再放上透水石,将试样徐徐推入剪切盒内,移去环刀。

(3)施加垂直压力:转动手轮,使上盒前端钢珠刚好与测力计接触,调整测力计中的量表读数为零,顺次加上盖板、钢珠、加压框架。每组 4 个试样,分别在 4 种不同的垂直压力下进行剪切。在教学上,可取 4 个垂直压力分别为 100 kPa、200 kPa、300 kPa、400 kPa。

(4)进行剪切:施加垂直压力后,立即拔出固定销钉,开动秒表,以每分钟 4 ~ 6 转的均匀速率旋转手轮(在教学中可采用每分钟 6 转)。使试样在 3 ~ 5 min 内剪破。如测力计中的量表指针不再前进,或有显著后退,表示试样已经被剪破,但一般宜剪至剪切变形达 4 mm。若量表指针再继续增加,则剪切变形应达 6 mm 为止。手轮每转一圈,同时测记测力计量表读数,直到试样剪破为止。

(5)拆卸试样:剪切结束后,吸去剪切盒中的积水,倒转手轮,尽快移去垂直压力、框架、上盖板,取出试样。

5.试验注意事项

(1)先安装试样,再装量表。安装试样时要用透水石把土样从环刀推进剪切盒里,试验前量表中的大指针调至零。

(2)加荷时,不要摇晃砝码,剪切时要拔出销钉。

6.计算及制图

(1)按式(7-8)计算各级垂直压力下所测的抗剪强度为

$$\tau_f = CR \tag{7-8}$$

式中　τ_f——土的抗剪强度,kPa;

　　　C——测力计率定系数,N/0.01 mm;

　　　R——测力计量表读数,0.01 mm。

(2)绘制 $\tau_f \sim \sigma$ 曲线。

以垂直压力 σ 为横坐标、抗剪强度 τ_f 为纵坐标,纵横坐标必须采用同一比例,根据图中各点绘制 $\tau_f \sim \sigma$ 关系曲线,该直线的倾角为土的内摩擦角 φ,该直线在纵轴上的截距为土的黏聚力 c,如图 7-11 所示。

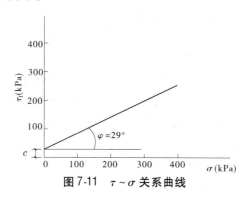

图 7-11　$\tau \sim \sigma$ 关系曲线

7.试验记录

直接剪切试验记录如表 7-13 所示。

表 7-13　直接剪切试验记录

土样编号＿＿＿＿＿＿　　仪器编号＿＿＿＿＿＿＿　　试验者＿＿＿＿＿＿＿

土样说明＿＿＿＿＿＿　　测力计率定系数＿＿＿＿＿　　校核者＿＿＿＿＿＿＿

试验方法＿＿＿＿＿＿　　手轮转数＿＿＿＿＿＿　　试验日期＿＿＿＿＿＿＿

仪器编号	垂直压力 σ (kPa)	测力计读数 R (0.01 mm)	抗剪强度 τ_f (kPa)

练习题

一、填空题

1. 可作为填方土料的土包括碎石类土、砂土、爆破石渣及含水量符合压实要求的( )土。

2. 当填方位于无限制的斜坡上时,应先将斜坡挖成( ),然后分层填筑,以防填土滑移。

3. 检查每层填土压实后的干密度时,取样的部位应在该层的( )。

4. 填方施工应尽量采用( )填筑,以保证压实质量。

5. 填土压实的方法有( )、( )和( )等几种。

6. 羊足碾一般用于( )的压实,其每层压实遍数不得少于( )遍。

7. 振动压实法主要运用于( )的压实,其每层最大铺土厚度不得超过( )mm。

8. 黏性土的含水量是否在最优含水量范围内,可采用( )的经验法检测。

9. 填土压实后必须达到要求的密实度,它是以设计规定的( )作为控制标准。

10. 填土的压实系数是指土的( )与土的( )之比。

二、单项选择题

1. 作为检验填土压实质量控制指标的是( )。
   A. 土的干密度　　　B. 土的压实度　　　C. 土的压缩比　　　D. 土的可松性

2. 土的含水量是指土中的( )。
   A. 水与湿土的质量之比的百分数　　　B. 水与干土的质量之比的百分数
   C. 水重与孔隙体积之比的百分数　　　D. 水与干土的体积之比的百分数

3. 以下几种土料中,可用作填土的是( )。
   A. 淤泥　　　　　　　　　　　　　　B. 膨胀土
   C. 有机质含量为10%的粉土　　　　　D. 含水溶性硫酸盐为5%的砂土

4. 以下土料中,可用于填方工程的是( )。
   A. 含水量为10%的砂土　　　　　　　B. 含水量为25%的黏土
   C. 含水量为20%的淤泥质土　　　　　D. 含水量为15%的膨胀土

5. 填方工程中,若采用的填料透水性不同,宜将渗透系数较大的填料( )。
   A. 填在上部　　　　　　　　　　　　B. 填在中间
   C. 填在下部　　　　　　　　　　　　D. 与透水性小的填料掺杂

6. 在填方工程中,以下说法正确的是( )。
   A. 必须采用同类土填筑　　　　　　　B. 当天填土,应隔天压实
   C. 应由下至上水平分层填筑　　　　　D. 基础墙两侧不宜同时填筑

7. 压实松土时,应( )。
   A. 先用轻碾后用重碾　　　　　　　　B. 先振动碾压后停振碾压
   C. 先压中间再压边缘　　　　　　　　D. 先快速后慢速

8. 在采用蛙式打夯机压实填土时,每层铺土厚度最多不得超过( )。

A.100 mm　　　　　B.250 mm　　　　　C.350 mm　　　　　D.500 mm

9.当采用平碾压路机压实填土时,每层压实遍数最少不得低于(　　)。

　　A.2 遍　　　　　B.3 遍　　　　　C.6 遍　　　　　D.9 遍

10.某基坑回填工程,检查其填土压实质量时,应(　　)。

　　A.每 3 层取一次试样　　　　　　　　B.每 1 000 m² 取样不少于一组

　　C.在每层上半部取样　　　　　　　　D.以干密度作为检测指标

三、实践操作

1.结合训练项目进行填土施工工艺训练。

2.填土施工检验试验训练。

3.基础工程回填土施工仿真训练。

4.建筑基础工程土方回填施工方案编制。

参考文献

[1] 郑俊杰. 地基处理技术[M]. 武汉:华中科技大学出版社,2004.

[2] 王玮. 基础工程施工[M]. 2 版. 北京:中国建筑工业出版社,2015.

[3] 安淑兰. 基础工程施工[M]. 北京:人民邮电出版社,2015.

[4] 胡慨. 建筑施工技术[M]. 合肥:中国科技大学出版社,2013.

[5] 陈燕,胡清花,万怡秀,等. 挤密桩法在自重湿陷性黄土场地高层建筑地基处理中的应用[J]. 施工技术,2014,43(9):106-110.

[6] 中华人民共和国住房和城乡建设部. GB 51004—2015 建筑地基基础工程施工规范[S]. 北京:中国建筑工业出版社,2015.

[7] 韦晓东. CFG 桩在合肥某工程地基处理中的应用[D]. 淮南:安徽理工大学,2015.

[8] 中华人民共和国住房和城乡建设部. JGJ 120—2012 建筑基坑支护技术规程[S]. 北京:中国建筑工业出版社,2012.

[9] 中华人民共和国住房和城乡建设部. GB 50330—2013 建筑边坡工程技术规范[S]. 北京:中国建筑工业出版社,2013.